Ernst Peter Fischer

Offenbare Geheimnisse – Wunder der Wissenschaft

21 Texte für das 21. Jahrhundert

Für Dieter Borchmeyer,
dem Literaturwissenschaftler,
der einem Naturwissenschaftler
Mut gemacht hat, seine Kultur als
Geisteswissenschaft vorzustellen.

Bibliografische Information der Deutschen Nationalbibliothek
Die Deutsche Nationalbibliothek verzeichnet diese Publikation in der Deutschen Nationalbibliografie; detaillierte bibliografische Daten sind im Internet über http://dnb.d-nb.de abrufbar.

Grafik und Layout: opus magnum
Herstellung: Books on Demand GmbH. Norderstedt
ISBN 13: 978-3-95612-044-2

Ernst Peter Fischer

Offenbare Geheimnisse – Wunder der Wissenschaft

21 Texte für das 21. Jahrhundert

opus magnum

Ernst Peter Fischer

Geboren 1947 in Wuppertal; Studium der Mathematik und Physik in Köln, Studium der Biologie am California Institute of Technology in Pasadena (USA), Promotion 1977, Habilitationsstipendiat der DFG im Bereich Wissenschaftsgeschichte, Habilitation 1987; apl. Professor für Wissenschaftsgeschichte an der Universität in Heidelberg; wissenschaftlicher Berater der Stiftung Forum für Verantwortung, Buchautor und Publizist.

Im Laufe seines Schreibens über Wissenschaft hat nicht nur sein Vergnügen an deren Einsichten in die Natur zugenommen, sondern auch sein Wunsch, möglichst vielen Menschen zu zeigen, dass es bei allem Erklären nicht zu einer Entzauberung der Welt, sondern im Gegenteil zu ihrer Verzauberung kommt. Man kommt aus dem Staunen nicht mehr heraus, so wenig wie aus dem Staunen über das eigene Leben. Und das ist das Schönste, das Menschen passieren kann.

Inhalt

1. Eine Welt voller Geheimnisse

Das geheimnisvolle Wort „Geheimnis“ verdankt die deutsche Sprache dem Reformator Martin Luther, der sich vor rund fünfhundert Jahren bei seiner Bibelübersetzung manch einem „mysterium“ gegenübersah. In diesem Wort steckt das griechische „myo“, was „den Mund schließen“ ausdrücken sollte und nicht auf Eindeutigkeit angelegt war. Gott selbst gab sich in der Heiligen Schrift vielfach mysteriös, weshalb man sich von ihm kein Bild machen sollte, was aber den Mystiker Meister Eckardt im 13. Jahrhundert nicht daran hinderte, sich an einer „Einbildung Gottes“ zu versuchen. Er wollte Gott in sich finden, ihm ein Heim geben, und damit im Menschen allgemein verankern. Dies machte Gott zu dem behüteten Geheimnis, das Luther in dieses Wort fasst. Goethe bringt später in einem Rätselgedicht („Epirrhema“) ein „heilig öffentlich Geheimnis“ zur Sprache, das für Menschen innen wie außen zu finden ist und ihnen damit überall zugänglich wird. Man braucht sich deshalb nicht zu wundern, wenn ein Kulturphilosoph wie Georg Simmel zu Beginn des 20. Jahrhunderts Geheimnisse als „ungeheure Erweiterung des Lebens“ und „größte geistige Errungenschaft des Menschen“ ansieht. Es gibt sie im Plural, sie führen zu Gott und in die Welt und lohnen einen besonderen Blick, weil sie das Leben füllen und verschönern, nicht zuletzt als Geheimnis der Liebe.

Zwei Arten von Geheimnissen

Mit der gewöhnlichen und alltäglichen Bedeutung des Wortes „Geheimnis“ meint man ein Wissen, das verborgen bleibt und versteckt gehalten wird. Die mit Luthers Wort bezeichneten und unzugänglich bleibenden Informationen dürfen – unter anderem als Staats-, Militär-, Beicht-, Arzt- und Geschäftsgeheimnis – weder verraten noch ausgeplaudert werden. Gesellschaftspolitisch relevante und juristisch einforderbare Geheimnisse bestehen aus Daten, Plänen oder Kenntnissen, über die einige ausgewählte Menschen verfügen dürfen, während sie anderen – aus was für Gründen auch immer – verwehrt werden oder verborgen bleiben müssen. In Deutschland kennt man die Spiegel-Affäre aus dem Jahre 1962, als das Magazin über die Einsatzbereitschaft der Bundeswehr berichtete und der Artikel Informationen enthielt, die von der Regierung als militärische Geheimnisse (Top Secret) eingestuft worden waren. Der „Spiegel“ beging mit ihrer Veröffentlichung nach Ansicht der damaligen Regierung Geheimnisverrat – etwas, das auch Kinder hinbekommen, wenn zwei sich streiten und eines von ihnen petzt und das Versteck für die Schokolade, die man heimlich teilen wollte, preisgibt. Psychologen weisen darauf hin, wie auf diese Weise dem eher mit Verboten in Verbindung gebrachten Begriff eine positive Kraft zugewiesen wird. Solche geteilten Geheimnisse voller privater Informationen sorgen nicht nur für einen Zusammenhalt unter Menschen, sie locken auf der politischen Ebene durch ihre Existenz auch die Neugierde von Spionen und Gegenspionen an, die unter der Annahme an die Arbeit gehen, dass die Informationen oder die Kenntnisse, die sie suchen, vorliegen und durch ihren Zugriff den Charakter des Geheimnisvollen verlieren (auch wenn sie damit noch nicht allgemein zugänglich und öffentlich verstanden werden). In diesem traditionellen Sinne meint man mit den Geheimnissen, die gerne hinter vorgehaltener Hand ausgetauscht oder bei verschlossenen Türen verhandelt werden, ein Wissen, das einige Menschen gemeinsam haben (erwerben) wollen und sie im Kampf gegen einen Feind verbinden soll, der von den relevanten Informationen ausgeschlossen bleibt.

Diese Verwendung des Wortes spielt in Kriminalgeschichten oder anderen Büchern eine große Rolle – wenn es etwa um „Das Geheimnis des Hauses im Wald" geht, das Kinder zu erkunden versuchen, oder wenn „Schweizer Geheimnisse" ausgeplaudert werden, die Steuerhinterzieher, Foltergeneräle und viele Vertreter der katholischen Kirche nutzen und gerne für sich behalten.

Dieser zwar vielfach brutalen, aber letztlich banalen Verwendung von etwas Geheimen steht eine zweite und völlig andere Form des Mysteriösen gegenüber, die es im Folgenden zu erkunden gilt und deren Betrachtung aus der Alltagssphäre herausführt und ungewöhnlich lohnend ist. Es geht dabei um die Wissenschaft und ihren Zugriff auf die Welt, mit der das Geheimnisvolle der Phänomene überraschenderweise nicht ab-, sondern im Gegenteil zunimmt. Je tiefer Forscherinnen und Forscher in die Natur eindringen, desto mehr macht sich der Zauber an und in ihr bemerkbar, was die Neugierde nur locken und den Menschen ein gutes Gefühl geben kann. Die Wissenschaft verzaubert die Welt durch ihre Erklärungen, auch wenn man sich an diesen Gedanken erst gewöhnen muss, der viele ihrer Feinde verwirrt.

Vom Rätsel zum Geheimnis

Ein Beispiel kann die These von der Verzauberung illustrieren: Wer etwa das Fallen von Gegenständen verstehen und die Kraft erklären will, die alles Schwere hin zum Erdboden zieht, wird zwar in Erinnerung an seine oder ihre Schulzeit sagen können, dass hier die Gravitation ihre Wirkung entfaltet, dann aber bald bemerken, dass er oder sie damit keine Antwort bekommen, dafür aber neue Fragen gefunden hat (die ich in meiner Schulzeit bei dem Physiklehrer angemahnt habe, um von ihm ignoriert zu werden). Nach der Anrufung der Gravitation werden Wissbegierige nämlich fragen, wie diese Schwerkraft durch den Raum und wie sie überhaupt zustande kommt. Wie wird aus einer Masse – die der Erde – eine Kraft?

Zum Glück kennt sich die Physik seit den Jahren von Albert Einstein bei diesem Thema aus, weil der große Mann vor mehr als 100 Jahren zeigen konnte, aus welcher Quelle die Erdanziehung (Gravitation) entspringt. Einstein erkannte, wie (reale) Massen im Kosmos die (ideale) Geometrie der Raumzeit krümmen und den Dingen damit Wege vorschreiben können, auf denen sie aufeinander zulaufen.

Dies klingt zwar nach einer Antwort, sie zu verstehen bereitet aber nicht nur vielen Menschen Mühe, die gegebene Auskunft lässt zudem sowohl in der Fachwelt als auch bei Laien weitere Fragen aufkommen, etwa die, wie eine konkrete Masse mit einer abstrakten Geometrie Kontakt aufnehmen und sie beeinflussen kann.

Unabhängig davon zeigt dieses Beispiel, wie Wissenschaft Geheimnissen begegnet und mit ihnen umgeht. Sie erklärt sie nicht weg oder hebt sie auf, wie man meinen könnte, sie macht vielmehr das Gegenteil und führt sie auf tiefere Geheimnisse zurück, wie Carl Friedrich von Weizsäcker (1912-2007) bereits in den 1940er Jahren aufgefallen ist. Jede neue Erklärung eines Phänomens ist mysteriöser als die vorausgehende Erläuterung, wie jetzt noch einmal Schritt für Schritt nachvollzogen werden soll, um klarzumachen, wie Wissenschaft im Laufe ihrer Geschichte alltägliche Rätseln in ungewöhnliche Geheimnisse verwandelt, die Menschen immer tiefer in das Mysterium des Reiches mit den Ideen führen: Das rätselhafte Fallen von Dingen zur Erde wird zunächst auf eine wundersame Schwerkraft zurückgeführt, für die danach ein unergründliches Gravitationsfeld verantwortlich gemacht wird, das seine geheimnisvolle Existenz der phantastischen Eigenschaft von Materie verdankt, auf unbegreifliche Weise das Aussehen – die geometrische Gestalt – von Raum und Zeit beeinflussen zu können, die Philosophen wie Kant noch als reine Anschauungsformen verstanden haben.

Doch plötzlich krümmt in Einsteins Sicht das Reale (die Masse der Materie) das Ideale (die Geometrie der Welt), und dank dieser metaphysischen Verknüpfung fallen den Menschen Gegenstände auf ihre Füße, wie man in aller Kürze sagen kann, um damit umso deutlicher zu machen, dass die Physik des freien Falls Schritt für Schritt geheimnisvoller wird und auf ihrem Weg in die Tiefe die Welt mit ihren Dingen verzaubert.

Dabei gilt zu beachten: Die Physik des freien Falls handelt von einem einfachen Phänomen und sollte daher eine leichte Übung sein. Wer es riskiert, komplexere Themen zu erörtern und etwa zu fragen, warum Wolken nicht auf die Erde fallen oder Flugzeuge aus Metall fliegen können, kann zwar mit ein paar zutreffenden Worten abgespeist werden – dabei bekommt man etwas von Auftriebskräften, Luftbewegungen und Druckunterschieden zu hören –, es sollte aber niemand erwarten, dass bei den Vorgängen am Himmel weniger Rätsel und Geheimnisse auftauchen als bei dem Apfel, der vom Baum fällt (wobei die Sache noch sehr viel inhalts- und trickreicher wird, wenn das Fallobst sich erst noch vom Ast ablösen muss und man wissen will, was da im mechanischen und biologischen Detail abläuft).

Ein Einschub über die Geschichte der Wissenschaft

Man kann die Geschichte der Wissenschaft offenbar so erzählen, dass man mit rätselhaften Beobachtungen beginnt und sie in geheimnisvolle Erläuterungen verwandelt, ohne jemals zu einem Abschluss zu kommen, was jetzt demonstriert werden soll.

Die berühmteste Frage aus der Frühzeit des wissenschaftlichen Menschen stellt Goethes Faust, wenn er zu Beginn des Dramas in seinem Anfangsmonolog wissen will, was die Welt im Innersten zusammenhält. Als der Gelehrte dies im frühen 19. Jahrhundert von der Bühne aus ins Publikum sprach, hatten einige Wissenschaftler angefangen, den von den griechischen Philosophen der Antike spielerisch spekulativ eingeführten Begriff des Atoms ernst genommen und als Chemiker versucht, etwas über die Größe solcher Elementargebilde zu sagen und ihre Bereitschaft zu erkunden, Verbindungen miteinander einzugehen.

Poetisch konnte man von „Wahlverwandtschaften" der Stoffe lesen, aber die faustische Frage blieb das Rätsel, das es schon immer war. Man war sich jetzt zwar einig, dass man im Innersten der Welt auf Atome treffen würde, aber wie würden sie aussehen und alles andere zusammenhalten? Die ersten Lehrbücher präsentierten Kügelchen mit Haken, was nett aussah, aber nicht einmal im Ansatz erklären konnte, woraus dies Vorrichtungen bestanden. Atome sollten unteilbar sein, und die Klammerhilfen selbst konnten aus ihnen nicht bestehen. Woraus denn dann?

Am Ende des 19. Jahrhunderts zeigte sich, dass zum einen das mechanische Modell unzureichend war und sich zum zweiten aus Atomen negativ geladene Partikel abtrennen ließen, die man als Elektronen bezeichnete. Damit musste es in den neutralen Atomen auch etwas Positives geben, und das neue Rätsel der Materie lautete, wie die beiden Ladungsarten im Innersten der Welt miteinander auskamen und dabei die Dinge zusammenhielten. Erst dachten die Physiker, die Elektronen existierten als negativ geladene Rosinen in einem positiven Kuchenteig, bis sich kurz vor dem Ersten Weltkrieg herausstellte, dass sich im Zentrum der Welt massive Atomkerne befinden mussten, die von den leichten Elektronen umrundet wurden, und so stellte man sich ein Planetensystem im Mikrokosmos vor, wie es aus dem Makrokosmos bekannt war.

Was bis hier Rätsel aufgab, bekam immer mehr den Charakter des Geheimnisvollen, denn geladene Teilchen auf Umlaufbahnen mussten nach den Gesetzen der damals bekannten Physik Energie abstrahlen und folglich in den Kern stürzen, was die Atome instabil machte und die faustischen Frager verzweifeln ließ. Er reichte nicht mehr, ein besseres Modell zu bauen. Es galt vielmehr, ein völlig neues Physikgebäude zu errichten, was in den 1920er Jahren grandios gelungen ist und lieferte, was hier versprochen worden ist. Die damals kreierte Atomphysik, die heute als Quantenmechanik der Stolz der Lehrbücher ist, beschreibt die Wirklichkeit im Innersten der Welt mit imaginären Zahlen, also mit Hilfsmitteln, die es in der Realität gar nicht gibt.

Die Theorie der Atome ist wie jede physikalische Theorie eine freie Erfindung des menschlichen Geistes, und die faustische Frage bleibt so geheimnisvoll wie am ersten Tag, was dazu geführt hat, dass selbst die Urheber der neuen Physik einräumen, dass niemand die dazugehörige Theorie verstanden hat. Dies bedeutet nicht, dass man die Quantenmechanik nicht erfolgreich anwenden könnte – was selbst wiederum Rätsel aufgibt –, man kann ja auch in einem Jumbojet fliegen, ohne erklären zu können, wie die Aerodynamik für den Auftrieb eines Flugzeugs sorgt, und in der Psychotherapie gelingt es im Rahmen eines als Familienaufstellung bekannten Verfahrens Menschen von ihrem Leidensdruck zu befreien, ohne auf wissenschaftliche Erklärungen bauen zu können (man bemüht die Quantenmechanik mit ihrer Verschränkung oder neben der Epigenetik noch morphische Felder).

An dieser Stelle sei er erlaubt, auf Georg Christoph Lichtenbergs „Sudelbüchern hinzuweisen. Der Philosoph zitiert erst Hamlet, der gemeint hat, „es gäbe eine Menge Dinge im Himmel und auf der Erde“, wovon die Wissenschaft nichts wüsste, um dann zu ergänzen, dass in den entsprechenden Lehrbüchern „auch wieder eine Menge“ zu lesen ist, „wovon weder im Himmel noch auf der Erde etwas vorkommt“. Die Erklärungen der Teile sind so geheimnisvoll wie das Ganze selbst.

Die Verzauberung der Welt

Man kann es drehen und wenden, wie man will. In jedem Fall macht Wissenschaft die Welt mit ihren Erklärungen geheimnisvoller, und sie verzaubert dabei die Wirklichkeit.

Wenn sich die Gemeinschaft der Soziologen in ihrer unkritischen Nachfolge von Max Weber bis heute seiner unsinnigen Beurteilung von 1917 anschließt, dass moderne Gesellschaften dank wissenschaftlicher Rationalität eine „Entzauberung der Welt“ erfahren und erleben, dann muss man nur am Unverstand dieser Disziplin und der Unbelehrbarkeit ihrer Vertreter verzweifeln.

Auch weltfremde Sozialwissenschaftler müssten merken, dass sich die von ihnen in ihrem Alltag genutzten Technologien – von der Fernbedienung ihres TV-Geräts bis zur Wischfunktion ihres iPhones – von Hexerei und Magie nicht unterscheiden lassen. Und selbst wenn man anfängt, etwa die Bewegung der geladenen Elektronen in den Transistoren zu erläutern, die milliardenfach in einem Handy stecken, gerät man nur tiefer in die wissenschaftlichen Geheimnisse der Welt und ihre Verstrickungen hinein, da hier eine Physik namens Quantenmechanik zum Tragen kommt, von der ihre Urheber ausdrücklich sagen, dass diejenigen nichts von ihr verstanden haben, die behaupten, sie verstanden zu haben. Man kann mit der Quantenphysik einiges berechnen und die kleinen Apparate zwischen den Fingern beherrschen. Aber wenn Weber & Co dies als „Entzauberung der Welt“ bezeichnen, zeigt das vor allem, wie fern diesen Leuten raffinierte Techniken und die dazugehörigen naturwissenschaftlichen Entwicklungen sind, die das philosophische Gemurmel weit hinter sich gelassen haben.

Die Philosophen ängstigt die Determiniertheit oder Berechenbarkeit der Welt, die mit der Wissenschaft droht, obwohl den meisten Menschen zugutekommt, dass Sterberaten, Infektionshäufigkeiten, Dosierungen von Arzneimitteln und die Batterieladungen des iPhones quantifizierbar sind.

Aber entzaubert wurde mit dieser mathematischen Kunstfertigkeit überhaupt nichts. Im Gegenteil! Das Geschehen beim Altern, die molekulare Wechselwirkung eines Virus mit dem menschlichen Immunsystem, der Wirkmechanismus eines Medikaments und die Energiespeicherung einer Batterie sind im Rahmen wissenschaftlicher Fortschritte nur noch geheimnisvoller geworden, erst recht, seit sie unter wachsender öffentlicher Anteilnahme erforscht werden.

Man kann sich die nach Sokratischer Weisheit klingende Tatsache, dass mit dem Wissen vor allem das Nichtwissen kommt, an dem Beispiel der Frage klarmachen, wie das Leben angefangen hat, die nicht nur Biowissenschaftler, sondern auch Schriftsteller wie Thomas Mann fasziniert und zu intensivem Nachdenken angeregt hat. Das Thema schien im frühen 20. Jahrhundert der experimentellen Forschung zugänglich zu werden, was zu seiner ausführlichen Behandlung im „Zauberberg“ führte.

Die Biochemie hat in den Jahrzehnten danach viele Zusammenhänge über Moleküle mit genetischen Informationen aufspüren und Vorschläge machen können, wie die ersten sich selbst vermehrenden Bausteine ausgesehen haben und welche Hüllen (Membranen) sie vor dem Zerfall oder Auseinanderfließen schützen konnten. In derselben Zeit haben die Zellbiologen und Strukturforscher ebenfalls Fortschritte gemacht, was insgesamt dazu geführt hat, dass die Lücke zwischen dem Leben und dem Nichtleben nicht kleiner, sondern größer geworden ist.

Der Abgrund zwischen Leben und unbelebter Natur, „den die Forschung vergebens zu überbrücken strebte“, wie Thomas Mann in den 1920er Jahren schrieb, verschlingt auch 100 Jahre später alle Theorien, „ohne an Tiefe und Breite im geringsten dadurch einzubüßen.“

Der Beginn des Lebens zeigt sich ebenso als unergründliches Geheimnis wie „die Urzeugung des Stoffes aus dem Unstofflichen“, wie Thomas Mann notiert, und das kann Menschen nur gefallen. Die Welt ist so gesehen für sie ein Zauberberg voller Geheimnisse.

Weltgeheimnis

Es gilt sich darauf einzustellen, dass es neben den einfachen Amtsgeheimnissen, die irgendjemand kennt, ohne sie allen zu verraten, auch tiefe Weltgeheimnisse gibt, die niemand kennt, auch wenn sie vielfach intensiv zu ahnen sind und gespürt werden. „Das Schönste, das wir erleben können, ist das Geheimnisvolle“, wie Einstein in „Mein Weltbild“ geschrieben hat, um hinzuzufügen, dass dieses Grundgefühl „an der Wiege von wahrer Wissenschaft und Kunst steht.“

Und Gershom Sholem, der Kenner der jüdischen Mystik, legt Wert auf die Feststellung, dass er weiß, „es gibt ein Geheimnis in der Welt“, das die Menschen ihrem Gott verdanken. Sholem meint sorgenvoll, wenn das Gefühl dafür „je aus der Menschheit entschwindet, ist alles zu Ende“, vermutlich weil sich in seiner Sicht dann kein Dasein mehr lohnt.

Mystik meint die Erfahrung einer göttlichen Wirklichkeit auf Erden, und auch wenn das griechische „mystikos“ mit „geheimnisvoll“ übersetzt wird, kann man sagen, dass die Mystik kein Mysterium ist – jedenfalls nicht, wenn man sich in dieser Gedankenwelt wohlfühlt. Sie wird ein Geheimnis, wenn man sie zu erklären versucht, was von dem Kirchenvater Augustinus her bekannt ist, der nur solange gewusst hat, was Zeit ist, solange ihn niemand danach gefragt hat und er es nicht zu sagen brauchte.

Was für jemanden ein Geheimnis ist, hängt von der Frage ab, die sich jemand stellt, und der Erwartung, die von ihm oder ihr in die Antwort gesetzt wird. Wer zum Beispiel fragt, warum Sterne nicht vom Himmel wie Äpfel von einem Baum fallen, kann mit der Antwort zufrieden sein, dass die Himmelskörper zu weit weg sind, um von dem Schwerefeld der Erde belästigt zu werden. Er oder sie kann auch auf die Bibel verweisen, in der Gott die Sterne auf die Menschen schmeißen möchte, wenn sie nicht aufhören zu sündigen, weshalb er sie am Himmelszelt braucht und dort festgemacht hat.

Beide Erläuterungen werden den Sternen ihren ästhetischen Reiz nicht nehmen und die Menschen weiter bei ihrem Anblick in der Nacht ehrfürchtig staunen lassen, was den Philosophen Immanuel Kant dazu geführt hat, den gestirnten Himmel über ihm mit dem moralischen Gesetz in ihm zu verknüpfen. Wohin ein Mensch schaut – nach innen oder außen –, überall trifft er auf das, was Goethe ein „heilig öffentlich Geheimnis“ genannt hat, wobei der Dichterfürst seinen Verehrerinnen und Verehrern geraten hat, es ohne Säumnis zu ergreifen, wenn man es gesichtet oder erschaut hat.

Von Entzauberung keine Spur

Als der als großer Soziologe eingestufte Max Weber in den Jahren des Ersten Weltkriegs meinte, durch sein Diktum von der „Entzauberung der Welt“ den wissenschaftlichen Erklärungen von technischen Abläufen belanglose Langeweile attestieren zu können, reizte es ihn doch, seinem meist mit der

Straßenbahn angereisten Publikum die Frage vorzulegen, „wie sie das macht, sich in Bewegung zu setzen". Weber zeigte sich sicher, dass die Menschen im Saal „keine Ahnung" hatten, was ihn aber nicht störte, meinte er doch keck und zur allgemeinen Beruhigung, man „braucht auch nichts davon zu wissen." Bankkunden wüssten ja auch nicht, „wie macht das Geld es, dass man dafür etwas – bald viel, bald wenig – kaufen kann", wobei Weber einschränkte, dass viele Menschen darüber nachdenken und „fast jeder eine andere Antwort bereit halten wird", ob sie nun Nationalökonomie studiert haben oder nicht.

Das heißt, bei dem Geld auf der Bank können sich die Menschen immerhin etwas vorstellen oder zumindest ausdenken, aber mit der Straßenbahn passiert das nicht, und wenn es doch jemand unternimmt, ihr Abfahren zu verstehen, erlebt er oder sie eine Überraschung. Wer sich ernsthaft auf Webers Frage einlässt – und großzügig übersieht, dass ihn das lebenswichtige Abbremsen überhaupt nicht interessiert –, wird die Oberleitungen nicht übersehen können und wissen wollen, wie der Strom erst dort hineingelangt und dann in die Bahn kommt, damit seine elektrische Energie passende Motoren in Bewegung versetzen und das Gefährt losfahren kann. Selbst wenn man den leitfähigen Stromabnehmer einer Straßenbahn mit Spannfeder und Kohlestückchen unbeachtet lässt, haben sich eine Menge Einzelheiten angesammelt, die zu erfassen hat, wer das Losfahren von Webers Bahn erklären will. Der Soziologe wird davon keine Ahnung gehabt haben, was man hinnehmen kann.

Was hingegen verwundert und einen ärgert, ist die Tatsache, dass Weber nirgendwo erwägt, dass hier geheimnisvolle Phänomene wie Energie und Elektrizität hineinspielen, die Wissenschaftler zwar produzieren, berechnen und einsetzen können, die sie aber keinesfalls verstehen und die deshalb alles andere als entzaubert sind und ihr Geheimnis bewahren. Der heute berühmte Erfinder und Elektroingenieur Nikola Tesla (1856-1943) hat sich sein Leben lang gefragt, „Was ist Elektrizität?", ohne eine Antwort zu finden. Und der bereits erwähnte Albert Einstein (1879-1955) hat bis zum Ende seiner Tage auf Erden zu verstehen versucht, wie das Licht seine Energie bekommt und transportiert, ohne Klarheit zu erlangen. Einstein ärgerte, dass jeder „Lump" – sein Ausdruck – meine, Bescheid zu wissen, ohne zu merken, wie sehr er irrt.

So irrt auch Weber, wenn er seinem Publikum vorgaukelt, „dass es [...] keine geheimnisvollen [...] Mächte gebe". Dabei verlässt sich jeder auf magische Mittel, der zu technischen Hilfsmitteln greift, denn was ist ein iPhone anders als reine Magie, „pure magic", wie Steve Jobs von der Firma Apple im Jahre 2007 bei der Vorstellung des Wunderwerks auf der Entwicklerkonferenz stolz und passend verkünden konnte.

Zurück zu Weber, der in seiner Rede im frühen 20. Jahrhundert das Leben seiner zivilisierten Zeitgenossen mit dem von Menschen verglich, die er als Indianer, Hottentotten oder schlicht als Wilde bezeichnete. Der Professor wollte mit den heute befremdlich wirkenden Begriffen demonstrieren, dass eine zunehmende Rationalisierung der Existenzbedingungen nicht bedeutet, dass Menschen darüber besser Bescheid wissen. Wilde wussten noch eigenständig, wie sie überleben konnten. Heutige Zeitgenossen müssen dafür Apparaten vertrauen, die ihnen fremd bleiben, was die Menschen abstumpfen lässt. Der vortragende Weber versucht ihnen einzureden, „dass man jederzeit erfahren könnte", wie etwas funktioniert, „dass es also prinzipiell keine geheimnisvollen und unberechenbaren Mächte gebe", „dass man vielmehr alle Dinge – im Prinzip durch Berechnen beherrschen könne", wie er 1917 vorträgt, ohne dass diese Beschwörung überzeugen kann.

Wer etwas berechnen will – etwa die Flugbahn eines Hammers im sportlichen Wettkampf –, muss dazu Abstraktionen vornehmen, etwa das Wurfobjekt als Massenpunkt behandeln, für den man die Gleichungen aufstellen kann, deren Lösung die Weite zu berechnen erlaubt, die der Athlet bei geeignetem Schwung schaffen könnte (wenn die Wetterlage keine Kapriolen macht). Merkwürdigerweise mokiert sich Weber über diese grandiosen Gedankengebilde der Wissenschaft als „hinterweltliches Reich von künstlichen Abstraktionen", die seiner Ansicht nach nichts vom „Blut und Saft des wirklichen Lebens einzufangen" vermögen, was seinen sozialwissenschaftlichen Theorien sicher nicht passieren kann.

Oder doch? Was sind denn Kapitalismus, Kirchen, Weltreligionen, Kaiserzeit und andere Kategorien, die Soziologen anwenden, anderes als blutleere Abstraktionen. Selbst eine Gesellschaft ist eine Abstraktion, auch wenn man nicht so weit gehen möchte wie Margarete Thatcher, die meinte, es gebe nur Menschen und keine Gesellschaft. Auf jeden Fall ist Webers Vorwurf albern, und vom wirklichen Leben hat er weniger gewusst als etwa sein Zeitgenosse Albert Einstein, der immerhin an einem Patentamt gearbeitet hat und sich konkreten alltäglichen Themen zuwenden musste, etwa der Aufgabe von Uhren, die Gleichzeitigkeit von Ereignissen an verschiedenen Orten festzustellen und Menschen in Bern zu sagen, wie spät es in Paris ist.

Einstein hat darüber nachgedacht und dabei das eigentliche Problem in den Blick bekommen, das mit der zunehmenden Intellektualisierung und Rationalisierung (Max Weber) für eine von der Technik abhängig werdende Gesellschaft auftaucht. Als der berühmte Physiker 1930 in Berlin eine Funkausstellung eröffnete, meinte er, dass sich alle Menschen schämen sollten, die sich der Wunder von Wissenschaft und Technik bedienen und davon so viel (oder wenig) verstehen wie eine Kuh von der Botanik der Pflanzen, die sie mit Wohlbehagen frisst.

Der Schluss liegt nahe, dass heutige Handynutzer als konsumierende Kühe einzustufen sind, wobei der Verdacht besteht, dass sie sich zwar nicht in aller Öffentlichkeit schämen, aber vielleicht doch innerlich spüren, dass dies das angemessenere Verhalten wäre und man wenigstes staunen und sich wundern sollte über das inzwischen als lebensnotwendig eingestufte handliche

Spielzeug mit den vielen Funktionen. Wie fühlen sich Menschen überhaupt, wenn sie ununterbrochen Apparaten vertrauen müssen, deren Funktionieren sie hilf- und ratlos wie einen Ochsen vorm Berg oder einem gestrichenen Scheunentor stehen lässt?

Bildungskatastrophe

Es gab im 18. Jahrhundert den großen Versuch zu dem, was die Kulturexperten „Aufklärung" nennen, und sie meinten damit den Mut von Menschen, sich ihres eigenen Verstandes zu bedienen, um das zu verlassen, was Immanuel Kant als „selbstverschuldete Unmündigkeit" charakterisierte. Es ging damals um politische Mündigkeit, und es geht heute um technische oder zivilisatorische Mündigkeit, und davon kann – bei allem Respekt vor dem fleißigen Bemühen der Medien – keine Rede sein. Als 1970 im Suhrkamp Verlag die Reihe „suhrkamp wissen" angekündigt wurde, konnte man lesen: „Schon heute steht die Mehrheit der Menschen den Problemen der Naturwissenschaft [...] verständnislos, ratlos gegenüber. Man spricht von einer Bildungskatastrophe". Sie ist nicht nur gekommen, sie hat sogar schlimmer gewütet, als viele meinen, wie sich leicht zeigen lässt. Eine Generation nach dem leider gescheiterten Versuch, den Menschen „suhrkamp wissen" zu vermitteln oder wenigstens zu verkaufen, meinten die deutschen Forschungsorganisationen, endlich selbst etwas tun zu müssen, um auf die Suhrkamp Diagnose zu reagieren, und so startete man zu Beginn des Jahrtausends die Initiative „Public Understanding of Science", die wie die genannte Buchreihe vollständig missraten ist.

Wer das nicht glaubt, braucht nur die Ankündigung zu lesen, mit der das Herausgebergremium des „Kursbuch" im Jahre 2021 den Eintritt einer Physikerin begründet: „Wir stehen derzeit vor einer Reihe gesellschaftlicher Herausforderungen, die ganz entscheidend den Transfer wissenschaftlichen Wissens in die Öffentlichkeit verlangen", wie das hilflose Soziologenteam schreibt, das diesen Notstand immerhin bemerkt. Und während dies zu lesen ist, lädt die Friedrich-Ebert-Stiftung über ihre Abteilung für „Bildung und Wissenschaft" für den Oktober 2021 zur Vorstellung einer Studie ein, in der es um die Frage geht, „Wissenschaft für das Allgemeinwohl, die Wirtschaft oder die Politik?"

Im begleitenden Text kann man lesen: „Wissenschaft hat Konjunktur", und zwar deshalb, weil nur sie „einen Ausweg aus der Jahrhundertkrise der Corona-Pandemie" zeigen kann. „Ach!", würde Loriot sagen, ohne zu ahnen, dass diesem banalen Auftakt ein erschreckender Satz folgt: „Gleichzeitig ist Wissenschaft für viele ein unbekanntes Terrain", wie in der Einladung steht, und die meisten Menschen „wissen wenig darüber, wie sie funktioniert."

Wohlgemerkt – da gestehen Menschen ihre Ahnungslosigkeit ein, die für Bildung zuständig sind, ein halbes Jahrhundert, nachdem Suhrkamp der Öffentlichkeit attestiert hat, bei Themen der Wissenschaft verständnislos, ratlos und auch hilflos zu sein. Schon davor, bereits 1968, konnte man bei dem französischen Historiker Jaques Barzun die Diagnose lesen: „Die westliche Gesellschaft beherbergt gegenwärtig die Wissenschaft wie einen fremden, mächtigen und geheimnisvollen Gott. Unser Leben wird von seinen Werken verändert; aber die Bevölkerung des Westens ist von einem Verständnis dieser seltsamen Macht wohl ebenso weit entfernt, wie ein Bauer in einem abgelegenen mittelalterlichen Dorf es von einem Verständnis der Theologie des Thomas von Aquin gewesen ist."

Der Historiker ging dann sogar noch einen Schritt weiter, als er schrieb: „Die Lücke ist heute [1968] sichtlich größer, als sie vor hundert Jahren war, zu einer Zeit, als jeder gebildete Mensch sich die Hauptergebnisse und die einfachen Prinzipien, die damals Physik, Chemie und Biologie ausmachten, aneignen konnte. Die Schwierigkeit heute besteht nicht darin, dass die Wissenschaft mehr Tatsachen entdeckt hat, als sich in einem Kopf zusammenhalten lassen, sie besteht vielmehr darin, dass die Wissenschaft – selbst für die Wissenschaftler – aufgehört hat, eine prinzipielle Einheit und ein Gegenstand der Kontemplation zu sein." Wie kann man daran etwas ändern?

Kontemplative Wissenschaft

Das Wort Kontemplation stammt von dem lateinischen „contemplatio" ab, mit dem ein Blicken nach innen gemeint ist, was zu einem „Zu-sich-selber-Kommen" führen kann, wie psychologisch geredet wird, wobei dieser Weg zu dem hier angesprochenen Geheimnis führt, das sich nicht ausspionieren lässt. Wenn religiös motivierte Menschen kontemplativ beten, öffnen sie ihr Herz für die geheimnisvolle Gegenwart Gottes, wie glaubwürdig versichert wird. Und wer Wissenschaft kontemplativ betreibt, versucht ebenfalls sein oder ihr Herz zu öffnen, um die Geheimnisse der Welt in sich spüren zu können und wirken zu lassen.

Diese Geheimnisse der Welt nimmt man erst als wundersames Verhalten der Dinge wahr, wobei sich viele Menschen schon länger fragen, warum Sterne am Himmel schweben und nicht auf die Erde fallen. Im 17. Jahrhundert versuchte es der berühmte Astronom Johannes Kepler erst einmal eine Nummer kleiner, als er verstehen wollte, wie es kommt, dass die Planeten über unseren Köpfen ungestört ihre Bahnen ziehen und ihre Bewegung nicht aufhört. Wer oder was treibt die Wanderer seit ewigen Zeiten an, wollte Kepler wissen, der zuvor dem menschlichen Nachdenken über den Himmel eine völlig neue Aufgabe gestellt hatte.

Ihm war es in mühsamer und jahrelanger Rechenarbeit mit den Beobachtungsdaten gelungen, die Marsbahn als Ellipse zu identifizieren. So oberflächlich diese Feststellung heute im Physikunterricht abgehakt wird – die Lehrer merken eher nebenbei an, Kepler habe ausgerechnet, dass ein Planet nicht in Kreisform die Sonne umläuft –, so tiefgreifend verändert sie die

Astronomie und das wissenschaftliche Denken überhaupt. Bevor Kepler sich über die Daten der Marsbahn beugte, galt es als selbstverständlich, das himmlische Geschehen Göttern zu überlassen, und die sorgen für perfekte Kreise in der Höhe. Transzendente Götter können keine Ellipsen, und somit musste die von Kepler nachgewiesene Existenz dieser mathematischen Form aus der Welt selbst, also immanent erklärt werden. Mit anderen Worten: Kepler verwandelte Transzendenz in Immanenz, und es lohnt sich, über dieses Sätzchen kontemplativ zu werden und es allgemein auf die Wissenschaftsgeschichte anzuwenden.

In der Forschung nehmen sich Menschen Dinge vor, die ihren Verstand zu übersteigen scheinen – Wie kann man erkennen, was die Welt im Innersten zusammenhält? –, um die dazu nötige Kraft zuletzt durch inhärente Fähigkeiten von materiellen Gebilden mit ihren Ladungen – Atomen und Elektronen – berechnen zu können. Sie verwandeln Transzendentes in Immanentes, und diese Wende lohnt einen zweiten Blick, weil der große Gedanke der Evolution aus dem 19. Jahrhundert erkennen lässt, dass es auch umgekehrt geht. Wenn man einmal in aller Kürzen den Satz erlaubt, dass der Geist transzendent ist, dann hat die Natur es im Verlauf der Stammesgeschichte geschafft, ihn immanent werden zu lassen. Schließlich agiert er aus den Gehirnen heraus, in denen die Evolution ihn einpflanzen konnte. Wie hat sie dies nur gemacht?

Zurück zu Keplers Geist, der den Grund für die dauerhafte und ungebremste Bewegung der Planeten suchte und dem dabei der Gedanke kam, dass es so etwas wie ein Beharrungsvermögen der kosmischen Körper geben müsse, dem der Astronom den lateinischen Namen „inertia“ gab. Heute übersetzt man „inertia“ mit Trägheit, was den Satz erlaubt, dass Planeten sich dank ihrer Trägheit bewegen. So etwas klingt beim ersten Hören deshalb paradox, weil Trägheit meist eine seelische Einstellung bezeichnet und mehr nach Faulheit oder Ausruhen klingt. Dabei lohnt es sich, der Trägheit sein Herz zu öffnen und über die in dem Wort enthaltene physikalische Idee zu sinnieren – sie zu kontemplieren –, wobei man sich gerne in Max Webers Straßenbahn versetzen kann, die den Mitfahrenden ihre Trägheit beim Losfahren und Anhalten spüren lässt und in Kurven zur Vorsicht und zum Festhalten zwingt.

Dazu eine Anmerkung. Wenn jemand einen guten Vorschlag macht, sagt man gewöhnlich, er habe einen Einfall gehabt und den dann auch in Worten ausgedrückt, wie es Kepler mit der Inertia gelungen ist. Aber handelt es sich wirklich um einen Einfall? Und wenn ja, wo ist er hergekommen? Tatsächlich stellt eine Idee das Gegenteil dar, nämlich einen Ausfall, auch wenn das Wort im Alltag anders benutzt wird. Doch Keplers Vorschlag kommt von innen nach außen, kommt aus ihm heraus, und er selbst hat sich darüber Gedanken gemacht, was sich da abgespielt haben könnte. Kepler meinte, dass Erkennen möglich wird, wenn etwas, das in der Seele schläft, erwachen und sich im Bewusstsein melden kann. Er sprach von archetypischen Bildern, die dort auf ihren Weckruf warten und durch Sinneserfahrungen gelockt werden können, vor allem, wenn sie mit einem äußerlich zugänglichen Problem wie dem Umlaufen der Planeten verbunden sind.

Natürlich fragt ein in der Gegenwart lebender Mensch, wie die unbewussten Erkenntnismittel in ihn hineingekommen sind, wobei es nicht überrascht, wenn man erfährt, dass die Wissenschaft vor einem Rätsel steht, das sie bald als Geheimnis akzeptieren will. Es ist vorgeschlagen worden und klingt vernünftig, den inneren Bildern eine evolutionäre Geschichte zuzuordnen wie anderen Werkzeugen, was bedeuten würde, dass Immanenz und Transzendenz eine Art Kreis bilden, bei dem aus den realen Dingen die idealen Bilder werden, und mit diesen Ideen sind die konkreten Abläufe der Wirklichkeit zu erfassen.

Kepler spricht vom Erwachen wie aus einem Schlaf, was auf eine Trägheit der Seele schließen lässt und mit diesem Begriff zu den Bewegungen am Himmel mit der Inertia der Planeten zurückführt. So langweilig eine mechanische Trägheit auch wirken mag, sie bietet viel Stoff für die anvisierte wissenschaftliche Kontemplation, denn Aristoteles hat sie noch übersehen, und erst Newton hat sie erfasst. Der griechische Philosoph orientierte sich am Augenschein, der doch zeigte, dass Bewegungen aufhören, wenn keine Kraft mehr wirkt. Ein Wanderer bleibt stehen, wenn er seine Beinmuskeln nicht mehr einsetzt, und im Schwimmbecken geht man unter, wenn man nicht mit den Armen tätig wird. Aristoteles zog den oben genannten Schluss, dass Massen zur Ruhe kommen, wenn sie von außen nichts antreibt, aber es gibt kaum etwas, dass mehr daneben liegen könnte als diese Auskunft.

In Wahrheit ist das Gegenteil der Fall, wie Newton rund 2000 Jahren nach dem Griechen erkannte. Denn materielle Objekte bleiben in Bewegung, solange es keine Kraft gibt, die sie aufhält, wobei der Brite sogar noch hinzuzufügen wusste, dass der Aufwand zum Anhalten größer wird, wenn die Masse des rollenden oder fliegenden Gegenstandes zunimmt. Wenn man einmal unterstellt, dass niemandem erklärt zu werden braucht, was eine Masse ist – eine Waage wird sie bequem anzeigen –, dann kann man mit diesem alltäglichen Wort Anschluss an die Physik gewinnen, denn es ist die Masse eines Körpers, die ihm seine Trägheit verleiht, wobei Kepler über diese Genauigkeit – eine größere Masse besitzt eine höhere Trägheit – erst einmal gestaunt und etwas für seine Kontemplation gefunden hätte.

Wer sich selbst nur schwach an den Physikunterricht in der Schule erinnert, wird bei Newton vor allem an die Kraft denken, auf die es der Brite abgesehen hatte. Kraft ist gleich Masse mal Beschleunigung, so heißt sein berühmtes Gesetz, was hier angeführt wird, um auf etwas aufmerksam zu machen, dass die Physiker ziemlich lange beschäftigt hat, bis Einstein kam und eine radikale Lösung vorschlug. Wer eine Masse – als Kleinwagen oder SUV – in Bewegung versetzen will, muss Kraft aufwenden, und wenn beide Fahrzeuge gleich beschleunigt werden sollen, braucht man für das größere und schwerere mehr Kraft. Die Physiker sagen, dass die Trägheit des stehenden Autos überwunden werden muss, dem sie auf diese Weise eine träge Masse zuschreiben, die sich einem Antrieb widersetzt. Wer sich mit seinem Körper auf eine Waage stellt, tut das Gegenteil. Er übt auf das Gerät eine Kraft aus, die als sein Gewicht registriert wird, was Physiker zu dem Vorschlag brachte, der oben erläuterten trägen Masse eine zweite Form an die Seite zu stellen, die sie schwere Masse nannten und mit der sie sich in die Bredouille brachten – bis Einstein kam und sie als identisch identifizierte.

Auf die dazugehörige historische Entwicklung wird verzichtet, um zum Ende hin auf den aktuellen Triumph eingehen zu können, den die Physiker vor Kurzem mit der Entdeckung eines Higgs-Teilchen feiern konnten. Es geht dabei insgesamt um ein kompliziertes Theoriengebäude namens Standardmodell, in dem lange Zeit kein Weg zu sehen war, wie die Elektronen oder Neutronen Masse bekommen konnten – bis der Schotte Peter Higgs den Vorschlag machte, das Innerste der Welt mit einem Higgs-Feld zu füllen, wie ja der Kosmos insgesamt mit einem Gravitationsfeld durchwirkt ist. Die Idee ist dabei ganz einfach. Wenn das Higgs-Feld so zäh wie Honig ist, dann fällt es schwer, sich in ihm zu bewegen. Das heißt physikalisch, dass allen nicht ruhenden Teilchen eine Trägheit und damit eine Masse zukommt. Voila! Jetzt galt es nur noch das Feld nachzuweisen, und hier muss der gesunde Menschenverstand eine Kapriole akzeptieren, denn Felder stellen Energien dar, die sich punktuell zu Massen verdichten können, und so finden sich in einem Higgs-Feld die Higgs-Teilchen, die man nachweisen kann, was augenscheinlich gelungen und mit einem Nobelpreis für Peter Higgs beglaubigt worden ist.

Das heißt, es ist jetzt (2022) zehn Jahre her, dass die Champagnerkorken knallten, weil die Physik die Entdeckung des Higgs-Teilchens feiern konnte und wollte, aber der Kater, der danach kam, hält bis heute vor. Mit Higgs' Befund stimmt nämlich so manches nicht, weil die dazugehörige berechnete Feldstärke entweder zu Null herauskommt, was im Universum nur masselose Teilchen erlauben würde, oder zu hoch ausfällt, was die Welt in Form Schwarzer Löcher kollabieren lassen würde. Spätestens an dieser Stelle sollte angemerkt werden, dass das Standardmodell zwar eine Menge kann, aber ausgerechnet an der Kraft scheitert, die als erste untersucht worden ist und jeden Menschen mit seiner Masse am Boden festhält. Gemeint ist die Schwerkraft, die nebenbei auch die schwächste Wechselwirkung liefert, auch wenn sie in der Lage ist, die äußere Welt als Ganzes zusammenzuhalten – ohne in ihrem Innersten eine Rolle zu spielen.

Hier könnte eine Kontemplation der dazugehörigen Wissenschaft beginnen, gibt es doch keine Stelle im Universum ohne die Anziehungskraft, die man der Materie verdankt, wobei die Physik inzwischen noch mehr von diesem Stoff braucht, den sie dunkel nennt, obwohl „durchsichtig“ besser wäre, da nichts zu sehen ist. Dunkelmaterie und Dunkelenergie treiben derzeit viele Wissenschaftler um, und das Geheimnisvolle der Welt hat mit diesen Vorschlägen erneut an Tiefe gewonnen. Es kann nicht anders. Bei allen astronomischen Untersuchungen der letzten Jahrzehnte ist das Weltall größer und verrückter geworden, und es gibt viele neue Einsichten, über die Menschen staunen, sich freuen und in Gesprächen debattieren sollten, auch wenn neidische Sozialwissenschaftler ohne belastbares Wissen meinen, dass die erforschte Natur im gesellschaftlichen Dialog weder etwas verloren habe noch gebraucht werde.

Dabei kann man sich von Seiten der Forschung, die diesen Namen verdient hat, nur mit Begeisterung dem Ausruf von Vladimir Nabokov anschließen, der nach seinen Erinnerungen sucht: „Wie klein der Kosmos ist (ein Kängurubeutel nähme ihn auf), wie dürftig und belanglos, verglichen mit dem menschlichen Bewusstsein, mit einer einzigen individuellen Erinnerung und ihrem sprachlichen Ausdruck.“

So stecken die Geheimnisse der Welt in den Menschen, die das Dasein unerschöpflich und lohnend machen – zu unser aller Glück.

2. Kreisläufe des Lebens – Mittendrin, von Anfang an und bis zuletzt

„Im Atemholen sind zweierlei Gnaden“, wie Goethe in seinem „West-östlichen Divan“ gedichtet hat, „Die Luft einziehn, sich ihrer entladen, / Jenes bedrängt, dieses erfrischt, / So wunderbar ist das Leben gemischt“, wie den Dichter begeistert und die Menschen täglich spüren, wenn sie im pulsierenden Kreislauf des Lebens ihre Lungen erst mit dem Sauerstoff aus der Luft füllen, um anschließend das Gas Kohlendioxid auszustoßen und in die Atmosphäre zu entlassen (auch wenn das heute Stirnrunzeln provoziert). Die dem Herzschlag verwandte Dualität oder Polarität der „zweierlei Gnaden“ hat Goethe als ein im und in das Leben verliebter Dichter auch in den Blättern des Ginkgo Baumes gefunden, die „in sich selbst getrennt“ zu sein schienen. Sie gaben ihm durch ihre gespaltene Form „geheimen Sinn zu kosten“, wie es in dem dazugehörigen Gedicht heißt, was wissensdurstige Menschen nur erfreuen kann, die sich bei diesem Anblick als neugierige Poeten mit Forschergeist fühlen können und sich so als „eins und doppelt“ vorkommen.

Das Ein- und Ausatmen erfüllt die Welt, in der Menschen leben, weil sie die Luft einzuziehen vermögen und nach ihrer Transformation wieder ausströmen lassen können, während sich im Inneren ihrer Herzen die ewige Systole mit der Diastole abwechselt, wodurch das Leben auch hier als dynamische Einheit polarer Gegensätze zu erkennen ist. Es gibt nur Bewegung, die immer wieder von vorne anfangen muss, um mit ihrer Gegenbewegung den Kreislauf in Gang zu halten, ohne dessen Betrieb Leben nicht sein kann.

„Eins und doppelt“ – so klingt es inzwischen auch in den exakten Naturwissenschaften, wenn sie von der Atmung sprechen, weil sie eine äußere von einer inneren Form der Respiration unterscheiden, deren einholende Phase Inspiration heißt, auch wenn man im Alltag bei diesem schönen Wort eher an den schöpferischen Einfall eines kreativen Menschen denkt, ohne ihm eine Exspiration gegenüber zu stellen.

Dem erst lungenfüllenden und dann ausleerenden Luftholen eines Organismus steht die den Sinnen verborgen bleibende, aber mit biochemischen Methoden zu erkennende Zellatmung zur Seite, bei der Kohlehydrate (Zuckermoleküle) und Fette zusammen mit Sauerstoff in das Gewebe des Lebens aufgenommen und so umgewandelt werden, dass neben dem Wasser und dem unvermeidlichen Abfallprodukt Kohlendioxid auch Energie entsteht, die dann frei wird und den Zellen zur Verfügung steht.

In diesem Prozess sieht die Wissenschaft die eigentliche Funktion der Zellatmung, nämlich Energie für Zellen bereit zu stellen und den Körper durchströmen zu lassen, wobei dieser lebensnotwendige Strom mit dem

Materialfluss verknüpft ist, den man Stoffwechsel oder vornehmer mit griechischen Wurzeln Metabolismus nennt. Das mag alles nach Schulstoff klingen. Es lohnt sich aber trotzdem, weiter zu lesen, gibt es doch Dinge zu lernen, von denen sich des Menschen „Schulweisheit nichts träumen lässt", wie Hamlet seinem Publikum zu versichern wusste, auch ohne Biochemie zu kennen. Der Stoffwechsel hält die Menschen nicht am Leben. Der Stoffwechsel ist ihr Leben. „It is what being alive is", wie Nick Lane es unfassbar knapp auf den Punkt bringt.

Atmen und Brennen

Hamlets Weisheit fängt beim Stoffwechsel an. Dieser heute allgegenwärtige, eher verächtlich in den Mund genommene und kaum noch des Nachdenkens werte Begriff ist am Ende des 18. Jahrhunderts aufgekommen, als das romantisch werdende Denken allgemein über die Aufklärung hinausging und verkündete, „Es gibt nur Bewegung", vor allem im Denken, das zum Offenen drängt und immer neue Fragen stellt. Das Leben verstand man als schöpferische Tätigkeit, was es den Romantikern konkret erlaubte, eine neue und dynamische Wandlung in den materiellen Stoffen wahrzunehmen, mit deren Energie geeignete Verbindungen und Formen entstehen konnten.

Diese grundlegende Haltung verdankt sich unter anderem den großen Erfolgen von Chemikern wie dem Franzosen Antoine Laurent de Lavoisier, der zum Beispiel zeigen konnte, dass Wasser in einer Knallgasreaktion aus zwei Elementen – Wasserstoff und Sauerstoff – entstehen kann, die als Gase auf diese Weise wörtlich ihren Stoffwechsel erleben. Die Wissenschaft begann um das Jahr 1800, sich eine Fülle von Gedanken über die verschiedenen Bindungen zu machen, die Stoffe oder Moleküle miteinander eingehen konnten, wobei Goethe überlegte, ob sich bei diesen Verknüpfungen oder diesem Verweben „Wahlverwandtschaften" bilden können, wie er sie 1809 in einem Roman durchspielte.

Lavoisier konzentrierte sich in seinen Reagenzgläsern auf den chemischen Prozess der Verbrennung, die zu seiner Zeit als ein Vorgang verstanden wurde, bei dem etwas frei wird. Was ließ sich denn sonst erkennen, wenn die Flammen loderten? Doch Lavoisier wollte es genauer wissen, und als er dem Problem mit einer Waage auf den Leib rückte, stellte er fest, dass beim Feuer zwar Hitze entwickelt wird, verbrannte Stoff aber nichts abgeben, sondern im Gegenteil etwas aufnehmen und sich einverleiben. Nachfolgende Analysen zeigten, dass die Flammen für eine Bindung von Sauerstoff aus der Luft an den verbrannten Stoff gesorgt hatten. Im Feuer war aus Eisenwolle Eisenoxid entstanden, wobei sich das letzte Wort dadurch erklärt, dass Sauerstoff auf Französisch „oxygène" heißt.

Allgemein bezeichnet man seit den Tagen von Lavoisier eine Verbrennung als „Oxidation", und da die Chemie dem Sauerstoff allgemein den Buchstabe

O zugewiesen hat, kann man die Verbrennung von Eisen (Fe) in aller Kürze beschreiben als Herstellung von FeO. Solch eine Bildung von Oxiden konnte Lavoisier auch als Folge der biochemischen Zellatmung nachweisen. Er konnte zeigen, dass organische Materie im Gewebe mit chemischen Augen betrachtet so verbrannt wird wie das erwähnte Eisen oder Holz auf einem Scheiterhaufen, mit dem – allerdings riesengroßen – Unterschied, dass die Energie bei der biologischen Oxidation in den Zellen lebendiger Körper offenbar nicht mit einem Schlag, sondern Stück für Stück freigelassen und nach und nach im Körper eingesetzt wird. Schließlich geht ein Organismus nicht in Flammen auf, wenn er ein- und ausatmet, wie man sehen und sicher behaupten kann. Immerhin spielt das Leben mit dem Feuer, wenn es die Menschen Goethes zweierlei Gnaden spüren lässt, und alles erkaltet, wenn damit Schluss ist.

Lavoisier hatte nun auf der einen Seite ein großartiges Ergebnis ermittelt – Zellen atmen und gewinnen ihre Energie durch chemische Oxidation. Aber zugleich hatte er seinen Kollegen und Mitmenschen weitaus größere Rätsel – vielleicht sogar Geheimnisse – hinterlassen, unter anderem Fragen der Art, was diese Energie überhaupt ist und wie das Leben es schafft, ihr lebenserhaltendes Strömen mit geeigneter Dosierung ablaufen zu lassen.

Das erste Thema ist viel zu groß für diesen Aufsatz, aber das zweite kann man in den essayistischen Griff bekommen, obwohl die Menschheit nicht nur das ganze 19. Jahrhundert, sondern sogar bis in die 1930er Jahre hinein auf eine Antwort warten musste. Als sie endlich gegeben werden konnte, haben viele nicht hingehört, was dazu führt, dass vermutlich selbst heute die wenigsten Schullehrerinnen und Lehrer sagen können, wie die Antwort lautet und von wem sie stammt, und andere Akademiker als die erwähnten Pädagogen wissen dies erst recht nicht.

Die Wissenschaftler, die sich der grundlegenden Chemie des Lebens gewidmet und dem Verstehen der zellulären Dynamik eine erstaunliche Tiefe und Weite gegeben haben, sind derart unbekannt, dass sich eine Kulturnation über diese Ignoranz schämen müsste. Und die heute trommelnden Feministinnen werden nicht ahnen, dass dabei mindestens eine Frau maßgeblich mitgespielt hat, obwohl ihr Beitrag allgemein geeignet wäre, das Vorgehen der Wissenschaft zu erläutern und zugleich in die Phalanx einer männlich dominierten Disziplin vorzudringen. Man kann wahrlich von einer Kulturschande und einer Bildungskatastrophe sprechen und nur weiter versuchen, sie etwas zu mildern, wenn es auch schwerfällt, hier an Erfolge zu glauben.

„Hitler hat mich zum Juden gemacht!"

Wer die 1930er Jahre in Deutschland betrachtet, kann gar nicht anders, als auch in dieser Zeit von einer Kulturschande zu sprechen, wobei zu betonen ist, dass die damalige staatlich organisiert wurde und schlimmere Folgen als die derzeitige progressive Verdummung der Öffentlichkeit mit sich brachte. 1933 wurden Rassengesetze erlassen, die Juden nicht nur aus der Wissenschaft vertreiben sollten, und so wurde dem 1900 in Hildesheim in einer Familie mit jüdischen Wurzeln geborenen, aber evangelisch erzogenen Biochemiker Hans Adolf Krebs die Lehrbefugnis – ein schreckliches Wort – entzogen. Er war gezwungen, Deutschland zu verlassen und sich in England nach einer Stelle umzusehen.

Zum Glück konnte Krebs erst in Cambridge und dann in Sheffield arbeiten. Er wurde überall auf der Insel mit offenen Armen empfangen, hatte er doch gerade in einer 1932 erschienenen Arbeit mit dem unscheinbaren Titel „Untersuchungen über die Harnstoffbildung im Tierkörper" etwas zustande gebracht, über das der Teil der wissenschaftlichen Welt nur staunen konnte, der nicht damit beschäftigt war, sein antisemitisches Mütchen zu kühlen und Juden zu vertreiben, um im Gefolge solcher Arisierungen Karriere zu machen.

Als Krebs 1933 in England eintraf, meinte er zum einen, „Hitler hat mich zum Juden gemacht!", um zum zweiten „the British way of life" zu loben. In Cambridge tauschten Wissenschaftler Argumente aus, ohne zu streiten, wie Krebs notierte, und wenn sie stritten, verachteten sie ihre Kontrahenten nicht, und während sie jemanden lobten, wollten sie sich bei ihm oder ihr nicht nur einschmeicheln.

Krebs war begeistert von den Engländern, und die Engländer waren begeistert von Krebs, der 1932 an der Universität Freiburg gezeigt hatte, dass der Harnstoff, den Menschen mit dem Urin ausscheiden, im tierischen Gewebe durch einen Kreislauf von Reaktionen hergestellt wird, der heute Harnstoff-Zyklus heißt. Wer sich mit der Wissenschaft im Allgemeinen und der Biochemie im Besondern nicht auskennt, wird jetzt fragen, was daran so aufregend ist, wobei anzumerken ist, dass heutige Medizinstudenten und ihre Kommilitoninnen den Harnstoff-Zyklus eher unerfreulich finden, weil sie ihn auswendig lernen müssen und das unsinnig finden, weil sie das zirkuläre Gewusel der chemischen Moleküle schnell wieder vergessen. Ihnen erklärt ja auch niemand den dazugehörigen historischen Stellenwert.

Der Geschichte der Wissenschaft liefert der Harnstoff allein deshalb aufregenden Erzählstoff, weil es dem Chemiker Friedrich Wöhler im Jahre 1828 gelungen ist, dieses organische Molekül aus einem anorganischen Vorläufer namens Ammoniumacetat herzustellen, was vor allem spannend wird, nachdem die Nachricht über diesen Erfolg Goethe erreicht hatte. Er ergänzte daraufhin seine Faust-Dichtung und fügte in der im zweiten Teil spielenden Szene im Laboratorium den Satz ein, „Es wird ein Mensch gemacht!" So kam es dem Dichter und anderen Personen im frühen 19. Jahrhundert vor, als Chemiker Harnstoff im Reagenzglas ohne Niere produzieren konnten und niemand wissen konnte, was danach noch von Seiten der chemischen Wissenschaften kommen und möglich sein würde.

Als sich 100 Jahre später Krebs dem Wöhlerschen Harnstoff und seiner Herstellung zuwandte – damals noch in Deutschland –, konnte er sicher sein, dass er einen dynamischen Lebensprozess zu verstehen versuchte und nicht nur die tote Sackgasse einer auslaufenden chemischen Reaktion erkundete. Gerade weil der auch als Urea bezeichnete Harnstoff mit dem Urin ausgeschieden wird, musste er dauernd neu angefertigt werden, denn sonst würden die Zellen von Ammoniak vergiftet werden, wie Biochemiker gelernt hatten. Dieses Gas entsteht unvermeidlich, wenn die Gewebe Stoffwechsel treiben und größere Moleküle in ihre Einzelteile zerlegen, was sie tun müssen, um ständig neue daraus zu fertigen, denn „es gibt nur Bewegung". Das Ammoniak – NH3 – störte dabei, denn es hinderte eine Zelle daran, sich mit Energie zu versorgen, wie Krebs in den kommenden Jahren genauer erkunden konnte. Das Leben muss das Stickstoffgebilde loswerden und ausscheiden, und der Harnstoff-Zyklus bekommt das hin, wie Krebs 1932 zeigen konnte.

Kreise im Sinn

So souverän das methodische Vorgehen von Krebs war und so sorgfältig er immer bessere Werkzeuge für die biochemische Analyse fertigte, das historische Rätsel bleibt, wie er die zyklische Natur der Herstellung von Harnstoff konzipiert hat, auf die seine Kollegen nicht gekommen sind, die nach linearen Reaktionsketten suchten. Vielleicht ist es erlaubt, hier weniger den genialen Biochemiker und mehr den gebildeten Deutschen ins Visier zu nehmen, der sich zum Beispiel um Ammoniak kümmern musste. In diesem Stoff steckt eine ungemein dramatische Geschichte, die vor allem damit zu tun hat, dass eine der großen Leistungen der Chemie im frühen 20. Jahrhundert darin bestand, den Stickstoff aus der Luft zu fixieren, wie man sagt und womit gemeint ist, ihn als Ammoniak festzuhalten: N2+3H2 ergibt 2 NH3. Mit dem Ammoniak konnte man Stichstoffdünger herstellen, und so ließ sich sagen, dass mit seiner Synthese das Brot aus der Luft geholt werden konnte und die Menschen etwas zwischen die Zähne bekamen.

Leider ist das nur eine Seite der Medaille, denn mit dem Ammoniak konnte man auch Schießpulver herstellen, was dazu geführt hat, dass der Erste Weltkrieg nicht ein paar Monate, sondern vier schlimme Jahre andauerte. Ammoniak konnte sowohl töten als auch das Leben erhalten, und als Krebs den Harnstoff erforschte, ließ er das NH3-Molekül erst den Harnstoff aufbauen und dann mit ihm verschwinden. Somit konnte das unentbehrliche Ammoniak in einem Kreislauf mit seinen polaren Kräften unschädlich gemacht werden, und an dieser Stelle sei es erlaubt, das Einsetzen und Ausscheiden des stickstoffhaltigen Moleküls als das Ein- und Ausatmen der Zellen zu bezeichnen, das Goethe als Charakteristikum der Welt beschrieben hat, in der Menschen „leben, weben und sind." Polarität, wohin man schaut, und mit ihr das Gleichgewicht, das alle Existenz erfordert.

Kreisläufe der Energie und der Information

Die „Untersuchungen über die Harnstoffbildung im Tierkörper" gehört zu den am meisten zitierten Arbeiten von Krebs, der sich dann in England an die große Aufgabe traute, dem Mechanismus der Zellatmung auf die Schliche zu kommen. Es galt das zu verstehen, was die Wissenschaft heute als Energiestoffwechsel bezeichnet. Wie erzeugen Zellen und Gewebe die Energie, die Organismen zur Dynamik des Lebens benötigen, und wie fließt diese unfassbar bleibende Grundgröße durch deren innere Strukturen? Man wusste, dass zum einen Licht dazu beitrug – Pflanzen brachten mit Hilfe der Sonnenstrahlen durch die Fotosynthese organische Stoffe wie den Zucker Glukose hervor –, und man hatte zu verstehen angefangen, dass alle Reaktionen ihren eigenen Antreiber (Katalysator) brauchten, der im Falle der Oxidation als Atmungsferment bezeichnet wurde und eine eigene Geschichte wert ist. Auf jeden Fall zeigte sich die Biochemie der 1930er Jahre auf der einen Seite als ein wachsendes Feld, in dem kompliziert wirkende Moleküle komplexe Wechselwirkungen eingingen. Die medizinisch orientierte Wissenschaft schien aber noch offen für große Ideen zu sein, die dem Leben ein Fundament geben konnten. Krebs hoffte, mit seiner Idee von energetischen Kreisläufen hier punkten zu können, wobei ihm zugutekam, dass seine Kollegen – damals zeigten sich keine Frauen in den Laboratorien – ihre Aufmerksamkeit anders ausgerichtet hatten und nach Reaktionsketten suchten, deren Glieder sie fassen wollten.

In den Jahren bis 1937 gelang es Krebs nach jahrelanger Kleinarbeit, die Teile der molekularen Maschinerie zu identifizieren, mit der die zum Leben nötigen Transformationen und Biosynthesen durchgeführt werden. Im Herzen der Zellen – so stellte sich urplötzlich heraus – dreht sich ein Karussell aus Energie und Stoffen, das die Lehrbücher heute den Krebs-Zyklus nennen und seinem Namenspatron 1953 den Nobelpreis für Medizin eingebracht hat. Es braucht mehr als einen Essay, um von dem Pyruvat, dem Succinat, dem Oxaloacetat und vielen anderen intermediären Stoffen zu erzählen, die Krebs ausfindig machen musste und in ihre natürliche Rotationsreihenfolge bringen konnte. Aber man kann auch ohne die angedeuteten molekularen Details über das Besondere des Krebskreises staunen, der auf der einen Seite nach Auskunft aller Kenner eine platonische Perfektion an den Tag zu legen scheint, während er auf der anderen Seite Gegensätze in ein polares Gleichgewicht zu bringen versucht, was ihn – nicht nur nebenbei – in die Lage versetzt, die Gene einer Zelle über ihren dazugehörigen Status zu informieren.

Die Gene informieren also nicht nur das Leben. Das Leben informiert auch die Gene, und der Krebs-Zyklus kann diese Aufgabe erfüllen, weil er zum einen molekulare Strukturen abbaut, um ihre Energie frei zu setzen, und zum anderen im Rahmen seiner Umwandlungen für die Vorläufer der Bausteine sorgt, die von den Zellen für höhere Aufgaben benötigt werden. Man kann nur staunen, auch darüber, wie wenig solche wunderbaren Zusammenhänge bekannt sind und der Öffentlichkeit präsentiert werden.

Zu den wichtigsten Bestandteilen von Zellen gehören neben den Genen die Proteine, die als Katalysatoren das Leben in Gang halten, und diese Makromoleküle bestehen aus Ketten von kleineren Gebilden mit Namen Aminosäuren, die mittels solcher Stoffe gebaut werden, die der Krebs-Zyklus bereitstellt. Dasselbe gilt für die Lipide, die zur Errichtung von Zellmembranen gebraucht werden, und selbst die Buchstaben der informativen DNA-Moleküle namens Gene entspringen dem Krebs Karussell. Der Zyklus zerstört biochemische Strukturen der Energie wegen und unternimmt das Gegenteil – er baut auf – der Erneuerung von organischen Molekülen wegen, weshalb man vom Yin und Yang des von Krebs gefundenen Kreislaufs des Lebens spricht. Goethe würde sich nicht überrascht zeigen, wie eingangs angedeutet worden ist. Für ihn leben alle Dinge in einer unaufhörlichen Entzweiung mit sich selbst: „Das Geeinte zu entzweien, das Entzweite zu einigen, ist das Leben der Natur", „die ewige Systole und Diastole", „das Ein- und Ausatmen der Welt, in der wir leben, weben und sind" – und die sich in den Zellen dreht. Yin und Yang auf einem West-östlichen Divan.

Die Rolle der Hülle

So schön das Ergebnis von 1937 war, so wenig wusste man mit seiner Hilfe zu sagen, in welcher Form und auf welche Weise die Energie erst frei- und dann um- und eingesetzt wurde. Um hier weiter zu kommen, tat sich Krebs mit dem Biochemiker Fritz Albert Lippmann zusammen, der ebenfalls 1953 nach Stockholm eingeladen und mit dem Nobelpreis geehrt wurde. Lippmanns Leistungen können hier nur bewundert, aber nicht aufgezählt werden, mit einer Ausnahme. Bis 1947 konnte er nachweisen, dass Lebewesen ihre chemische Energie in Form eines Moleküls speichern und anwenden können, das mit den drei Buchstaben ATP bezeichnet wird, die den vollen Namen Adenosintriphosphat abkürzen.

Hier tauchen neue Fragen auf – Wo genau steckt die Energie? Wie wird sie in das Molekül hineingepackt? Wie kann man sie abrufen? –, wobei es nicht überraschen wird, wenn man erfährt, dass die Biochemiker trotz all ihrer analytischen Fähigkeiten anfangs keinen Rat wussten, weil sie an einem blinden Fleck scheiterten. Sie hatten die Zellhüllen (Membranen) nur als passive Wände des Gefäßes betrachtet, in dem sich das Leben abspielt, und lange Zeit übersehen, dass der Krebs-Zyklus und die Herstellung von ATP von Eigenschaften der Membran abhing, nicht zuletzt von ihrer Fähigkeit, elektrische Ladungen kontrolliert durchzulassen.

Jahre mit weiteren Forschungen brachten nach und nach zum Vorschein, dass zu dem gesamten Energiestoffwechsel auch die kontrollierte Bewegung von einzelnen Ladungen wie Elektronen oder Protonen durch Zellhüllen gehörte, die dabei einen Quantentunnel durchqueren mussten, wie man zum allgemeinen Erstaunen feststellte und was man sich ruhig auf der Zunge zergehen lassen soll. Das Leben bekommt seine Energie, weil Zellen einen Quantentunnel bereithalten, durch den Ladungen schlüpfen können, der aber sonst nichts durchgehen lässt. Zellen müssen so dicht bleiben, wie Krebs es sich gedacht hat.

1978 wurde der britische Biochemiker Peter Mitchell mit dem Nobelpreis für Chemie geehrt, weil er dem zuständigen Schwedischen Komitee zufolge erklären konnte, wie die Energieumwandlung im Detail an den Membranen von Zellen abläuft. Mitchells Theorie setzt dabei auf eine „Protonenbewegungskraft", eine „proton-motive force", mit deren Hilfe das ATP angefertigt werden kann. Seine Ideen sind allerdings derart vertrackt, dass ihre Erklärung diesen Rahmen sprengen würde, und außerdem hat Mitchell andere Biochemiker nicht überzeugen können, weil sie seine Ideen verstanden haben, sondern weil sie ihre Originalität bewunderten und das von ihnen angesprochene Problem zu lösen vermochte. Typisch britisch, würde Krebs sagen, den es gefreut hat, dass Mitchell vor allem deshalb zum Erfolg kommen konnte, weil ihm jemand die mühevolle und schwierige Kleinarbeit im Laboratorium abgenommen hat.

Die Rede ist von der Biochemikern Jennifer Moyle, die wegen ihrer wüsten Haarmähne und brillanten Einfälle mit Beethoven verglichen wurde und es in jungen Jahren schaffte, Assistentin von Marjorie Stephenson zu werden, der ersten Frau, die das Amt des Präsidenten der Gesellschaft für Allgemeine Mikrobiologie innehatte. In dieser Funktion empfahl sie Jennifer Moyle, Peter Mitchell zu helfen, um diesem glänzenden Theoretiker eine mindestens ebenso glänzende experimentelle Wissenschaftlerin in die Seite zu stellen. Die Rechnung ging auf, da Moyles Resultate Mitchells Ideen die Akzeptanz brachten, die die Community brauchte, um ihre Bedeutung einzuschätzen. Leider wurde die Frau dabei vergessen, denn die einen sind im Dunkel und die anderen sind im Licht. Jennifer Moyle wurde vom Nobel Komitee übersehen und von Mitchell in seiner Dankesrede fast unerwähnt gelassen, obwohl die entscheidenden Publikationen die Namen der beiden tragen. Als Mitchell in Stockholm sprach, fesselte ihn schon etwas anderes, nämlich die Entdeckung, dass es Bakterien gab, in denen der Krebs-Zyklus anders herum läuft und die Zellen den Rückwärtsgang einlegen.

Im Rückwärtsgang nach vorne

Wenn Biowissenschaftler auf ihre Ergebnisse schauen, wollen sie wissen, wie die Evolution sie zustande gebracht und möglich gemacht hat. Als einige Bakteriologen anfingen, in uralten Einzellern nach Vorstufen des Krebs-Zyklus zu suchen, kamen sie aus dem Staunen nicht heraus. Sie trafen auf den Krebskreislauf in die entgegengesetzte Richtung. Dabei wurde der Nahrung kein Kohlendioxid entnommen, um Energie zu produzieren. Vielmehr wurde Energie eingesetzt, um aus CO2 organische Moleküle zu machen, und als die Biochemiker länger auf die Daten schauten, schien es ihnen, als ob der Rückwärtsgang so natürlich war wie talwärts fließendes Wasser, was die Umkehrung für die Evolution bedeutender machte als den aktuellen Umlauf, den Krebs mühsam identifiziert hatte. Der umgekehrte durchlaufende Krebskreis scheint immer mehr ein Kandidat für den Anfang des Lebens zu werden, und Biochemiker äußern schon die Ansicht, dass der berühmte Zyklus weniger die Maschinerie für die Moleküle ist, die das Leben braucht. Vielmehr ist umgekehrt Leben das, was die evolutionäre Bewegung aus einem Krebs-Zyklus machen kann.

Auf jeden Fall dominierte auf der frühen Erde der umgekehrte Kreislauf, was natürlich merkwürdig klingt. Aber in diesem Rückwärtsgang kommt das Leben weiter, denn mit ihm stehen alle möglichen Startbedingungen bereit – die Aminosäuren für die Proteine, die Fettsäuren der Membranen, das Pyruvat für die Zucker und mehr. Längst wird spekuliert, dass am Beginn des Lebens ein strukturierter Stoffwechsel dank der Zwischenstufen des ursprünglichen Krebs-Zyklus entstanden ist, was bei aller biochemischen Komplexität einen einfachen philosophischen Gedanken aufleuchten lässt. Er besagt, dass die Triebkräfte und die Energie, die dem Leben die Gene und die Proteine geliefert haben, von Anfang an bereitstanden und von der Mitte aus eine aktive Rolle übernommen haben. Milliarden Jahre später, als sich die Atmosphäre mit Sauerstoff anreicherte, kippte der Kreislauf plötzlich um. Er schlug die Gegenrichtung ein, um organische Moleküle zu verbrennen (oxidieren), um das Leben mit voller Energie in die Welt marschieren zu lassen und sie erobern zu können.

Es steckt eine ungeheure Spannung in dem dynamischen Gleichgewicht, mit dem sich das Leben weiterentwickelt und innerlich um eine energiereiche Mitte dreht. Es kann nicht stillstehen. Es gibt nur Bewegung. Einatmen und ausatmen. Aufbauen und Abbauen. Es gibt keinen Anfang und kein Ende. Es gibt nur Bewegung, und es ist schön, dass sie im Kreis verläuft und immer wieder zu sich selbst zurückkehrt. Da liegt ihr Geheimnis. Das ist sicher.

3. „Erstens kommt es anders, und zweitens als man denkt“ – Die Aufklärung, die Romantik und die Zukunft der Menschen

„Erstens kommt es anders, und zweitens als man denkt.“ Diese anregende und wohlbekannte Formulierung stammt von Wilhelm Busch, der in der zweiten Hälfte des 19. Jahrhunderts auch feststellen konnte, „aber hier wie überhaupt, kommt es anders, als man glaubt.“ Wer solche humoristischen Weisheiten des berühmten Schöpfers sowohl der bösen Buben „Max und Moritz“ als auch des verhinderten Dichters Balduin Bählamm nicht nur amüsiert zur Kenntnis nehmen, sondern näher verstehen und vielleicht sogar nutzen will, wird mit der Frage beginnen, was die Menschen in den Jahren, in denen der vielseitige Künstler Busch dichtete, zeichnete und malte, in ihrem bürgerlichen Alltag dachten und glaubten, und zwar so, dass sie bei ihren Überlegungen und Planungen dauernd Überraschungen der beschriebenen und offenbar meist unangenehmen Art erleben mussten.

Welche Erwartungen trieben Buschs Zeitgenossen um und was verhinderte deren Erfüllung oder Umsetzung? Es kann dabei nicht um die Gedanken und Wünsche einzelner Personen gehen, sondern darum, mit welchen Hoffnungen die damalige Gesellschaft ihrer Zukunft entgegensah, wobei hier die Ansicht vertreten wird, dass dieser Blick nach vorne nicht zuletzt von den Erfolgen der damals mächtig aufstrebenden und sich nach und nach im Alltag unentbehrlich machenden Naturwissenschaften mit ihren technischen Anwendungen beeinflusst worden ist, die den Menschen viele neue Möglichkeiten zu bieten schienen, auch wenn viele das nicht unmittelbar registriert haben und viele Zeitgenossen der Gegenwart diesen Einfluss bis heute übersehen, wie noch auszuführen sein wird.

Mit Wilhelm Busch befindet man sich tief im langen 19. Jahrhundert, das man gerne von der Französischen Revolution bis zum Ersten Weltkrieg dauern lässt. Die wechselvolle Geschichte dieser bis heute massiv nachwirkenden Epoche haben Historiker in Büchern mit Titeln wie „Die Verwandlung der Welt“ beschrieben, wobei ein wichtiger Aspekt der globalen Transformation im frühen 20. Jahrhundert durch den Sozialwissenschaftler Max Weber in einer berühmten Rede auf den Begriff gebracht worden ist.

Der große Gelehrte meinte in den Jahren des Ersten Weltkriegs, dass die Menschen im 19. Jahrhundert angefangen hatten, „Wissenschaft als Beruf“ zu wählen. Mit dieser Feststellung versuchte der Vortragende seinen Zuhörern die wahrlich dramatischen Folgen der oft unterschätzten Tatsache vor Augen zu führen, dass seit den Lebensjahren von Busch Wissenschaft nicht mehr als Hobby von Amateuren, sondern professionell von angestellten Forscherinnen und Forschern betrieben wird, und zwar von einer bis heute zunehmenden Zahl von Menschen, die weniger an Universitäten und Akademien tätig sind und mehr in industriellen Unternehmen arbeiten, die Medizintechnik ebenso anbieten wie Automobile und elektronische Geräte.

Seit den Tagen von Busch hängen das Leben und der Wohlstand in europäischen Breiten von den Produkten und Hervorbringungen von Wissenschaft und Technik ab, und selbst wenn viele gegenwärtig tätige Historiker meinen, eine umfassende Geschichte der Moderne ohne den Beitrag von Physikern, Chemikern und Ingenieuren erzählen zu können, sollte ihnen selbst ein kurzer Blick in die Nachrichten zeigen, wie unergiebig ihr Bemühen bleiben muss. Wenn heute politische Entscheidungen für gesellschaftlichen Entwicklungen getroffen werden müssen, geht es um die Digitalisierung mit ihren Halbleitern, Chips, Transistoren, dem Internet und seltenen Erden, es geht weiter um Elektrobatterien, Ölvorkommen und Fracking, um nur ein paar Stichworte aufzuzählen, die man mindestens um die Atomkraft, erneuerbare Energien, die Gentechnik und Impfdosen aufstocken müsste.

Nachdem Wissenschaft seit den Tagen von Busch ein Beruf geworden ist, hat sie sich mit der dazugehörigen Technik zu einer gesellschaftlichen Grundbedingung als globales sine qua non entwickelt, wie sich zum Beispiel am Erfolg der USA zeigt, die nach dem Zweiten Weltkrieg „Science – the endless frontier“ entdeckt hat, was der Präsident Chinas inzwischen auch zu verstehen scheint, der in diesen Tagen „wissenschaftliche und technische Innovationen zum wichtigsten Schlachtfeld des internationalen Strategiespiels“ erklärt. Alle Welt weiß das, nur die deutschen Sozialphilosophen nicht, die sich zwar seit den 1960er Jahren Gedanken zu dem Strukturwandel der Öffentlichkeit machen, ohne dabei auf die Idee zu kommen, damit müsse das Bemühen gemeint sein, den Menschen die dazugehörige Bildung und ein zukunftsfähiges Verständnis für die Wissenschaft und ihre massive Rolle zu vermitteln. Alles andere bleibt gesellschaftspolitische Augenwischerei und liefert eine intellektuelle Bankrotterklärung. Eine Gesellschaft ohne wissenschaftliche Grundbildung verspielt ihre Zukunft, woran die Soziologen in Deutschland fleißig arbeiten.

Was Menschen angeht, müssen Menschen entscheiden, wie oft zu lesen ist, aber in dem Satz fehlt etwas. Was die Öffentlichkeit angeht, muss die Öffentlichkeit verstehen, um darüber entscheiden zu können. An dieser Bildung fehlt es aber trotz aller medialen Berieselung massiv, wobei überrascht, dass Soziologen hier keinen Wandlungsbedarf sehen, vor allem diejenigen nicht, die einen Atomkern nicht von einem Reaktorkern unterscheiden können, die Quantenmechanik für eine Fußmassage halten und nicht wissen, wo ihre Gene sind, weil sie Gespräche über die wissenschaftlich erkundete und verstandene Natur für überflüssig halten und lieber ihren Kopf in den sozialphilosophischen Sand stecken. Die Intellektuellen hierzulande hören bevorzugt weg, wenn es um Physik und Chemie geht, und sie reden erst wieder mit, wenn sie dem Philosophen Friedrich Nietzsche zustimmen dürfen, der Naturforscher als „arme und geringe Leute" bezeichnet hat und meinte, Charles Darwins Gedanken der Evolution auf die „englische Überbevölkerungs-Stickluft" zurückführen zu können, die „wie Kleiner-Leute-Geruch von Not und Enge" die Atmosphäre vergiftete, die große Menschen wie der polternde Aphoristiker Nietzsche zu ihrer geistigen Entfaltung brauchten.

Bevor die Wissenschaft im 19. Jahrhundert zum Beruf wurde, ließen sich Menschen wie Alexander von Humboldt oder Johann Wolfgang von Goethe von ihrer Neugierde auf die Natur treiben, und sie unternahmen ihre dilettantischen Beobachtungen nicht, um nützliches Wissen zu schaffen, sondern um ihren eigenen Platz im kosmischen Gefüge mit seinen genetischen Beziehungen finden zu können und über sich selbst Klarheit als Teil der Natur zu bekommen, die sie schauend erlebten, wobei sie sich dafür mutig in Gefahr begaben und körperliche Anstrengungen auf sich nahmen.

Nach den großen Geistern kamen einfachere Menschen wie Christian Friedrich Boehringer oder Heinrich Emanuel Merck, die zum Beispiel die Kindersterblichkeit senken und Fiebermittel in ausreichend großen Mengen bereit stellen wollten und deshalb aus ihren Apotheken die forschenden Unternehmen aufbauten, die bald das ausmachten, was man heute als pharmazeutische Industrie kennt. Mit dieser Entwicklung bekam die vor allem im England des 18. Jahrhunderts ausgelöste industrielle Revolution eine immer solidere wissenschaftliche Basis, was von der Philosophie dieser Epoche gestützt und gefördert wurde, die als Aufklärung bekannt, berühmt und wichtig ist, auch wenn vorsichtig bleiben muss, wer die Frage „Was ist Aufklärung?" angemessen beantworten will.

Nach Ansicht von Immanuel Kant ging es darum, Mut zum Einsatz des eigenen Verstandes zu finden, was man im 20.Jahrhundert manchmal vergessen zu haben scheint. Denn nach Auffassung der beiden Sozialphilosophen Theodor W. Adorno und Max Horkheimer bestand das Programm der Aufklärung nicht in der Ermutigung von Menschen, sondern „in der Entzauberung der Welt", wie sie in den Jahren nach dem Zweiten Weltkrieg geschrieben haben und womit sie den unangemessen abwertenden und abgedroschenen Ausdruck aufgreifen, der von Max Weber bereits im Ersten Weltkrieg vorgeschlagen worden war, um mit ihm auf die störende Eigenschaft der Naturwissenschaften aufmerksam machen zu können, die Soziologen als ihre Fähigkeit zur Berechenbarkeit der Dinge fürchten.

Bis in die Gegenwart hinein raunen Gelehrte, die den Disziplinen wie Physik, Chemie und Biologie so fremd gegenüberstehen wie ein Ochse einer frisch gestrichenen Stalltüre, etwas von der sie bekümmernden Determiniertheit der irdischen Abläufe durch die strengen Gesetze der Naturwissenschaft. Vor solch einer existenziellen Vorherbestimmung empfinden sie Angst, weil sie ihre Freiheit dadurch gefährdet sehen.

Den historischen Hintergrund dieser philosophischen Sorge bildet das Diktum des Galileo Galilei, der im 17. Jahrhundert meinte, das Buch der Natur sei in der Sprache der Mathematik geschrieben. Wenn deren Gleichungen zu Naturgesetzen werden, kann mit ihnen alles berechnet werden, was das Geschehen in der Natur fixiert und unausweichlich werden lässt. Es bleibt erstaunlich, wie fest in der Geisteswissenschaft bis heute an Galileis These geglaubt wird, und niemand findet den Mut. ihre Vertreter darüber aufzuklären, dass dem Italiener kein Gesetz bekannt war, als er seine kühne These in den blauen Himmel hinein formulierte.

Als es schließlich soweit war und Physiker erste mathematisch formulierte Naturgesetze – etwa für die Anziehungskraft zwischen zwei Körpern – angeben konnten, übersahen die besorgten Menschen, was man heute in der Schule lernen kann, wenn man aufpasst. Was in der Welt abläuft, entstammt nur indirekt den Gesetzen, die als Gleichungen vorliegen – Kraft gleich Masse mal Beschleunigung zum Beispiel. Was in der Welt passiert, schreiben direkt die Lösungen vor, die sich mit den Naturgesetzen suchen und finden lassen.

Das heißt, in den Gleichungen – den mathematisch formulierten Naturgesetzen – kommen wie immer unbekannte Größen vor, die man messen kann und berechnen will, und jetzt gilt es, noch einmal an die Schulzeit zu denken. Dort wurde einem beigebracht, dass sich Gleichungen nur dann lösen lassen, wenn es mehr von ihnen als von den unbekannten Größen gibt, die sie enthalten und verbinden. Eine Gleichung mit einer Unbekannten kann man leicht lösen – x-4=0 ergibt zum Beispiel x=4 –, aber bei einer Gleichung mit zwei Unbekannten muss man passen – für x+y=10 zum Beispiel gibt es keine Lösung, jedenfalls keine eindeutige – und bei zwei Gleichungen mit vier Unbekannten erst recht nicht.

Wer nun fragt, wie viele Gleichungen die Physik für die Gesetze der Bewegung kennt, wird beim Zählen in den Lehrbüchern nicht über zehn hinauskommen. Und wer damit berechnen will, wie etwa drei Körper umeinander herum sausen können – die Wissenschaft spricht vom Dreikörperproblem – wird dieses Vorhaben aufgeben müssen, denn bei jedem Körper gibt es sechs Unbekannte, die drei räumlichen Koordinaten und die jeweiligen Geschwindigkeiten an diesen Stellen.

Achtzehn Unbekannte überfordern die zehn Gleichungen locker, und so spricht die Wissenschaft von dem unlösbaren mechanischen Problem der Wechselwirkung dreier physikalischer Systeme, und das ist nur der Anfang. Niemandem braucht erklärt zu werden, dass es mehr als drei Sterne – sogar mehr als drei Milliarden von ihnen – am Himmel gibt, was zu der einfachen Einsicht führt, dass selbst die Bewegungen der kosmischen Welt nicht einmal im Ansatz berechenbar sind, und von der irdischen Natur und ihrer unübersehbaren Vielfalt war noch gar nicht die Rede. Galileis Diktum leitet die Menschen seit Jahrhunderten in die Irre, und auch wenn Wissenschaft zu Lebzeiten von Wilhelm Busch im großen Stil zum Beruf wird, bleibt Webers Behauptung einer darauf resultierenden Berechenbarkeit der natürlichen Abläufe unsinnig und so falsch wie jeder Gottesbeweis.

Mit dieser Einsicht lässt sich auch erkennen, dass das aus sozialwissenschaftlicher Ecke verkündete Programm der Aufklärung, mit rationalen Argumenten für eine Entzauberung der Welt zu sorgen, schlicht und einfach undurchführbar bleibt und kläglich scheitern muss. Tatsächlich findet dank der Wissenschaft das Gegenteil statt, nämlich eine „Verzauberung der Welt" durch ihre Erklärung, was aber im Land der Dichter und Denker ungern zur Kenntnis genommen wird.

Wenn jemand – wie der Autor – die Ansicht der Herren Adorno und Horkheimer nicht teilt und im Konzept der Aufklärung mehr den Versuch zu der Ermutigung von Menschen sieht, selbst zu denken und eigene Wege zum Glück zu finden, bleibt zu erwähnen, dass es neben diesen individuellen Anregungen auch eine gesellschaftliche Dimension der Philosophie der Aufklärung gab, die zu der Überzeugung führte, dass man die Welt mit der menschlichen Vernunft erfassen und begreifen konnte (auch wenn Immanuel Kant in seiner Vorrede zur „Kritik der reinen Vernunft" einräumte, dass es Grenzen für fragende Forscher gab, zum Beispiel wenn sie zum Anfang der Zeit vordringen wollten) .

Im 18. Jahrhundert zeigte man sich in philosophischen Zirkeln davon überzeugt, dass ein aufgeklärter Mensch bloß vernünftige Fragen über die Welt zu stellen brauchte – Warum feiern die Menschen Weihnachten am 24. Dezember? Wieso fallen Sterne nicht vom Himmel? Warum soll man sich waschen? Wem schuldet man Gehorsam? Was sollen die Kinder auf der Schule lernen? Wie verhindert man Krankheiten? – und anschließend darauf ebenso vernünftig zu antworten – was jedermann und jedefrau an dieser Stelle selbst unternehmen kann. Danach wusste man Bescheid, kannte sich aus und konnte zur Tat schreiten, um das eigene Leben und die Welt zu verbessern.

Mit dem dazugehörigen Vertrauen in die Rationalität des Menschen glaubten Menschen am Ende des 18. Jahrhunderts, die Zukunft der Welt sei vorhersagbar und die Geschichte der Gesellschaft planbar, wobei der Wissenschaft mit ihren strengen Gesetzen dafür eine entscheidende Rolle zukam. Doch „erstens kommt es anders, und zweitens als man denkt", denn nun kam das 19. Jahrhundert und mit ihm die Revolution der Romantik, und in ihrem Denken und mit ihrer Kultur stellte sich die Welt völlig anders dar, als die Aufklärer sich ausgemalt und gedacht hatten, und so konnte Busch zwar mit gewitzten Worten, sonst aber humorlos feststellen, „aber hier wie überhaupt, kommt es anders als man glaubt".

Wenn in diesem Text von Fragen die Rede ist, dann sind bevorzugt solche gemeint, die sich auf die Gestaltung einer planbaren Zukunft und die Lösung der sich dazu stellenden Aufgaben beziehen und nicht direkt solche, die sich nach dem Aufbau der Materie oder der Natur des Lichts erkundigen. Die Aufklärung meinte immer, mit rationalen Mitteln sagen zu können, wie sich die doch wohl guten Absichten von Menschen erfolgreich und zielorientiert umsetzen ließen, und sie nahm nicht an, dass es dabei zu Konflikten kommen würde, wenn man nur seinen Verstand passend eingesetzt und vernünftig argumentiert hatte.

Doch die Romantik zerstörte diese Hoffnung auf Harmonie, indem sie die tiefste Basis der aufklärerischen Weltsicht kappte und zeigte, dass sich die Menschen von der erhofften Eindeutigkeit verabschieden mussten und dass es auf Fragen nach dem rechten Handeln gar keine verlässlichen Antworten gab – weder objektive noch subjektive, weder empirische noch apriorische. Durch die Romantik wurde bald unübersehbar, dass auch gutwillige Menschen sinnvoll erscheinende Ziele verfolgen konnten, die nicht miteinander vereinbar waren und in Konflikt geraten konnten, was unter anderem darauf zurückzuführen ist, dass jede Person nicht nur ein Individuum, sondern immer auch Mitglied einer Familie oder Gesellschaft ist und oftmals in dieser dualen Existenz sich widersprechende Absichten umzusetzen versucht. Wer zum Beispiel – wie der Autor – im Nachkriegsdeutschland aufgewachsen ist und zur Bundeswehr einberufen wurde, musste sich entscheiden, ob er seinem Gewissen gehorchen und den Waffendienst verweigern oder seinem Staat dienen und sich einberufen lassen sollte.

Hier wird nicht weiter untersucht, was die Aufklärung in diesem Fall geraten hätte. Hier kommt es darauf an, dass in der Epoche der Romantik die Idee aufkam, dass sich allein mit dem Verstand nicht eindeutig klären lässt, was zum Wohle der Menschheit zu tun ist, und zwar deshalb nicht, weil bei den dazugehörenden Entscheidungen sittliche Werte ins Spiel kommen, die nicht in der Welt zu finden sind, was bedeutet, dass sich Menschen an ihnen nicht wie an Naturgesetzen orientieren können. Die Werte, nach denen auf Erden vorgegangen wird, kommen nicht von außen, sondern von innen. Menschen müssen sie selber schaffen, was die Romantiker zu Künstlern werden ließ, die zuletzt auch sich selbst entwerfen. Der Blick auf die Geschichte zeigt unübersehbar, dass Menschen diese kreative Freiheit tatsächlich ausgenutzt und ihr artistisches Potenzial ausgelebt haben, und zwar mit globalen Folgen.

Die Romantik macht demnach der Aufklärung einen dicken Strich durch die ebenso hoffnungsvolle wie beruhigende Idee einer planbaren Welt, und wer mit einem Wort ausdrücken will, wie die gefühlvolle Gegenbewegung des 19. Jahrhunderts zur strengen Handhabung der unbestechlich wirkenden Rationalität des 18. Jahrhunderts charakterisiert werden kann, wird seinen Gefallen an dem Begriff der Polarität (oder dem der Dualität) finden, wie sich an vielen Beispielen zeigen lässt. Die Romantik stellt etwa den aufzuklärenden Tatsachen die auszuwählenden Werte an die Seite, sie nimmt die Träume (die Nachtseite) so ernst wie das Denken im Wachzustand (die Tagseite), sie akzeptiert die Existenz des Unsichtbaren gleichberechtigt zum Sichtbaren – romantische Physiker entdecken unsichtbares Licht wie das Infrarote oder Ultraviolette –, und ihre Vertreter begannen zu fragen, warum es neben dem bewussten Denken nicht auch unbewusste Beiträge eines funktionierenden Gehirns geben kann, das versucht, sich Klarheit über die Welt zu verschaffen?

Wer diese Aufzählung anschaut, die einen aufgeklärten Zeitgenossen Immanuel Kants mindestens verwirrt oder vielleicht sogar entsetzt hätte, wird nur Beschreibungen finden, die inzwischen ganz selbstverständlich akzeptiert werden, was einen auf den vielleicht beunruhigenden Gedanken bringen könnte, dass die moderne Welt mehr ein Kind der Romantik und weniger eines der Aufklärung ist. Deshalb fragen die Menschen mehr nach Narrativen, wie das Modewort heißt, und kümmern sich weniger um Berechnungen, wenn sie die Welt erfassen wollen. Dies soll im Folgenden an einigen Beispielen ausgeführt werden.

Die Kultur der Romantik charakterisiert im Übrigen das aktuelle Geschehen deshalb angemessener, weil es in ihrem Verständnis nur Bewegung gibt, mit der sich die Menschen zum einen kreativ wandeln und zum zweiten ihre Geschichte hervorbringen, während die Aufklärung auf Gesetze setzte, mit denen man nur sitzen bleiben konnte, wie einstmals in der Schule. Tatsächlich lässt sich die gesamte Geschichte der Wissenschaft als Entdeckung einer durchgehenden Dynamik erzählen. Organismen wandeln sich im Laufe der Evolution, die Gene von Menschen zum Beispiel entstehen erst, während sie als Kinder heranwachsen, und wenn sie dabei ihre Existenz formen, können sie auch lernen, dass sich das heranwachsende Leben nur verstehen lässt, wenn man seinen Stoffwechsel studiert, wobei man irgendwann merkt, dass man damit niemals fertig wird.

Im Bereich der heutigen Wissenschaft zeigt sich die Revolution der Romantik zum Beispiel darin, dass die Frage „Was ist Licht?“ seit den Tagen von Albert Einstein zwei gleichberechtigte Antworten kennt, die man in aller Kürze durch Sätze wie „Licht ist eine Welle“ oder „ein Lichtstrahl besteht aus einem Teilchenstrom“ ausdrücken kann. Die Fachwelt spricht vom Welle-Teilchen-Dualismus beim Licht, über die die Physiker zu Beginn des 20. Jahrhunderts nur staunen konnten, obwohl ihnen seit den Lebensjahren von Wilhelm Busch klar war, dass sie auf die Frage, wie sich die Ordnung der Welt im Laufe der Zeit änderte, ebenfalls zwei nicht zueinander passende Antworten geben mussten.

Auf der einen Seite hatte der Brite Charles Darwin 1859 seinen Nietzsche überfordernden Vorschlag vorgelegt, die zunehmende Komplexität – die wachsende Ordnung – von Lebewesen (Arten) durch einen Prozess zu erklären, den er Evolution nannte. Auf der anderen Seite konnten Wissenschaftler wie Rudolf Clausius nicht übersehen, dass physikalische Prozesse spontan so abliefen, dass Strukturen zerfielen und die Unordnung der Welt so zunahm, wie es in einem Kinderzimmer passiert, das niemand aufräumt. Die Physik erfasste diesen Zerfall durch den Begriff der Entropie, wobei dieses Kunstwort so ähnlich wie die Energie klingen sollte und den Vorteil bot, dass die damit bezeichnete Größe im Laufe der Zeit einem Maximum zustrebte.

Es ist heute üblich, die Entropie mit dem Konzept der Information zusammenzubringen, wobei es physikalisch eher um Informationen geht, die fehlen, zum Beispiel einer Person, die in einem Kinderzimmer etwas sucht. Die Entropie stellt bei aller Rätselhaftigkeit ein Schwergewicht der Wissenschaft dar, und so sprechen die Lehrbücher vom Zweiten Hauptsatz der Wärmelehre, wenn sie sagen wollen, dass die Entropie im Laufe der Zeit nur zunehmen kann und dies auch tut, solange es geht und die Welt besteht. Es braucht nun nicht eigens betont zu werden, dass sich Entropie und Evolution auf diese Weise seit dem 19. Jahrhundert unversöhnlich gegenüberstehen und auf diese Weise den polaren oder dualen Gedanken der Romantik im wissenschaftlichen Rahmen illustrieren, mit dem der Welt eine dynamische Spannung verliehen wird – im Dasein und im Denken.

Dieses Prinzip der Bewegung findet sich schon in dem Konzept der Energie alleine, die zwar als Wort seit der Antike in philosophischen Kreisen zirkuliert – Aristoteles meinte damit etwas, dass aus Möglichkeiten das Wirkliche werden lässt –, die aber erst in der Epoche der Romantik die Bedeutung bekommen hat, die ihr zusteht. Zu Buschs Lebzeiten ist den Physikern nach mühevollen Experimenten klar geworden, dass sie ihr Wissen in dem zwar harmlos klingenden aber weitreichenden Satz fassen können, „Die Energie der Welt ist konstant", und man bezeichnet diese Feststellung heute als Ersten Hauptsatz der Wärmelehre (was erklärt, warum die Entropie in diesem Konzert nur die zweite Geige spielt).

Wenn Energie als Wandlungsgröße eingeführt und verstanden worden ist – Bewegungsenergie wird zu Wärmeenergie, die durch chemische Energie explosiv wirken kann und so weiter –, dann illustriert der Erste Hauptsatz ihren polaren und damit romantischen Charakter, denn nun ist Energie etwas, was sich unentwegt wandelt, um auf diese Weise konstant bleiben zu können. Energie ist unzerstörbar und damit von Anfang der Welt an die treibende Kraft der sich entwickelnden Dinge. Unsichtbar und unübersehbar zugleich. Konstant im permanenten Wandel.

Zurück zu dem Duo Evolution und Entropie, die beide etwas verbindet, was für die Entwicklung der Naturwissenschaften – und damit für die Gesellschaft – seit dem 19. Jahrhundert von ungeheurer Bedeutung ist. Einfach ausgedrückt zeigte sich von dieser Zeit an, dass die überwiegende Zahl der Naturgesetze nicht deterministisch, sondern statistisch daherkommt.

Newtons „Kraft gleich Masse mal Beschleunigung" und andere Gleichungen dieser Art stellen eine Minderheit dar, während die Mehrheit so aussieht wie etwa die Erbgesetze, die Gregor Mendel um 1865 aufgestellt hat und die besser Erbregeln heißen. Mendel konnte bekanntlich nur die Wahrscheinlichkeit angeben, mit der die Eigenschaft einer Pflanze bei ihren Nachkommen auftaucht, und Darwin konnte im Rahmen seiner Theorie der Evolution nur sagen, dass eine Nische wahrscheinlich von einem angepassten Organismus besetzt wird, ohne mehr Details angeben zu können.

Die Zunahme der Entropie etwa einer Mischung aus Wasser und Tinte konnten die Physiker dadurch verständlich machen, dass sie von der Wahrscheinlichkeit sprachen, mit der das betrachtete Objekt einen bestimmten Zustand einnahm, und zeigten, dass je nach Verteilung der Moleküle in der Flüssigkeit diese Wahrscheinlichkeit höher oder niedriger sein konnte und mit ihr die Entropie. Physikalische Systeme tendieren dazu, einen Zustand mit geringer Wahrscheinlichkeit aufzugeben, um einen mit höherer Wahrscheinlichkeit anzunehmen, wie man sieht, wenn sich ein Tintentropfen in dem Gefäß ausbreitet, in dem er mit Wasser vermischt worden ist, und auf diese Weise konnte und kann man den Zweiten Hauptsatz der Thermodynamik auf statistischer Basis verstehen.

Man konnte bald die gesamte Physik auf statistischer Basis verstehen, was das Gespenst des Determinismus hätte vertreiben können, wenn die Gelehrten aus der geisteswissenschaftlichen Sphäre sich offen für die probabilistische Entwicklung der Naturwissenschaften gezeigt hätten, wovor viele bis heute zurückscheuen. Auf jeden Fall zerstören sowohl die Unvermeidbarkeit von Wahrscheinlichkeiten als auch das kreative Einbeziehen von Werten, wie Menschen sie bei Entscheidungen und Abwägungen mit ihrem romantischen Gemüt unausweichlich vornehmen, den Traum von sich aufgeklärt gebärdenden Gesellschaften, ihre Zukunft planen und alle Entwicklungen vorhersagen zu können.

Wie schockierend diese Einsicht gewirkt haben muss, zeigt sich daran, dass Menschen seit den Anfängen ihrer Geschichte versucht haben, Wissen vor allem deshalb zu erwerben, um besser auf das vorbereitet zu sein, was auf sie zukommt. Sie richteten zunächst ihren Blick an den Sternenhimmel, um deren Positionen deuten und ihre dort vermuteten Botschaften verstehen zu können. (Selbst heute lassen sich mit Horoskopen und astrologischen Weissagungen noch Geschäfte machen). In diesen Tagen schauen viele Menschen kurioserweise nicht mit aufgerichteten Köpfen nach oben, sondern mit abgeknickten Hälsen nach unten, in der Hoffnung, auf ihrem Handy Auskünfte über das Kommende oder zu Erwartende zu bekommen, und wenn es nur Auskünfte über mögliche Regenschauer und Verspätungen der Bundesbahn sind.

Als die heute praktizierte Wissenschaft im 17. Jahrhundert aufkam, konnten die Menschen unter anderem mit ihrer Hilfe Flugkurven von Geschossen und den Wechsel der Gezeiten berechnen, was historisch zu einem Physikneid führte, der bis heute einige nicht-naturwissenschaftliche Disziplinen wurmt und sie alles versuchen lässt, auch Vorhersagen über die Zukunft zu machen. Auch wenn es dafür keine solide fachliche Grundlage gibt, kann niemand das Verlangen der Öffentlichkeit oder Gesellschaft übersehen, über das Kommende informiert zu werden. Man hängt immer noch an den Lippen von Propheten, auch wenn deren Prognosen seit Jahrzehnten daneben liegen, wie es etwa für den ifo-Geschäftsklimaindex der Fall ist, den ein Institut für Wirtschaftsforschung monatlich erstellt, das sich ifo nennt.

Der ifo-Geschäftsklimaindex soll Auskünfte über die künftigen Verläufe der Konjunktur liefern, und obwohl seine Zahlen noch nie gestimmt haben, wartet das Publikum jeden Monat voller Spannung auf die neuen Zahlen, die stets einen Spitzenplatz in den Nachrichten einnehmen – auch wenn sie wertlos und am nächsten Tag vergessen sind. Offenbar scheinen sich die Menschen daran gewöhnt zu haben, dass es in der Wirklichkeit anders kommt, als die Experten denken, und vielleicht möchten sie sich mit deren Prognosen nur amüsieren. Ihren Mut zur Aufklärung müssen Menschen durch den Mut zur Romantik ergänzen, der sie zu Gestaltern der Welt werden lässt.

Bevor das romantische Problem – die unvermeidliche Rolle des Menschen bei allen historischen Prozessen, die heute im Begriff Anthropozän zum Ausdruck kommt – angesprochen wird, sollen noch ein paar Beispiele für die groteske Unfähigkeit von gedankenlosen Erben der Aufklärung vorgeführt werden, in die Zukunft zu schauen. Sie handeln sowohl von einem berühmten Ökonomen und als auch von Gruppen von namenlos bleibenden Ingenieuren, die im Regierungsauftrag arbeiteten. Mit ihnen soll begonnen werden.

Als es im Jahre 1901noch um den Traum vom Fliegen ging, hat der Chefingenieur der US Navy verlauten lassen, dass jeder, der auch nur das kleinste Verständnis von natürlichen Phänomenen habe, sofort einsehen müsste, dass es ausgeschlossen bleibe, mit Maschinen zu fliegen, die schwerer als Luft sind. „Not in a thousand years will man fly", wie der hochbezahlte Herr meinte, was aber einen heutigen Passagier auf einem Transatlantikflug nicht daran hindern sollte, sich zu fragen, wie es die Boeing schafft, so elegant durch die Lüfte zu gleiten und warum der Chefingenieur sich geirrt hat.

1930 hat einer der einflussreichsten Ökonomen des 20. Jahrhunderts, der Brite John Maynard Keynes, vorausgesagt, dass die Menschheit dank Kapitalvermehrung, wachsender Produktivität und technischen Fortschritten alle ihnen unangenehme Arbeiten an Maschinen übertragen können, dass die Wirtschaft in Kürze alle Grundbedürfnisse mühelos stillen würde, dass man höchstens noch 15 Stunden pro Woche arbeiten müsse, dass die Geschichte einen paradiesischen Zustand erreichen und die Menschen sich in einem gelobten Land wiederfinden und glücklich sein würden – wobei sich Keynes keinen Gedanken über die Frage machte, ob Menschen paradiesische Zustände überhaupt aushalten könnten, mit denen so etwas wie ein Endpunkt der Geschichte erreicht ist. Vielleicht nimmt der aufgeklärte Mensch in einer Person dies hin. Aber der romantisch veranlagte Teil will seine Kreativität ausleben und die Welt in Bewegung halten, was die Frage aufwirft, ob es auch einen paradiesischen Prozess gibt. Und wenn ja, wohin soll der führen?

1968 hat der drei Jahre später mit dem Nobelpreis für Physik ausgezeichnete ungarische Elektroingenieur Dennis Gabor seine Gedanken über die „Menschheit morgen" publiziert und ein Trilemma an den Anfang des Buches gestellt. Gabor glaubte drei große Gefahren für die Kultur ausfindig gemacht zu haben – die Vernichtung durch einen Atomkrieg, die Lähmung durch Überbevölkerung und die Hilflosigkeit in einem Zeitalter der Muße, wie Keynes es Jahrzehnte zuvor kühn angekündigt hatte. Gabor meinte, sowohl im Falle eines Atomkriegs als auch in einer überbevölkerten Welt wüssten die Menschen, was zu tun ist. Die Evolution habe sie schließlich an den Überlebenskampf gewöhnt.

Nur auf das Zeitalter der Muße sei kein Mensch vorbereitet, weder physisch noch psychisch. Vielleicht hat es irdische Paradiese gegeben – Europäer denken dann meist an Bali oder Samoa –, aber wenn sie plötzlich in unseren Breiten zu finden sind, wissen Menschen nichts mit den gewonnenen Freiheiten anzufangen. Höchstwahrscheinlich verkümmert das Volk im Paradies beim Daddeln mit dem Handy, was Erich Kästner vorhergesagt hat: „Die Freiheit, da ist keine Not, wohin man schaut, schlägt sie wer tot. Doch wie die Freizeit totzuschlagen, muss man den Leuten eigens sagen."

In den 1960er Jahren, in denen Gabor seine Menschheitsprognose unternahm, tauchte eine neue Wissenschaft auf, die sich Futurologie nannte und sich traute, „Die Welt im Jahr 2000" vorzustellen. Der Begriff „Futurologie" stammte von dem Politikwissenschaftler Ossip K. Flechtheim, der eine Synthese aus Ideologie und Utopie anstrebte. Flechtheim räumte zwar ein, dass er keine exakte Wissenschaft anstreben könne, aber die Zukunftsforscher, die nach ihm kamen, gaben sich nicht so bescheiden.

1968 hielt der Publizist Robert Jungk in Berlin einen Vortrag mit dem Titel, „Futurologie als exakte Wissenschaft", und er sorgte für Bücher, die den „Weg ins Jahr 2000" beschrieben und heute noch gelesen werden können. Wer sich daran macht, wird viel Grund zum Lachen haben, unter anderem deshalb, weil zu den Vorhersagen der 1960er Jahre gehörte, „dass religiös motivierte Gewaltanwendung abnehmen", dass die „Physik als Grundlagenwissenschaft vollendbar ist" und sich ein Mensch durch die Länge der DNA in seiner Zelle definieren lässt und manches mehr.

Der Philosoph Karl Popper wies darauf hin, dass die Art, wie Menschen leben, von dem Wissen abhängt, das in ihren Gesellschaften gesammelt worden ist. Das wird auch für die Zukunft gelten. Doch dann können Menschen heute immer weniger wissen, wie sie morgen leben. Denn was immer sie wissen, sie wissen nicht, was sie in Zukunft wissen werden. Die schwarze Wand der Zukunft kommt mit dem zunehmenden Wissen immer näher, auch wenn einem aufgeklärten Menschen dabei unbehaglich werden kann. Seinem romantischen Kollegen wird es Vergnügen bereiten.

Nach den fortschrittsfreudigen 1960er Jahren kamen die wissenschaftsskeptischen 1970 Jahre, an deren Anfang der heute berühmte Club of Rome „Limits to Growth", also „Die Grenzen beim Wachstum" – nicht „des Wachstums" – ankündigte. In dem aufklärenden Buch prognostizierte eine Gruppe von Wissenschaftlern eine düstere Zukunft, und man berechnete mit Computermodellen, wann wesentliche Rohstoffe erschöpft sein werden. Gold würden die Menschen bis 1985 ausbeuten können, Zink bis 1988, Erdöl gebe es ab 1990 nicht mehr und mit dem Erdgas sei 1992 Schluss, wie der Club of Rome versicherte. Wie ein Blick in den heute noch viel zitierten Weltbestseller zeigt, haben die Prognosen nicht nur nicht ein wenig, sondern komplett danebengelegen, ebenso wie die Vorhersage des Biologen Paul Ehrlich, der damals in seinem Bestseller „Die Bevölkerungsbombe" auf wissenschaftlicher Basis erläuterte, warum die Menschheit das Jahr 1980 nicht überleben kann.

In beiden Fällen haben die aufgeklärten Propheten der Düsternis die historische Tatsache ignoriert, dass Menschen romantisch agieren und Kreativität ihnen eigen ist, und die mit dieser Kunstfähigkeit möglichen Entwicklungen mehr Einfluss auf das Kommende haben als Zahlen aus der Vergangenheit. Merkwürdigerweise lieben die Leute Katastrophenszenarien mehr als positive Ausblicke, weshalb viele immer noch fest an die Vorhersagen des Club of Rome glauben. Und wenn der Weltklimarat (IPCC) seinen Jahresbericht vorlegt, suchen die Medien verzweifelt nach Hinweisen auf eine apokalyptische Klimakatastrophe, und sie verspüren keinerlei Lust, das zur Kenntnis zu nehmen, was in dem wissenschaftlich sorgfältig abgesicherten Papier tatsächlich zu lesen ist – dass nämlich trotz Klimawandel die Armut der Menschen abnimmt, dass sie künftig weniger Hunger leiden müssen und länger leben werden und die wissenschaftlich Tätigen mit all ihrer Intelligenz dabei sind, den Planeten zu retten.

Übrigens – so wie Galileis Diktum trotz erwiesener Unstimmigkeit von den meisten Geisteswissenschaftlern ohne Einschaltung des eigenen Verstandes nachgebetet wird, gehört es zum Bildungsprogramm an deutschen Schulen, die unzutreffenden Prognosen des Club of Rome den Mädchen und Jungen in den Bänken als unumstößliche Wahrheiten zu präsentieren. Lehrerinnen und Lehrer übertreffen sich daneben auch in ihrem Bemühen, das eher schwammige Konzept der Nachhaltigkeit als feste Grundlage einer Lebensplanung vorzustellen, wobei dem Ganzen die schöne Idee zugrunde liegt, so sparsam zu leben, dass Menschen in Zukunft dieselben Möglichkeiten zur Verfügung stehen wie der derzeitigen Generation.

Dumm ist bei dieser Idee allerdings, dass zum einen niemand sagen kann, was die Enkel konsumieren und wie sie ihr Leben führen wollen und dass es zum zweiten echte Nachhaltigkeit noch nie gegeben hat, vor allem in der Natur selbst nicht. Kein Energieverbrauch ist nachhaltig, und auch wenn es inzwischen Universitäten gibt, an denen man sich frisch fromm fröhlich frei zu einem „Nachhaltigkeitswissenschaftler“ ausbilden lassen kann, wird die Physik sich nicht ändern und können die Menschen mit den Naturgesetzen dann am besten zurechtkommen, wenn sie ihr Leben gerade nicht nachhaltig führen, sondern sich von ihrer lang erprobten Kreativität leiten lassen. Romantiker verstehen das sofort und handeln auch danach, und Aufklärer sollten endlich den von Kant eingeforderten Mut zum Gebrauch ihrer Geisteskraft entwickeln.

Stattdessen produzieren Aufklärer auch als Umweltaktivisten weiterhin Lippenbekenntnisse zur Nachhaltigkeit, ohne zur Kenntnis zu nehmen, dass sich seit den 1980er Jahren in der Gesellschaft nichts geändert hat und eine bisher auf diesem Planeten beispiellos erfolgreiche Art keine Anstalten erkennen lässt, die Verhaltensweisen zu ändern, die erkennbar in der Lage sind, ihren Untergang herbeizuführen. Tatsächlich haben sich die Menschen im 21. Jahrhundert trotz der offensichtlich weiterwachsenden Gefahr für das eigene Verschwinden in einer Katastrophe immer noch nicht begonnen, ihr Verhalten den neuen Umständen anzupassen, und es scheint ihnen auch nichts auszumachen, von den eigenen Enkeln verflucht zu werden, die sich in Bewegungen wie „Fridays for Future“ engagieren, wobei der aus ihren Reihen zu hörende Wunsch, die Menschen in Panik zu versetzen, einem eher Angst machen könnte.

Im Jahre 2015 – also fast ein halbes Jahrhundert nach dem Bericht des Club of Rome – haben sich zwar in Paris die Nationen der Welt zu einer von der UN organisierten 21sten (!) Klimakonferenz getroffen, an deren Ende sogar ein Abkommen unterzeichnet und stolz mit ihm in die Kameras gewedelt wurde. Aber wirklich passiert ist immer noch nichts, wenn man davon absieht, dass inzwischen der Schweizer Physiker Simon Aegerter ein Buch vorgelegt hat, das nicht vor den „Grenzen beim Wachstum“ warnt, sondern vom „Wachstum der Grenzen“ schwärmt und die unerschöpfliche Erfinderkraft der Menschen feiert. Wenn man an vielen seiner Einzelvorschläge auch Kritik üben könnte, zeigt sich unübersehbar, wie recht der Witzbold Busch hatte. Es kommt erstens tatsächlich immer wieder anders, als man zweitens denkt.

Noch einmal zurück in die 1970er Jahre, in denen von der öffentlichen Wahrnehmung unbemerkt das amerikanische Energieministerium eine Studie vorgelegt hat, in der prognostiziert wurde, wann die Menschheit ihre Energie durch Fusionen bekommt, wie sie im Inneren der Sonne ablaufen. Das hinge nur vom Geld ab, wie die Regierungsbeamten 1976 meinten, als die ankündigten, dass bei einem Einsatz von knapp 10 Milliarden US-Dollar pro Jahr der erste Fusionsreaktor spätestens 1990 ans Netz gehen würde. Inzwischen hört man aus Forscherkreisen, dass es da ein paar Probleme gebe, und eines trägt den ansprechenden Namen eines „Erhaltungsgesetzes für Schwierigkeiten". Wenn man ein Problem überwunden hat, tauchen neue auf, was nicht nur nebenbei die folgende Anmerkung erlaubt.

Zu den bleibenden Grundirrtümern, die Menschen oder die Öffentlichkeit mit der Wissenschaft verbinden – Webers Entzauberung lässt grüßen –, gehört die Annahme, dass der wissenschaftliche Zugriff die Geheimnisse der Natur enthüllt und damit aufhebt. Tatsächlich passiert das Gegenteil, was man nicht oft genug sagen kann und zum Ende hin noch einmal betont wird. Wissenschaft vertieft das Geheimnis in der Welt, was Forscher täglich in der Praxis erfahren, wenn sie nach der Klärung einer Frage nur auf neue Fragen treffen, und zwar immer wieder und immer mehr. Muss man noch eigens sagen, dass die Welt dabei nicht aufgeklärt, sondern romantisiert und dem Gefühl zugänglich wird?

Zu den beliebten Witzen der Wissenschaft gehört der Satz von Niels Bohr (oder Karl Valentin), dass Prognosen dann besonders schwierig sind, wenn sie sich auf die Zukunft beziehen. Forschungsergebnisse sind einfach nicht planbar, auch wenn Geldgeber das gerne hätten. Aber wenn man wüsste, was rauskommt, brauchte man nicht mehr zu forschen. Die Biologie des 20. Jahrhunderts konnte das romantische Element der Wissenschaft mindestens zweimal erfahren, das erste Mal, als sie 1985 mit Überlegungen zu dem Humanen Genomprojekt begann und ihre Vertreter ankündigten, dass man dann, wenn die Sequenz der menschlichen Gene offen liegen würde – das heißt, wenn die dazugehörigen Daten in einem Computer gespeichert sind –, dass man dann verstehen würde, wie Krebs zustande kommt, der in den 1980er Jahren erstmals als genetische Krankheit verstanden worden war. Komplette Genomsequenzen gibt es seit dem Beginn dieses Jahrhunderts, es wird immer billiger, sie zu erstellen, und es gibt immer schneller immer mehr von ihnen, doch gewonnen hat man nicht sehr viel. Es gibt nach wie vor wenig Chancen, etwas Individuelles aus den Gendaten vorherzusagen – weder über das Altern, noch über das Auftreten von komplexen Krankheiten, und selbst monogene Störungen der Gesundheit entziehen sich dem biochemischen Zugriff.

Und noch etwas – als das 21. Jahrhundert begann, konzentrierte sich die Aufmerksamkeit vieler Mediziner auf die Stammzellen, und man malte sich die rosige Zukunft einer „regenerativen Medizin" aus, mit deren Hilfe Verletzungen des Rückenmarks, der Leber, der Nieren, der Augen oder des Herzens geheilt werden konnten, indem man geeignete Stammzellen an ausgewählte Wirkorte transplantieren würde. Doch dieser Traum ist genau das geblieben, nämlich ein Traum, dessen Scheitern aber nicht verhindern konnte, dass ein Markt mit Milliardenumsätzen entstanden ist, auf dem ungeprüfte Stammzelltherapien ebenso wie Schlangenöl oder anderer pseudowissenschaftlicher Hokuspokus zu erwerben sind und erworben werden. Das heißt, man kann sich nicht nur auf die Unfähigkeit der Wissenschaft zu einer Vorhersage der Zukunft, sondern auch auf das Verlangen der Menschen verlassen, nach jedem Strohhalm zu greifen – entweder aus Verzweiflung oder in der irrigen Hoffnung, dass es doch irgendwo einen Newton dieses Strohhalms gibt, der alles versteht und zum Guten richtet, ohne dass man selbst eine Hand rühren und sich anstrengen müsste.

Es wird Zeit, den Menschen nicht nur als aufgeklärten und zugleich tollpatschigen Konsumenten am Rande des Geschehens einer objektiven Welt zu betrachten, sondern ihm im kreativen Sinne der Romantik die zentrale Rolle zuzuweisen, die er in seiner Geschichte und der des Planeten spielt. Wenn die Physik oder die Biologie Prognosen abgeben – sei es über das Wetter oder das Funktionieren von Stammzellen –, dann werden sich dadurch weder die atmosphärischen Prozesse noch die molekularen Abläufe ändern. Das passiert erst, wenn Menschen sich in das Geschehen einschalten, denn sie können Vorhersagen zur Kenntnis nehmen und darauf reagieren, etwa indem sie wertende Entscheidungen treffen und ihren Willen ins historische Spiel bringen.

Während das Wetter auch unabhängig vom Wetterbericht eintritt, wird sich das künftige Klima nicht unabhängig von den Szenarien der Klimaforscher ergeben, schließlich ist anzunehmen, dass Staaten und Regierungen alles unternehmen, was in ihrer Macht steht, um etwa den Anstieg der Treibhausgase in der Erdatmosphäre oder die Zunahme der globalen Temperatur soweit wie möglich zu verringern oder den Menschen zu helfen, sich dem unausweichlichen Wandel anzupassen, wie sie das als evolutionär überlebensfähig gewordene Wesen seit Hunderttausenden von Jahren erfolgreich getan haben.

Hier soll nicht gefragt werden, ob Menschen mit diesen Adaptationen zu spät kommen, ob sie auf die Umstände zu träge oder falsch reagieren – wer weiß denn schon, was in Zukunft richtig sein wird? Hier gilt festzuhalten, dass sich mit jeder Prognose das Geschehen ändert, das prognostiziert werden soll und es so ist, wie die Romantik verstanden hat, dass nämlich gilt, aber hier wie überhaupt, kommt es anders, als man glaubt. Wer weiß denn, welche Ideen die Menschen im Köcher haben und was die Wissenschaft zur Erleichterung der Energiethematik besteuern kann?

In diesen Tagen (New Scientist vom 10.09.2022) ist von der Entwicklung von Quantenbatterien die Rede, die sich fast instantan aufladen lassen und einen ununterbrochenen Stromfluss ermöglichen, was den Menschen viele Sorgen nehmen würde. Panta rhei – wie man bereits in der Antike lesen konnte. Alles ist im Fluss, alles ist Bewegung, wie die Romantiker als das Wesen der Dinge verstanden und akzeptiert haben, und diese inhärente Qualität lässt sich nicht durch die üblichen Gesetze fassen, in denen vom Wort her das Festgesetzte steckt.

Es bleibt unergiebig, die Zukunft vorherzusagen, weil Menschen auf dem Weg zu ihr unentwegt von dem Geheimnisvollen der Welt herausgefordert werden, das sie auch in sich finden. Zwar mag alles in Bewegung und im Wandel sein, aber das Geheimnisvolle bleibt den Menschen erhalten, und nicht nur das. Der wissenschaftliche Zugriff hebt kein einziges Geheimnis auf. Er vertieft es stattdessen, und da nach Einstein es für Menschen nichts Schöneres als das Gefühl für das Geheimnisvolle gibt, kann man sich Forscherinnen und Forscher so glücklich vorstellen, wie Albert Camus es bei Sisyphos beschrieben hat. Es gibt nichts Schöneres als ein Leben, in dem es dauernd anders kommt, als man erwartet.

Übrigens: Seitdem vom Anthropozän die Rede ist, das den romantischen Gedanken nutzt und umsetzt, dass es nicht die Geschichte ist, die durch ihre festen Vorgaben die Menschen macht, sondern es umgekehrt die Menschen sind, die kreativ und unvorhersehbar die Geschichte mache, tauchen Vorschläge auf, dem Raubbau der Menschen an der Erde im großen Rahmen geo-sozialer Überlegungen durch eine angemessene Haltung zu begegnen, die man weder als Technikoptimismus noch als Endzeitstimmung deuten kann.

Es gibt zum Beispiel den Vorschlag, dem menschengemachten Erdzeitalter ein „Chthuluzän" folgen zu lassen, wobei das unglückliche Wort eine Phase fortdauernden Lernens mit dem Ziel meint, dass die Menschen es auf einer beschädigten Erde aushalten. In einem „terrestrischen Manifest" ist davon die Rede, das Konzept der Nachhaltigkeit zu überwinden und den Menschen an seine Verantwortung für das „planetarisch-biosphärische Erdsystem" zu erinnern.

Mein Deutschlehrer und Karl Popper hätten empfohlen, das alles niedriger zu hängen. Man versteht den Planeten Gaia nicht besser, wenn man die Erde zu einem System verklärt. Seit Hegel – im 19. Jahrhundert voller Romantik – drängt das Denken hin zum System, und zuletzt erklingen große Worte wie „Das Wahre ist das Ganze".

Dieses Ganze ist vor allem ein Geheimnis, und das könnte die Erde selbst sein. Wer große Worte vermeiden aber den Gedanken an eine zugleich lebendige und lebensspendende Erde nicht aufgeben will, kann von ihrer chthonischen Weisheit sprechen, wobei „chthon" nicht Göttliches, sondern etwas Erdverbundenes meint. Wem „chthonisch" Unbehagen bereitet, der kann auch „instinktiv" sagen, und instinktiv können Menschen Ziele erreichen, ohne dafür ausgebildet zu sein und ohne damit Erfahrungen zu haben. Sie brauchen niemanden im Himmel, der ihnen den Weg weist. Sie suchen auf der Erde ihren Weg selbst. Sie brauchen keine jenseitigen Wegweiser, die den Weg sowieso nur weisen, ohne ihn selbst zu gehen.

Es gilt das Geheimnisvolle lieben zu lernen, weil es das Offene ist, das alle Kreaturen anlockt und immer nur tiefer und aufregender wird. So finden Menschen instinktiv zu ihrem Ziel, auch wenn sie es nicht kennen. Goethe hat empfohlen, dieses „heilig öffentlich Geheimnis“ ohne Säumnis zu ergreifen. Gewartet haben die Menschen lange genug. Es kann und sie können losgehen und an dieser Stelle sollten sie ihre romantische Kreativität mit dem Blick in die Zukunft leben und nicht an die Deutungen der Philologen denken, die gerne vom Scheitern der Romantik sprechen und dann auf das Eismeer von Caspar David Friedrich verweisen oder Wilhelm Busch zitieren, der 1863 geschrieben hat, „das entscheidende Wort, welches durch unsere Seele klingt, ist Resignation“.

Immerhin wusste Busch, dass Resignation „ein raues Wort, oder ein sanftes“ sein konnte. Der kreative Mensch kann sie in beiden Fällen ablegen. Busch brauchte nur einen Punkt aufs Papier zu malen, um in ihm „die unendliche Möglichkeit zu handeln“ vor sich zu haben, wie der Philosoph Fichte erkannt hatte. Was für Busch der Punkt, war für die Menschheit die Wissenschaft, nämlich „die unendliche Möglichkeit zu handeln“. Es sollte sich im 21. Jahrhundert langsam herumgesprochen haben.

4. Die Wunder der Welt erklären – Anforderungen an eine naturwissenschaftliche Bildung

Seit die Vereinten Nationen ihre Ziele zum Erreichen einer nachhaltig genutzten Welt formuliert haben, bemühen sich Regierungen wie die deutsche darum, ihnen gerecht zu werden oder näher zu kommen, und dabei wird stets die Jahreszahl 2030 als Vorgabe genannt. Das UN-Programm führt bekanntlich als vierte seiner bis zu diesem Zeitpunkt umzusetzenden Vorhaben die Vermittlung einer „Hochwertigen Bildung" an, was etwas irritiert, wird doch kaum jemand eine minderwertige Variante des hohen Guts ins Auge fassen. Dabei kann man die Vorstellung nicht unterdrücken, dass damit die Ausbildung gemeint ist, bei der praktische Fähigkeiten erworben werden. Hochwertige Bildung hingegen verbindet Menschen außerhalb ihrer Berufe, wenn sie Kulturthemen erörtern, was einen verleiten könnte, hier von Einbildung zu sprechen. Diese Unterscheidung der beiden Vorsilben eckt vielleicht an, aber wer Ein-Bildung latinisiert und zur In-Formation macht, erkennt darin die Dimension der Bildung, die zu dem Weltbild der Menschen führen soll.

Um das hochgesteckte vierte Nachhaltigkeitsziel der UN erreichen zu können, hat das hierzulande zuständige Ministerium einen nationalen Aktionsplan unter der Überschrift „Bildung für nachhaltige Entwicklung" (BNE) entworfen und darin verkündet, so etwas wie Dialogfähigkeit, Orientierungswissen und ganzheitliches Lernen fördern und verbessern zu wollen. Wer die in großer Zahl produzierten Verlautbarungen über das Projekt BNE anschaut, trifft auf viele Vokabeln, mit denen politische und mediale Eliten hantieren, wenn sie ihre Halbbildung verbergen wollen. Gemeint sind Begriffe wie Gegenwartsanalyse, Dekadenbüro, Zukunftsstudien, Gestaltungs- und Teilkompetenz, und man wird darüber hinaus auf ökonomische, soziale und politische Gerechtigkeitsanliegen und viele weitere Aspekte des alltäglichen Lebens verwiesen.

So nötig dies sein mag, es fällt auf, dass bei der BNE nichts von den Naturwissenschaften zu lesen ist, obwohl es vor allem ihre Eingriffe und Auswirkungen sind, mit denen die Bedingungen der menschlichen Existenz seit Jahrhunderten wesentlich erleichtert und in vielen Fällen überhaupt erst ermöglicht werden. Selbst wer die Naturwissenschaften wie Physik, Chemie, Biologie, Ökologie, Geologie, Informatik und viele weitere Disziplinen als Innovationstreiber und Impulsgeber der Wirtschaft für wichtig hält, wird bei dem Wort Bildung eher an Literatur, Kunst und Philosophie denken und weniger auf die Idee kommen, Experimentieren mit und Nachdenken über Energieumwandlung, Genmutationen, chemische Katalysen und Radioaktivität als Kulturgut zu betrachten und den Wunsch äußern, die dazugehörigen Einsichten in Bildungsgesprächen zu vertiefen. In den Talkrunden der deutschen Fernsehsender kommen die Naturwissenschaften selbst dann nicht vor, wenn in Stockholm die Nobelpreise für Physik, Chemie und Medizin vergeben werden, wobei allgemein bekannt sein sollte, dass mit diesen Auszeichnungen Personen geehrt werden, die am meisten „zum Nutzen der Menschheit“ beigetragen haben, wie es offiziell heißt.

Das Publikum lernt seine Wohltäterinnen und Wohltäter nicht kennen, da die Medien lieber die mit Machtspielchen beschäftigten Figuren aus Politik und Wirtschaft einladen, um mit ihren Ansichten die Sendezeit zu füllen. Die zuständigen Redaktionen können sich nicht vorstellen, dass ein Verstehen von naturwissenschaftlich gewonnenen Einsichten nicht nur mentales Vergnügen bereiten, sondern auch die Teilhabe am kulturellen Geschehen als Ganzem ermöglichen kann. Wenn sich in der Bildung einer Person die Kultur zu erkennen geben soll, in der dieses Individuum lebt und sich wohlfühlt und mit der es sich Orientierung verschafft, dann kann niemand ohne Kenntnis der Naturwissenschaften als gebildet bezeichnet werden – ohne Wenn und Aber. Man sollte zum Beispiel ein Minimum an Quantenphysik und Evolutionsbiologie kennen und in der Lage sein, zwei oder drei nicht-triviale Sätze zu den Inhalten dieser Theoriegebäude zu sagen.

Die naturwissenschaftliche Bildung ist nicht nur wichtig, sie wird überlebenswichtig, wenn die Menschen zu dem Verhalten angeleitet werden sollen, das mit dem leider zum Modewort verkommenen Begriff „nachhaltig“ bezeichnet wird. Nachhaltig kann der Umgang mit der Natur nur sein, wenn er nicht mehr dem überlieferten göttlichen Befehl folgt, „Macht euch die Erde untertan.“

„Macht euch die Erde zur Freundin“, könnte der neue Leitspruch heißen, der aber seine Wirkung erst entfaltet, wenn sich die Menschen daran erinnern, dass die Welt so ist wie eine geliebte Person, nämlich schön und geheimnisvoll. Die Schönheit der Natur beurteilen Menschen durch die Wahrnehmung ihrer Sinne, was auf Griechisch „aisthésis“ heißt und woraus das deutsche Wort Ästhetik geworden ist. Die Freude am Schönen der Welt ist nicht nur der Grund, warum Menschen von Natur aus überhaupt nach Wissen streben, wie Aristoteles im ersten Satz seiner „Metaphysik“ schreibt. Das Schöne verhilft auch zu einem richtigen Handeln, denn „Die Ästhetik ist die Mutter der Ethik“, wie es der russische Poet Joseph Brodsky auf den literarischen Punkt gebracht hat.

Für die hier gestellte Aufgabe bedeutet dieser Satz, aus der ästhetischen Welterfahrung eine Kultur der Nachhaltigkeit zu schaffen, und damit besteht eine Aufgabe für die Zukunft darin, die Wahrnehmung der Natur so einzuüben, dass zuerst mit ihrer Hilfe das wissenschaftliche Wissen wächst, um in der Folge mit den ästhetisch erworbenen Kenntnissen zu dem Handeln zu kommen, das die Lebensbedingungen auf dem Planeten Erde zu bewahren hilft und in diesem Sinne Nachhaltigkeit ermöglicht.

Wer sich der Natur mit seinen oder ihren Sinnen öffnet und den Kosmos so anschaut oder in sich aufnimmt, wie es unter anderem der große Naturforscher Alexander von Humboldt getan hat, wird bei dem dazugehörigen Treiben ein Gefühl entwickeln, das auch Albert Einstein gekannt hat, obwohl er als Theoretischer Physiker sich mehr mit den innen erzeugten Bildern seiner Phantasie als mit den von außen kommenden Wahrnehmungen von Natur abgegeben hat.

Doch die beiden Giganten der Wissenschaft reagierten bei ihrer Suche nach der Wahrheit mit demselben Empfinden, das Einstein in dem herrlichen Satz zusammengefasst hat: „Das Schönste, das wir erleben können, ist das Geheimnisvolle. Es ist das Grundgefühl, das an der Wiege von wahrer Kunst und Wissenschaft steht. Wer es nicht kennt und sich nicht mehr wundern, nicht mehr staunen kann, der ist sozusagen tot und sein Auge ist erloschen."

Es kommt somit auf die Fähigkeit an, sich das Erlebnis des Geheimnisvollen zu verschaffen, und dies gelingt Menschen, die bereit und in der Lage sind, sich zu wundern – über die funkelnden Sterne am Himmel, über das wimmelnde Leben im Dschungel, über das neugierige Verhalten von Menschen und vieles mehr. Und mit ihrem Wundern setzt das Verlangen ein, „die Wunder der Welt erklären" zu wollen, wie dieser Beitrag überschrieben ist. Menschen treffen bei ihrem Suchen immer wieder auf Geheimnisse, wie noch an einem historischen Beispiel ausgeführt wird, und niemand kann ihr Mysterium aufheben. Im Gegenteil – jede naturwissenschaftliche Erklärung vertieft das Geheimnisvolle der Welt, was den Menschen hilft, das Grundgefühl der Schönheit immer intensiver zu spüren und so ihren Willen zum Wissen zu befeuern.

Dieser ersten Herausforderung an die naturwissenschaftliche Bildung kann man weitere hinzufügen, die auf das Problem zu reagieren versuchen, das Robert Musil in seinem Roman „Der Mann ohne Eigenschaften" als „unermessliche Undurchdringlichkeit" bezeichnet hat. Bereits um 1930, als der Roman geschrieben wurde, gab es so viele Erkenntnisse in den Naturwissenschaften, „dass es das Denkvermögen eines Leibniz überschritte", wie bei Musil zu lesen ist, der zwar selbst als Physiker ausgebildet worden ist, aber trotzdem das Fachwissen seiner Zunft, die damals die Quantentheorie der Atome ausarbeiten konnte, als höchst undurchdringlich wahrnehmen musste.

Es braucht nicht eigens betont zu werden, dass die fortgesetzte „Trunksucht am Tatsächlichen" knapp hundert Jahre später viele Menschen immer mehr am Stand des Wissens verzweifeln lässt. Zwar werden unentwegt Versuche einer populären Darstellung der Genetik, der Astrophysik, der Hirnforschung oder der Biochemie unternommen, doch ein öffentliches Verständnis stellt sich trotz der bunten Bildchen mit umher huschenden Molekülen und lustigen Knalleffekten nirgendwo ein.

Der französische Kulturhistoriker Jacques Barzun hat bereits in den 1960er Jahren zu diesem Thema ein vernichtendes Urteil gefällt und Sätze geschrieben, die an Musil erinnern: „Man kann sagen, dass die westliche Gesellschaft gegenwärtig die Wissenschaft beherbergt wie einen fremden, mächtigen und geheimnisvollen Gott. Unser Leben wird von seinen Werken verändert; aber die Bevölkerung des Westens ist von einem Verständnis dieser seltsamen Macht wohl ebenso weit entfernt, wie ein Bauer in einem abgelegenen mittelalterlichen Dorf es von einem Verständnis der Theologie des Thomas von Aquin gewesen ist. Und was schlimmer ist: die Lücke ich heute größer, als sie vor hundert Jahren war, zu einer Zeit, als jeder gebildete Mensch sich die Hauptergebnisse und die einfachen Prinzipien, die damals Physik, Chemie und Biologie ausmachten, aneignen konnte. Die Schwierigkeit heute besteht nicht darin, dass die Wissenschaft mehr Tatsachen entdeckt hat, als sich in einem Kopf zusammenhalten lassen, sie besteht vielmehr darin, dass die Wissenschaft – selbst für die Wissenschaftler – aufgehört hat, eine prinzipielle Einheit und ein Gegenstand der Kontemplation zu sein."

Und weiter: „Es ist die moderne Geschichte, die Geschichte seit 1500, die den Schlüssel zu den charakteristischen Formen und Auswirkungen des wissenschaftlichen Denkens in sich enthält. Gerade weil die Wissenschaft eine stupende Leistung des menschlichen Geistes ist, erscheinen ihr Wert und ihre Größe nur in voller Deutlichkeit, wenn man die Abfolge ihrer Schritte unter wachsamer und informierter Beobachtung ihrer Begleitumstände verfolgt, das heißt wiederum: kritisch und historisch. Zu erkennen, was die Wissenschaft ist, was sie tut, und welchen Einfluss sie auf andere Manifestationen des Geistes hat: das ist eine Aufgabe für jemanden, der zugleich Kritiker, Historiker und Philosoph ist, und der außerdem in einem Wissenschaftszweig und in Mathematik ausgebildet worden ist."

Damit sind zwei Herausforderungen für die naturwissenschaftliche Bildung benannt, nämlich zum einen, die Menschen zu ermutigen, sich nicht nur aktiv, sondern auch kontemplativ der Natur zu nähern, was mit einer Ermutigung für das Gefühl des Geheimnisvollen beginnen kann. Und zum anderen gilt es, die historische Entwicklung der Naturwissenschaften in den Blick zu nehmen und von den tätigen Menschen zu erzählen, die in ihrer jeweiligen Epoche ihre besonderen Beiträge liefern konnten und Schritt für Schritt das Theoriegebäude komplexer werden ließen. Wenn Johannes Kepler die Planetengesetze aufstellt, dann treibt er nicht nur Physik, er verschiebt zudem die Grundlage der Erklärung von den transzendenten Göttern hin zu immanenten Kraftwirkungen, ohne dabei die Suche nach der christlichen Trinität am Himmel aufzugeben.

Wenn Kepler die Bahnen von Himmelskörpern berechnet, kontempliert er zugleich eine Harmonie im Kosmos. Sie beeindruckte im 20. Jahrhundert auch Albert Einstein, der in physikalischen Theorien „Manifestationen tiefster Vernunft und leuchtender Schönheit" erkennt und meint, dass „dies Wissen und Fühlen wahre Religiosität ausmacht". Die Kulturgeschichte des Christentums kann tatsächlich ebenso als „Verzauberung der Welt" beschrieben werden wie die naturwissenschaftliche Erklärung der Wunder am Himmel und auf der Erde, und so können der religiöse und der wissenschaftlich orientierte Mensch zusammenkommen, um die Bedingungen der eigenen Existenz kontemplativ zu bewahren, während man zugleich sich weiter darum bemüht, sie aktiv zu erleichtern.

Das Problem der „unermesslichen Undurchdringlichkeit" von naturwissenschaftlichen Erklärungen bleibt auch für den kontemplativ orientierten und Herzensbildung anstrebenden Menschen bestehen, und hier soll der Vorschlag unterbreitet werden, durch eine historische Betrachtung Abhilfe zu schaffen. Dabei taucht eine grundlegende Schwierigkeit auf, die der französische Wissenschaftsphilosoph Michel Serres so gefasst hat: „Wir lehren unsere Geschichte meist ohne die der Wissenschaften, verkürzen die Philosophie im Unterricht um jede fachliche Argumentation und halten die Literatur von ihrer wissenschaftlichen Nachbarschaft wunderbar isoliert."

Mit anderen Worten, die aktuelle Lehre bleibt der wirklichen Welt mit ihren technischen Errungenschaften fremd, wobei die Naturwissenschaften darunter besonders leiden, weil man die hier handelnden Personen gar nicht vorgestellt bekommt. Das Publikum kennt die Namen von Philosophen und Schriftstellerinnen, muss aber mit der Schulter zucken, wenn es Chemikerinnen, Biologen oder Ingenieure benennen soll. Dabei wird Wissenschaft von Menschen gemacht, die sich wie alle irren können. Und wer hätte nicht Lust, von den Schnitzern der Großen zu lernen, etwa wenn Einstein darauf beharrt, dass Gott nicht würfelt, ohne zu merken, dass es ganz schön frech von einem Sterblichen ist, dem Herrn im Himmel vorzuschreiben, wie er mit der Welt umzugehen hat.

Abgesehen davon erlaubt der historische Gedankengang zu verstehen, wie das Geheimnisvolle der Natur durch ihre Erkundigung zunimmt. Als Isaac Newton im 17. Jahrhundert erklären wollte, warum ein Apfel zu Boden fällt, führte er die Schwerkraft ein, ohne mehr als ihren Namen zu nennen. Im 19. Jahrhundert tauchte die Idee auf, dass die Wechselwirkung zwischen dem Obst und der Erde durch ein Gravitationsfeld zustande kommt, ohne dass man mehr darüber zu sagen wusste, und im 20. Jahrhundert zeigte Einstein, wie dieser Feldeffekt produziert wird, nämlich dadurch, dass Materie den Raum krümmen und seine Geometrie verändern kann.

Es bleibt dasselbe Phänomen – ein Gegenstand fällt nach unten –, aber die Erklärung des Geschehens wird immer geheimnisvoller, und so geht die

Wissenschaft allgemein mit den kleinen und großen Wundern der Welt um. Sie vertieft ihre Geheimnisse, wie jede und jeder an Beispielen seiner oder ihrer Wahl durchprobieren kann. Die Herausforderung an die naturwissenschaftliche Bildung besteht darin, eine sokratische Weisheit in dem Sinne zu vermitteln, dass man versteht, es kommt auf die Fragen an, die bleiben, und nicht auf die Antworten, die sich ändern. Dadurch erweist sich das Abenteuer Wissenschaft als ebenso offen wie die Zukunft, die Menschen gestalten wollen. Sie kann nachhaltig werden, wenn man sich daran macht, das Wort Bildung in seiner doppelten Bedeutung ernst zu nehmen und umzusetzen, als Ergebnis und Prozess zugleich, der wiederum ein neues Ergebnis hervorbringt, und so weiter. Die Welt ist in Bewegung und erwartet die kreativen Fragen der Menschen, die neugierig in ihr leben und sich wundern wollen.

5. „Die Wissenschaft zittert nicht" – Die säkularen Naturwissenschaften und das moderne Lebensgefühl

„Wer den Versuch unternimmt, die Schicksale der Religion und des Religiösen bei der Heraufkunft modernen Weltverhältnisse zu kommentieren, sieht sich sofort mit einem Begriff konfrontiert, der von zahllosen Autoren wie ein Generalschlüssel gehandhabt worden ist, um sich Zugang zu verschaffen zu allen Zimmern im gemeinsamen Haus der neuzeitlichen euro-amerikanischen Menschheit: Säkularisation. Was zunächst nur ein juristischer Terminus war, der die mehr oder weniger gewaltsame Übernahme von Kirchenbesitz durch Organe des modernen Nationalstaats nach der Französischen Revolution benannte, entwickelte sich im 19. Jahrhundert zu einem Ausdruck, der die Richtung des Wettlaufs im Ganzen anzusprechen schien – die wahre in den Augen der Fortschrittlichen und Laikalen, die falsche nach der Überzeugung der Modernisierungslehre. Im katholischen Milieu sprach man von Säkularisation wie von einem Epocheverbrechen, das die narzisstisch-humanistische moderne Welt bei ihrem Aufstand gegen die gottgegebenen Ursprünge verübte. Für die Progressiven enthielt die Rede von Säkularisation das Versprechen, die Menschheit könne sich durch Arbeit und Selbstbestimmung von ihrer unwürdigen, religiös bevormundeten Vorgeschichte lösen."

So beginnt eine „Notiz zum Gestaltwandel des Religiösen in der modernen Welt" von Peter Sloterdijk, in der „Säkularisation" das meint, was in diesem Rahmen genauer als Säkularisierung bezeichnet wird, um die praktische Nutzung kirchlichen Eigentums durch weltliche Gewalt – die Säkularisation – von dem geistigen Prozess zu unterscheiden, „der in der europäischen Neuzeit zu einer immer größeren Autonomie der Lebensgestaltung und Autonomie gegenüber kirchlichen und religiösen Ordnungssystemen geführt hat", wie es im Brockhaus (Band 19, 1992) unter dem Stichwort der Säkularisierung heißt. Die „europäische Neuzeit" – sie beginnt für einen Wissenschaftshistoriker im frühen 17. Jahrhundert – also etwa in der Epoche des Dreißigjährigen Krieges –, als das stattfindet, was der Florentiner Gelehrte Paolo Rossi in einem Buch als „die Geburt der modernen Wissenschaft in Europa" bezeichnet hat. Sie gelingt durch diejenigen Personen, die in dem Eingangszitat als die „Progressiven" bezeichnet werden, weil mit den damaligen Pionieren der Naturwissenschaft die Idee des Fortschritts aufgekommen ist. Man glaubte nicht mehr an eine goldene Epoche in der Vergangenheit, sondern orientierte sich in die entgegengesetzte Richtung, in die Zukunft.

Man hoffte, mit einer neuen Astronomie im Besonderen (Johannes Kepler) und einer neuen Wissenschaft im Allgemeinen (Galileo Galilei) ein neues

Atlantis (Francis Bacon) schaffen zu können, in dem es mit neuen Methoden (René Descartes) möglich sein sollte, „die Bedingungen der menschlichen Existenz zu erleichtern“ und uns ein besseres Leben zu verschaffen, das sich keiner göttlichen Gnade, sondern dem eigenem Vermögen der Rationalität verdankt.

Erklärungen unter erschwerten Bedingungen

Das erste und in den Worten von Brechts Galilei sogar „das einzige Ziel“ der Wissenschaft – „die Bedingungen der menschlichen Existenz zu erleichtern“ – war sicher gegen die Kirche und ihre damaligen Vertreter gerichtet, die wenig mehr tun konnten, als ihre Schäfchen zu ermutigen, das irdische Jammertal in der Hoffnung zu durchschreiten, dass ihnen danach alles erträglicher erscheinen würde. Heute würden wir darüber hinaus noch andere Ziele der modernen Naturwissenschaft nennen, in deren Reihen damals zu Beginn des 17. Jahrhunderts auch die Idee des Experimentierens aufkommt.

Wer im 20. Jahrhundert so knapp wie möglich sagen sollte, was derjenige macht, der sich naturwissenschaftlich betätigt, könnte antworten: Er versucht die Welt – oder die Natur – ohne Rückgriff auf höhere Mächte oder Wunder unter der erschwerten Bedingung des Experiments zu erklären. Das betrifft den Lauf der Sterne ebenso wie das Laufen von Pferden, bei dem man eine sehr lange Zeit hindurch nicht wusste, ob es einen Moment gibt, in dem ein Pferd alle vier Beine in der Luft hat und den Boden nicht mehr berührt.

Was sich die Wissenschaftler damit vorgenommen haben, stellt sicher eine gewaltige Aufgabe dar, aber niemand wird ernsthaft bestreiten, dass es zumindest in einigen Fällen gelungen ist, sie glänzend zu bewältigen (und sogar aus den Antworten Nutzen zu ziehen). Wenn zum Beispiel ein Hurrikan entsteht, dann analysiert die Naturwissenschaft die Oberflächentemperatur der Ozeane, erkundet die Luftströmungen, die Drehung der Erde und andere messbare Parameter und liefert anschließend aufgrund atmosphärischer und meteorologischer Gesetzmäßigkeiten eine Erklärung des Naturphänomens, von dem wir allzu gut auch wissen, dass es katastrophale Auswirkungen haben kann. Vor ihnen will man sich schützen, und wir tun dies nicht durch Gebete, sondern durch den Einsatz technisch-wissenschaftlicher Mittel. Sie greifen nicht immer – was Folgen haben kann, und zwar nicht nur säkulare.

Bekanntlich wurde am Ende des Jahres 2005 New Orleans von einem tropischen Wirbelsturm heimgesucht (wie man das ausdrückt, was korrekt oder neutral heißen müsste, dass der Hurrikan auf seinem Weg die Stadt durchquerte). Große Teile von New Orleans wurden einfach weggefegt, wie viele Fernsehbilder erkennen ließen.

Als die Medien von dem Unglück berichteten, war allerdings nicht nur von erklärbaren Naturgewalten und politisch bedingten technischen Versäumnissen (beim Dammbau) die Rede. In den Zeitungen (FAZ vom

18. Januar 2006) meldete sich auch andere Stimme zu Wort. So erklärte der Bürgermeister der zerstörten Stadt das Geschehen mit dem Zorn Gottes. Er sei mitverantwortlich für das Unglück seiner Region. „Gott ist zornig auf Amerika. Er hat Hurrikan auf Hurrikan über uns gebracht." Und konservative Prediger assistierten dem verzweifelten Politiker, indem sie New Orleans als „Sündenbabel" darstellten und bedauerten, dass Gottes Fluten nicht ausgereicht hätten, diesen Eindruck und dieses Treiben zu löschen.

Die Rückkehr Gottes

Gott mischt gesellschaftlich wieder kräftig mit, wenn es um naturwissenschaftlich zugängliche Dinge geht, wie sich nicht nur an tropischen Wirbelstürmen und Epidemien zeigt, bei denen sich ebenfalls ein „Sündenbabel" ausmachen lässt, das Gottes Strafe verdient. Gott ist selbst in der Forschung höchst modern geworden, da bekennende Atheisten sich vornehmen, ihn zum einen wissenschaftlich als Produkt der Evolution zu verstehen, und sich zum zweiten bemühen, ihn als Erregung (genauer: als epileptischen Mikroanfall) in den Schläfenlappen zu orten.

Dies sah völlig anders aus, als ich heranwuchs und Interesse an den Naturwissenschaften entwickelte. Mich beeindruckte vor rund einem halben Jahrhundert zum Beispiel Francis Crick, der britische Mitentdecker der Doppelhelix von 1953, der im Gefolge seiner Einsicht gesagt hatte, nach diesem Erfolg der Strukturchemie und Molekularbiologie sei das Rätsel des Lebens gelöst; es gäbe keine Geheimnisse mehr. Crick empfahl ohne jede Ironie, die Kirchen umzubauen, um sie als Schwimmbäder nutzen zu können.

Weiter habe ich noch im Ohr, was uns Juri Gagarin mitzuteilen hatte, als er Anfang der 1960er Jahre aus dem Weltall zurückgekehrt war. Gagarin informierte uns, dass der Himmel leer und unbewohnt sei, einen Gott habe er dort jedenfalls nicht getroffen.

Und am Ende der 1960 Jahre verkündeten die Vertreter einer neu geschaffenen Wissenschaft namens Futurologie, in der Zukunft – also unsere Gegenwart von heute aus gesehen – werde es kaum noch religiös motivierte Kräfte in der Gesellschaft geben – vor allem sei keine Gewaltanwendung aus dieser Richtung zu erwarten.

Mir gefiel das, und mir leuchtete das ein. Es schien, hier triumphierte die Naturwissenschaft, die Gott zu Rückzugsfechten zwang und dabei war, seinen Wohnraum immer stärker einzuengen. Bald – so dachte ich – würde sie dem „Gott der Lücken" gar keinen Platz zu lassen und Erklärungen der Welt ganz ohne ihn zu geben. Doch als Stephen Hawking 1988 in seiner „Kurzen Geschichte der Zeit", dem Millionenbesteller auf der ganzen Erde, genau dies tat und verkündete, in seinem Universum habe ein Schöpfer nichts zu tun und dort also nichts verloren – Hawking argumentierte in der Sprache der Mathematik, die Gleichungen aufstellt, deren Lösung von so genannten

Randbedingungen abhängen, und Gott war keine solche, er tauchte also nicht einmal am Rand auf –, da kamen mir solche Ansprüche auf einmal verloren und unerheblich vor.

Zwar blieb und bleibt „die außerordentliche Bedeutung, die die von der Wissenschaft benutzten mathematischen und mechanischen Verstehensweise für die Erklärung und Vorhersage von Ereignissen haben", unverändert bestehen und Ziel meiner Bewunderung. Aber „was für dünne, farblose, uninteressante Ideen" benutzt die Wissenschaft dabei: „Gewicht, Bewegung, Geschwindigkeit, Richtung, Lage", deren Magerkeit vor allem deutlich wird, wenn man sie mit Beschreibungen konfrontiert, „bei denen sich die Religion bevorzugt aufhält". „Es ist immer noch der Schrecken und die Schönheit der Phänomene, die ‚Verheißung' des Morgengrauens und des Regenbogens, die ‚Stimme' des Donners, die ‚Sanftheit' des Sommerregens, die ‚Erhabenheit' der Sterne und nicht die sie regierenden physikalischen Gesetze, von denen sich der religiöse Geist am meisten beeindrucken lässt."

Die Vielfalt religiöser Erfahrung

Die letzten Zitate stammen aus dem Jahre 1902. Sie finden sich in den Vorlesungen über „Die Vielfalt religiöser Erfahrung", die der amerikanische Philosoph und Psychologe William James zu Beginn des 20. Jahrhunderts gehalten hat. Die eingangs zitierte Notiz findet sich als Vorwort der im Insel Verlag erschienenen Neuausgabe (1997) des Buches von James, von dem sich bis heute lernen lässt, und zwar bereits in der ersten Vorlesung. Hier äußert sich James über das Verhältnis von „Religion und Neurologie" – ein Thema, das in unseren Tagen von den Hirnforschern mit ihren bildgebenden Verfahren neu entdeckt wird, die Gott in irgendwelchen Hirnwindungen aufspüren und ihn anschließend darauf einschränken wollen.

James stellt die medizinisch-materialistischen Bemühungen seiner Zeitgenossen vor, religiöse Gefühlen auf organische Prozesse mit möglicherweise krankhaften Auswüchsen (etwa epileptischen Anfällen) zurückzuführen, um deutlich zu machen, dass es darauf überhaupt nicht ankommt und man stattdessen bereit sein müsse, „das religiöse Leben ausschließlich nach seinen Früchten zu beurteilen". Natürlich wird es ein „neurologisches Temperament" von Menschen geben, mit denen ihre Empfänglichkeit für „Inspirationen aus einem höheren Reich" möglich ist, aber damit soll man das Thema Religion und Neurologie dann auch „zu den Akten legen". Er jedenfalls möchte nicht weiter davon belästigt werden, und wenn ich einen Wunsch frei hätte, würde ich mich dem anschließen.

Dass die moderne Neurologie dem wohlmeinenden Ratschlag von James nicht gefolgt ist (und ihn höchstwahrscheinlich gar nicht zur Kenntnis genommen hat), deutet ein merkwürdiges Wechselspiel – eine Art von Yin-Yang-Komplementarität – an. Zwar räumt die Wissenschaft Gott weniger

Platz in der Gesellschaft und ihren Entscheidungsfindungen ein, die zunehmend rationalisiert werden und die bekannten Experten mit Laptops und Internetzugang überlassen werden. Doch zugleich tauchen Gott und religiöse Klänge massiv in den Reihen der Forschung auf. Es ist wie von James vorgesagt, der vor mehr als 100 Jahren meinte, dass sich zwar unsere Großväter einen Gott vorstellten, „der die größten Dinge der Natur auf unsere kümmerlichsten Privatbedürfnisse abstimmte". Dabei sei „der einzige Gott, den die Wissenschaft anerkennt, [...] ein Gott universaler Gesetze, der einen Welthandel, keinen Krämerladen betreibt."

Dies trifft zum Beispiel sehr genau auf Albert Einstein zu, der sich ausdrücklich zu einem Gott bekennt, der sich in der Harmonie des Universums zeigt, die sich uns durch die Gesetze offenbart. Einstein sprach davon, er sei „kosmisch religiös", er könne sich keinen Gott vorstellen, der sich im Privaten einmischt oder im persönlichen Leben bemerkbar macht.

An dieser Stelle ist anzumerken, dass die große Popularität des großen Physikers sich eher seinen Reden über Gott als seinen Einsichten in die Natur von Raum und Zeit verdankt. Dies gilt auch für den schon erwähnten Hawking, der nicht deshalb zum Star wird, weil er mathematisch ein Universum handhaben kann, sondern weil er dabei Ansichten zu Gott entwickelt.

Das Vorhandensein Gottes in der Wissenschaft einer säkularisierten Welt – seine Rückkehr – zeigt zudem unübersehbar die Evolutionsbiologie, der unentwegt nahegelegt wird, die Entstehung des Menschen doch einem intelligenten Designer anzuvertrauen, statt nach natürlichen Prozessen Ausschau zu halten, die zu diesem Ergebnis führen und unsere Art hervorbringen können. Tatsächlich ist erst vor wenigen Jahren ein Artikel im Spektrum der Wissenschaft erschienen (November 1999), in dem analysiert wird, ob die Schlagzeile des Magazins Newsweek aus demselben Jahr zutrifft, die verkündet hat, „Die Naturwissenschaftler entdecken Gott."

Zwar ist nicht klar, was damit genau gemeint ist – entdecken sie ihn bei sich oder im Kosmos –, klar ist aber, dass einer Umfrage zufolge der religiöse Glaube von Wissenschaftlern im 20. Jahrhundert unverändert geblieben worden ist, wobei im Hintergrund solcher Erkundigungen immer die Beurteilung des englischen Nobelpreisträgers für Physik George Thomson steht, der einmal geschrieben hat, „Vermutlich würde jeder Wissenschaftler an eine Schöpfung glauben, wenn die Bibel nicht unglücklicherweise vor vielen Jahren etwas dazu gesagt hätte und diesen Gedanken nun nicht altmodisch aussehen ließe."

Anlass der Newsweek-Frage war übrigens eine Konferenz zum Thema „Naturwissenschaften und die spirituelle Suche", die 1998 von der John-Templeton-Stiftung ausgerichtet worden war, die mit hohen Geldgaben und Preisen Projekte fördert, die den Glauben und die Naturwissenschaften miteinander versöhnen. Der Gründer der Stiftung, der Finanzexperte John Templeton, nennt sein für viele Wissenschaftler verlockendes Programm „Theologie der Demut", und er hofft, dass die Vertreter jeder Seite – die Gläubigen und die Wissenden – die Grenzen erkennen, die ihnen gesetzt sind.

Die Rationalität der Welt und die Hypothese Gott

Wenden wir uns noch einmal dem Eingangszitat zur Säkularisierung und dem Ursprung dieser Idee zu. Es weist auf die historische Tatsache hin, dass die abnehmende Bedeutung von religiösen Ordnungssystemen und der zunehmende Mut für die Selbstgestaltung des Lebens und der Weltanschauung, die wir mit den Begriffen Säkularisation oder Säkularisierung zusammenfassend bezeichnen, zwar lange vor dem 19. Jahrhundert begonnen haben, aber besonders deutlich erst in seinem Verlauf zu Tage treten und spürbar werden. „Die Menschheit", von der bei Sloterdijk oben die Rede ist, wollte sich damals massiv aus den Vorgaben befreien, die ein wirkungsmächtiger christlicher Glaube mit sich brachte, was sich am besten mit einem Blick auf individuelle Personen wie dem französischen Mathematiker Pierre Simon Laplace (1749-1827) beobachten lässt.

Laplace, der unter Napoleon Bonaparte für eine kurze Zeit als Innenminister agierte, entwickelte bis 1800 als Fachmann virtuos die von Newton und Leibniz eingeführte (und bis heute unverändert zum Schulunterricht gehörende) Infinitesimalrechnung sowohl in praktischer als auch in theoretischer Hinsicht weiter und vollendete anschließend nicht zuletzt dank ihrer rechentechnischen (rationalen) Hilfe eine Himmelsmechanik (Mécanique celeste), die es ihm zuletzt sogar erlaubte, ein Weltsystem vorzustellen, seine Exposition du système du monde. Darin drückt sich nicht nur die Grille eines Gelehrten, sondern eine Handlung mit weitergehender Absicht aus.

Es ging ihm um die Bewältigung von Angst. Astronomen hatten damals Unregelmäßigkeit (Akzeleration) bei der Mondbewegung festgestellt, und einige von Laplace' Zeitgenossen befürchteten, dass eine Weltkatastrophe mit kosmischen Dimensionen bevorstehen könnte. Zum Glück konnte Laplace diese Bedenken mit seiner Himmelsmechanik – also wörtlich rational – zerstreuen, indem er das Problem löste, wie sich die Position eines jeden Planeten zu einem beliebigen Zeitpunkt auch dann angeben ließ, wenn er die durch gegenseitige Anziehungskräfte bedingten Störungen der Himmelskörper berücksichtigte.

Mit seinem Rechenschema konnte er nachweisen, dass die beobachteten Unregelmäßigkeiten periodisch auftreten und also für den gegebenen Moment des eigenen Existierens keine Gefahr mit sich bringen. Selbst um die Großplaneten Jupiter und Saturn brauchte man sich keine Sorge zu machen, wie Laplace in einem zweiten Schritt ausrechnete, obwohl sich deren Umlaufgeschwindigkeiten merklich veränderten. Ihre Bahndurchmesser und die Grundstruktur des Umlaufs bleiben dabei nämlich unveränderlich, wie der Mathematiker des Himmels seinen Zahlen entnehmen konnte.

Mit anderen Worten, Laplace und seine Rechnungen – mithin seine Rationalität – gewährleisteten die Stabilität des Sonnensystems – und damit der gesamten kosmischen Welt –, in der es zudem streng naturgesetzlich zuging. Niemand musste mehr zu Gebeten Zuflucht nehmen, um eine Garantie für den Bestand der Welt und das Weiterleben der Menschen zu bekommen. Und so war es kein Wunder, dass Laplace äußerst selbstbewusst auftrat und Napoleons berühmte Frage, an welcher Stelle denn Gott in seinem Weltsystem auftauche, mit dem Hinweis beantwortete, solch eine Hypothese brauche er bei seinem Rechengeschäft nicht.

Übrigens – so ganz richtig und abschließend verstanden hat Laplace den Himmel und die Körper, die sich in ihm bewegen, naturgemäß noch nicht. Dazu kannte er ihn und seine Gesetze doch zu wenig. Als in den Zeitläufen nach ihm sowohl die Messdaten als auch die grundlegenden Einsichten in physikalische Zusammenhänge (Erhaltungssätze) zunahmen, erlebte man eine Überraschung. Als nämlich zu Beginn der 20. Jahrhunderts Laplace' Landsmann Henri Poincaré ein dreibändiges Werk über „Die neuen Methoden der Himmelsmechanik" vorlegte, konnte er darin zeigen, dass das fundamentale Problem in dieser Wissenschaft, die Berechnung der Planetenbahnen unter dem Einfluss ihrer gegenseitigen Anziehung, keineswegs vollständig und niemals exakt (also bestenfalls näherungsweise) gelingen kann. Für das Gleichungssystem, das wir als Newtons Uhrwerk bezeichnen, um uns seiner Regelmäßigkeit zu versichern, lässt sich grundsätzlich keine garantiert stabile (weil exakte) Lösung angeben, wenn sich zu viele Teile in ihm beeinflussen und bewegen. Dann gibt es zu viele Unbekannte und zu wenig Gleichungen.)

Mit anderen Worten, die Stabilität des Sonnensystems kann nicht streng bewiesen werden. Sie kann auf Erden nicht garantiert werden, und die neuartige Tendenz der Theoretischen Physik, die Poincaré damit langfristig einleitete, macht sich in unseren Tagen unter dem Stichwort Chaos und mit Begriffen wie Nichtlinearität oder Komplexität und Unvorhersagbarkeit deutlich bemerkbar.

Tatsächlich hat es die Physik geschafft, die Berechenbarkeit der Welt, die Laplace einst stolz verkündete, wieder abzuschaffen (und das nicht nur am Himmel, wie sich noch zeigen wird). Der Unterschied liegt darin, dass man damals zwar dank der erfolgreich praktizierten Rationalität aufatmete und sich geborgen fühlte, während sich heute niemand mehr wegen ihrer Grenzen erschüttert zeigt. Jedenfalls reagiert niemand mehr ängstlich wegen einer Unfähigkeit oder Begrenztheit der Naturwissenschaft, und wir nehmen es auch eher gleichgültig und abgebrüht zur Kenntnis, wenn wir erfahren, dass die Welt voller Dunkelmaterie und Dunkelenergie ist, die sich unseren Sinnen entzieht.

„Angst und Wissenschaft“

Wenn man heute Angst empfindet, dann nicht mehr vor möglicherweise bedrohlichen Naturphänomenen, wie dies noch im 18. Jahrhundert der Fall war, sondern eher vor den Naturwissenschaften selbst und ihren wachsenden Eingriffsmöglichkeiten. Bevor wir dieses Terrain erkunden, kehren wir in das zitierte 19. Jahrhundert zurück, das Wolf Lepenies, der als Soziologe und langjähriger Rektor des Wissenschaftskollegs in Berlin bekannt ist, mit dem Ausdruck „Saeculum der Wissenschafts- und Technikbegeisterung“ charakterisiert hat, in dem so etwas wie die „Trivialisierung der Angst“ gelingt. Für Lepenies treten „Wissenschaft und Technik“ in dem Moment „ihren Siegeszug an“, in dem „sie sich gegenüber Magie und Religion als wirkungsvollere, schließlich konkurrenzlose Mechanismen der Angstbewältigung durchsetzen.“

Dieser Gedanke erscheint wesentlich für das Thema der Säkularisierung im Gefolge naturwissenschaftlich begründeten Handelns, weil Angst zu den Grundbefindlichkeiten des Menschen gehört. Mit dieser Bemerkung stellt sich sofort die Frage, was diese Einstellung bedingt, und die moderne Antwort im Kontext evolutionären Denkens darauf lautet, dass Angstgefühle selektiv entstanden sind und zu den Voraussetzungen des Überlebens unserer Art gehören. Wer in den Frühtagen der Menschheit ohne Angst unterwegs war und bedenkenlos etwa in dichte Wälder eingedrungen ist, wird von dort nicht mehr zurückgekommen sein und keine Nachkommen hinterlassen haben, die als unsere Vorfahren dienen konnten. Evolutionäre Erklärungen kommen selbstverständlich ohne Hinweis auf Gott oder Göttliches aus, und sie tragen im 19. Jahrhundert massiv zur Säkularisierung bei, wie gleich weiter unten verhandelt wird.

Der schon zitierte Philosoph Sloterdijk hat das Thema der Angst – in Anspielung auf den etwas unglücklichen und leicht missverständlichen Satz von Martin Heidegger, die Wissenschaft denkt nicht – durch die hübsche und einprägsame Formulierung ausgedrückt, „Die Wissenschaft zittert nicht.“ Sie kann daher „einen lebbaren Ersatz […] für die Ordnungsversicherungen der Theologie“ darstellen, was sich auch so formulieren lässt, dass sich mit den Aktivitäten der Wissenschaft „im europäischen 19. Jahrhundert eine Art von szientistischer Kirche formierte, die ihren Zeitgenossen beruhigend zusprach, sie sei dazu da, den blassen alten durch einen vitalen neuen Glauben: durch wissenschaftliche Weltanschauung eben, zu ersetzen.“

Wenn man – nicht nur damals, sondern bis weit in 20. Jahrhundert hinein – sagte, „Die Wahrheit wird euch frei machen“, dann zitierte man damit nicht mehr das Johannes Evangelium, sondern beanspruchte die damit bezeichnete Möglichkeit für das eigene Tun. Die Wahrheit der Wissenschaft wird euch frei machen – von Angst und Sorge, wie man meinte, von Aberglauben und Irrationalität –, wie zum Beispiel die Gründer das California Institute of

Technology meinten, die als gottesfürchtige und bibelfeste Physiker die Wortes des Evangeliums kannten und in den 1920er Jahren über das Eingangstor meißeln ließen. Ausgangspunkt des relevanten Lebensgefühls der Angst ist die Feindseligkeit der Natur, die Menschen im 18. Jahrhundert ihr Leben lang unmittelbar erfahren konnten, während wir vielleicht noch als Kinder (oder als Fernsehzuschauer) damit in Berührung kommen.

Das folgende Zitat aus einem Roman dieser Epoche zeigt an dem einfachen Beispiel eines Gewitters, wie man auf Unbilden reagierte, bevor sich die Folgen der Säkularisierung bemerkbar machten:

„Der Tanz war noch nicht zu Ende, als die Blitze, die wir schon lange am Horizonte leuchten geseh'n und die ich immer für Wetterkühlen ausgegeben hatte, viel stärker zu werden anfingen und der Donner die Musik überstimmte. Drei Frauenzimmer liefen aus der Reihe, denen ihre Herren folgten; die Unordnung wurde allgemein, und die Musik hörte auf. [...] Diesen Ursachen muß ich die wunderbaren Grimassen zuschreiben, in die ich mehrere Frauenzimmer ausbrechen sah. Die klügste setzte sich in eine Ecke, mit dem Rücken gegen das Fenster, und hielt sich die Ohren zu. Eine andere kniete vor ihr nieder und verbarg den Kopf in der ersten Schoß. Eine dritte schob sich zwischen beide hinein und umfasste ihre Schwesterchen mit tausend Tränen. Einige wollten nach Hause; andere, die noch weniger wussten, was sie taten, hatten nicht so viel Besinnungskraft, den Keckheiten unserer jungen Schlucker zu steuern, die sehr beschäftigt zu sein schienen, alle die ängstlichen Gebete, die dem Himmel bestimmt waren, von den Lippen der schönen Bedrängten wegzufangen."

In dieser Szene aus Goethes „Leiden des jungen Werther", die 1774 erschienen ist und zu lesen war, geht es nicht um den Unterschied der Geschlechter – nur die Frauen scheinen sich zu fürchten und zu beten –, sondern um die Angst, die von bis in die damalige Zeit unerklärlichen Phänomenen wie Blitz und Donner hervorgerufen wird. Sie kann ohne physikalische Erklärung naturgemäß nur durch Gebete gemildert werden. Erst wenn bekannt ist, wie man sich vor den Gefahren eines Gewitters schützt, nämlich durch einen Blitzableiter, also einer schlichten Metallstange, kann man sich rational beruhigen und vergewissern.

Tatsächlich war der Blitzableiter zu Goethes Lebzeiten erfunden und eingesetzt worden, wobei immer daran zu denken ist, dass es dem merkwürdig schlichten Gegenstand schwerfallen musste, im Vergleich zu dem Naturschauspiel von Blitz und Donner zu bestehen, die zudem noch direkt aus dem Himmel kamen.

Mit elektrischen Entladungen wurde zum ersten Mal 1752 in Frankreich experimentiert, bevor Benjamin Franklin den Blitzableiter in der neuen Welt populär machte, indem er noch im selben Jahr einen Drachen (!) zu Gewitterwolken aufsteigen ließ, um mit einem am Ende einer feuchten

Schnur angebrachten Schlüssel einen elektrischen Funken zu ziehen und die Wolke zu entladen. Mit diesem riskanten Versuch bekamen Blitz und Donner physikalische Gründe, ohne noch Platz für irgendeinen göttlichen Zorn zu lassen, den es zu besänftigen galt. Doch diese Einsicht änderte nicht unmittelbar die Ängste der Frauenzimmer und anderer Menschen, die sie vor finsteren Naturgewalten empfanden, und erst allmählich verlor die äußere Natur ihre beängstigenden oder Furcht erregenden Züge dadurch, dass die dazugehörigen Naturerscheinungen erklärt werden konnten.

Es lohnt sich, an dieser Stelle einen Augenblick bei Benjamin Franklin zu verweilen, weil jene Beherrschung des Blitzes – des himmlischen Feuers – ihm die Ehrenbezeichnung „neuer Prometheus" eingebracht hat. Es war kein Geringerer als Immanuel Kant, der Franklin so bezeichnet hat, denn tatsächlich hat der Mitautor der amerikanischen Unabhängigkeitserklärung mit seinem Drachen den Göttern ganz konkret das Feuer entrissen und in die technisch geschickten Hände der wissenschaftlich orientierten Menschen gelegt. Was mit der Blitzableitung gelingt, könnte man Säkularisierung pur nennen, nämlich die endgültige Autonomie der Lebenssicherung ohne irgendwelche religiösen Restverbindungen. Zudem liefert Franklins Tat das Versprechen, dass es weitere Möglichkeiten geben muss, der Natur quasi mühelos ihre Tricks abzuringen, um sie praktisch nützlich machen zu können.

Wie sehr die Menschen in der Mitte des 19. Jahrhunderts dem analytischen und rationalen Sachverstand und dem beherzten Eingreifen des wissenschaftliche orientierten Mannes vertrauten, zeigt ein Ausschnitt aus den 1902 erschienenen Lebenserinnerungen des Unternehmers Werner von Siemens, dessen Firma Siemens, Halske & Co. 1859 den Auftrag bekommen hatte, eine über 3500 Seemeilen lange unterseeische Telegrafenleitung vom Roten Meer bis nach Indien zu überwachen. Bei den genannten geografischen Namen braucht nicht betont zu werden, dass wir es hier nicht mit alltäglichen Abläufen, sondern mit weitreichenden wissenschaftlichen Abenteuern zu tun haben, wie sie es damals noch gab und wie sie von der Öffentlichkeit empfunden wurden.

Siemens selbst leitete die technisch anspruchsvolle Expedition, die bis kurz vor Schluss glänzend funktionierte. Dann aber – bei der Rückfahrt – tauchten Schwierigkeiten auf. Das Schiff, mit dem Siemens unterwegs war, lief auf dem Weg nach Suez auf ein Riff auf und begann zu sinken. Natürlich breitet sich in solch eine Situation Angst aus – was durch das Grimmsche Wörterbuch bestätigt wird, demzufolge früher unter Angst „die Unsicherheit und Gefahr, das Risiko bei Transport und Sendung" verstanden wurde. Genau diese Lebensangst bewältigt der „Fürst der Technik", wie die Preußische Akademie der Wissenschaft Werner von Siemens bei seiner Aufnahme nannte. Und ihm gelingt dies allein schon dadurch, indem der sich nur der Mittel seiner Wissenschaft bedient:

„Das Schiff lag bald ganz auf der Seite, und die große Frage, an der jetzt Leben und Tod alles Lebendigen auf ihm hing, war die, ob es eine Ruhelage finden oder kentern und uns sämtlich in die Tiefe schleudern würde. Ich errichtete eine kleine Beobachtungsstation, mit deren Hilfe ich die weitere Neigung des Schiffes an der Stelle eines besonders glänzenden Sterns verfolgen konnte, und proklamierte von Minute zu Minute das Resultat meiner Beobachtungen. Alles lauschte mit Spannung diesen Mitteilungen. Der Ruf ‚Stillstand!' wurde mit kurzem, freudigem Gemurmel begrüßt, der Ruf ‚Weiter gesunken!' mit vereinzelten Schmerzenslauten beantwortet. Endlich war kein weiteres Sinken mehr zu beobachten, und die lähmende Todesfurcht machte energischen Rettungsbestrebungen Platz."

Die Geburt der modernen Wissenschaft in Europa

Wissenschaftliches Eingreifen und technisches Handeln ermöglichen im 19. Jahrhundert ein Lebensgefühl, zu dem die Freiheit oder zumindest die Befreiung von Angst und die erfolgreiche Suche nach eigenen Eingriffsmöglichkeiten gehören. Bei manchen Autoren bringt dies eine Neigung zur Überheblichkeit mit sich. Lepenies zitiert unter anderem Emil du Bois-Reymond, den Rektor der Berliner Universität, der in seinen Reden über „Culturgeschichte und Naturwissenschaft" die herausfordernde Frage stellt, „Was kann der modernen Cultur etwas anhaben? Wo ist der Blitz, der diesen babylonischen Turm zerschmettert? Man schwindelt bei dem Gedanken, wohin die gegenwärtige Entwicklung in hundert, tausend, in zehntausend, in hunderttausend und in immer noch mehr Jahren die Menschheit führen wird. Was kann ihr unerreichbar sein?"

Ähnliche Formulierungen lassen sich in großer Zahl in Texten aus dem späten 1960er Jahren finden, als eine wissenschaftsgläubige Gesellschaft sich stark genug fühlte, die Zukunft zu berechnen. Sie stellte eine Futurologie auf die Beine, die von einigen ihrer Vertreter sogar als exakte Wissenschaft angepriesen wurde. Man berechnete noch vor 1970 mit scheinbarer Genauigkeit den Energieverbrauch des Jahres 2000, ohne an ein Versiegen der Quellen zu denken, und man hielt es auch für eine sicherere Vorhersage – wie erwähnt –, dass Religionen oder religiöse Gemeinschaften im 21. Jahrhundert keine weltprägende Rolle mehr spielen würden.

Im 19. Jahrhundert hielt sich die optimistische Zukunftserwartung nicht nur länger. Die dazugehörige Wissenschaftsmentalität setzte sich in den kommenden Jahren weitgehend durch. Sie wurde zu einer kulturellen Selbstverständlichkeit in der westlichen Industriegesellschaft, weil sie die Versprechen einlöste, die zu Beginn des 17. Jahrhunderts gemacht worden waren, als zugleich Geburtsstunde der moderne Wissenschaft in Europa gefeiert werden konnte und das Wort von der Säkularisierung aufkam. Die damit gemeinte „Verweltlichung" wird – nach lexikalischer Auskunft – zum ersten

Mal bei den Vorverhandlungen zum Westfälischen Frieden verwendet, also in der Epoche, in der auch die Pioniere und Verkünder der neuen Astronomie, der neuen Wissenschaft, der neuen Methoden und des neuen Atlantis ihr Werk in die Welt setzten.

Die Naturwissenschaften, wie wir sie heute praktizieren, formieren sich in den Jahren nach 1600, und ihre Begründer finden sich mehr oder weniger überall in Europa. Francis Bacon erkennt in England, dass Wissen den Menschen Macht über Gottes Natur gibt; Johannes Kepler stellt in Deutschland fest, dass es am Himmel keine kreisförmig bewegten göttlichen Sphären gibt, die man einfach hinnehmen muss (oder darf), sondern dass sich dort Planeten auf berechenbaren Ellipsen bewegen, deren Ursache es zu ergründen gilt. Galileo Galilei behauptet zur gleichen Zeit in Italien, dass das Buch der Natur in der Sprache der Mathematik und Geometrie verfasst ist und man nicht glauben muss, sondern wissen kann, was in ihm geschrieben steht; und René Descartes stellt die Methode des Zerlegens vor, die als Reduktionismus bis heute unglaubliche Triumphe feiert und jedem, der es sehen will, zeigt, dass Körper keine Seele haben, sondern nur aus Organen, Geweben, Zellen und noch kleineren Einheiten materieller Art bestehen.

Das Ziel – „das einzige Ziel" – dieser Bewegung findet sich in Worten beschrieben, die Bertolt Brecht dem Helden seines Dramas „Leben des Galilei" in den Mund legt und in denen es heißt, „Ich halte dafür, das einzige Ziel der Wissenschaft besteht darin, die Mühseligkeit der menschlichen Existenz zu erleichtern." Das formulierte einen direkten Angriff auf die Kirche, die dem menschlichen Leiden im Allgemeinen und dem Schwarzen Tod im Besonderen hilflos gegenüber stand, die ihre Schäfchen auf ein besseres Leben im Jenseits vertröstete – nach Durchschreiten des irdischen Jammertals – und keinen Gedanken an die Möglichkeiten von Fortschritten im Diesseits verschwendete. Damit räumten die Betreiber der Wissenschaftlichen Revolution auf, wie die Historiker nach dem Zweiten Weltkrieg die Umwälzungen im Denken genannt haben, die stattfanden, als der Dreißigjährige Krieg mit wütender Energie tobte und das Land verwüstete.

Der Grundgedanke des damaligen Wandels bestand – abgesehen von der Idee des Fortschritts und der aus ihr abgeleiteten Möglichkeit, mehr Macht über die Natur durch Kenntnis und Nutzung ihrer Gesetze zu bekommen – in der Trennung von Subjekt und Objekt. Aus der Natur wird ein Gegenüber, ein Gegenstand, dem wir uns als Subjekte in der Absicht unterwerfen, ihn zu beherrschen. In diesem Wechselspiel kommt Gott nicht mehr vor. Man kommt sogar dann ohne ihn aus, wenn es um moralisches Verhalten geht, denn kein mitfühlender Naturforscher wird „sich jemals jener rohen Misshandlungen der Tiere schuldig machen, die der gläubige Christ in seinem anthropoistischen Größenwahn – als ‚Kind des Gottes der Liebe' – gedankenlos begeht," wie im 19. Jahrhundert geschrieben wurde.

Aus der alten Zweiteilung zwischen Gott und der Welt wird die neue Zweiteilung zwischen der Natur und dem Menschen, die nun nach ihren Gesetzen suchen – und sie finden. Es ist nun wichtig, sich klarzumachen, dass das, was wir die Wissenschaftliche Revolution genannt haben, zunächst nur eine Menge Versprechen enthielt, die nicht sofort Besserung brachten. Sie wurden aber im Laufe der Zeit in nahezu unglaublicher Weise eingelöst, und zwar gerade und vor allem im 19. Jahrhundert.

Wie sehr Bacon mit seiner Behauptung recht hatte, dass erworbenes Wissen Macht werden kann, zeigt die Industrialisierung, die in dem Moment volle Fahrt aufnimmt, in dem sie sich der Wissenschaft öffnet und Laboratorien für Grundlagenforscher einrichtet. Und wie sehr Galilei mit seiner These recht hatte, dass die Gesetze der Natur mit der Mathematik zu fassen sind, zeigte sich unübersehbar deutlich, als in der zweiten Hälfte des 19. Jahrhunderts ein Schotte namens James Clerk Maxwell einen Satz von Gleichungen aufstellte, mit denen eine unsichtbare (immaterielle) Natur exakt erst zu berechnen und dann herzustellen war. Gemeint sind die elektromagnetischen Wellen, mit denen sämtliche modernen Kommunikationsanlagen funktionieren und mit denen zum ersten Mal verständlich wurde, was Licht ist (und mit denen sich auch verstehen lässt, was Strom ist und wie er produziert werden kann).

An dieser Stelle ist anzumerken, dass Maxwells Gleichungen die Physiker nicht von Gott entfernten, sondern sie eher im Gegenteil ihm wieder näherbrachten. Die Forscherzunft zeigte sich nämlich bis weit ins 20. Jahrhundert hinein derart fasziniert von seinem Ergebnis (das Maxwell sich selbst gar nicht zuschreiben wollte, sondern auf etwas in seinem Inneren zurückführte), dass man fragte, ob es ein Gott war, der diese Zeichen geschrieben habe. Und bis in unsere Tage hinein gibt es T-Shirts mit den Maxwell Gleichungen, vor denen die Worte „Gott sprach" zu lesen sind und nach denen es abschließend heißt, „Und es ward Licht."

Offenkundig verschwindet Gott nicht, wenn Wissenschaft gelingt und Erklärungen liefert, und das gilt schon für die Revolution im 17. Jahrhundert, in der bei Kepler das Gegenteil passiert. Wenn er nämlich das heliozentrische Weltbild verteidigt (und dabei überhaupt erst hoffähig macht), das Nikolaus Kopernikus 1543 publiziert hat, dann tut Kepler dies nicht aus empirischen oder anderen wissenschaftlichen, sondern aus religiösen Gründen. Wissenschaft ist Gottesdienst, und Kepler sieht in der Anordnung des Kopernikus mit der Sonne im Zentrum und einer sich drehenden Erde die Möglichkeit, den Gedanken (das Bild) der Trinität an den Himmel zu setzen. Kepler will Theologe werden – dafür gibt es mehr Stellen als für Hofastronomen –, aber er will nicht lehren, was in der Bibel steht. „Die Bibel ist kein Lehrbuch der Optik und Astronomie", wie er seinen Beitrag zur Säkularisierung formuliert, um seinen Kollegen zuzurufen, „widersetzt Euch diesem Missbrauch." Kepler will mit seiner Vernunft – nicht durch Autoritäten und ihre Festsetzungen –

verstehen, was in der Welt passiert, was aber nicht verhindert, dass er in „heilige Raserei" gerät, als ihm gewährt wird, ein Naturgesetz aufzustellen, und er kann Gott nicht genug für diese Gnade danken.

Die Frage nach dem Zentrum

Gewöhnlich verstehen wir das eben erwähnte heliozentrische Weltbild als Fortschritt gegenüber der vorkopernikanischen Vorstellung eines Kosmos, in dessen Zentrum die Erde steht. Allerdings hat Sigmund Freud zu Beginn des 20. Jahrhunderts die Sache anders gesehen und von einer Kränkung gesprochen, die dem Menschen durch die neue Wissenschaft zugefügt wird. Wir erwähnen diesen Punkt, weil sich Freuds unsinnige Idee in vielen Köpfen festgesetzt hat und unentwegt zitiert wird. Dabei stimmt sie hinten und vorne nicht. Die zentrale Position, die die Erde vor Kopernikus einnahm, wird in den Texten der Zeit nämlich nicht als Privileg, sondern als „Demütigung des Menschen" ausgewiesen. Was Freud schreibt und was viele von uns glauben, ist tatsächlich das Gegenteil der Wahrheit. „In der vorkopernikanischen Weltanschauung", so konnte der in Paris lehrende Religionsphilosoph und Islamwissenschaftler Rémi Brague bereits im letzten Jahrhundert nachweisen, „ist die zentrale Stelle der Erde das genaue Gegenteil eines Ehrenplatzes." Im Bereich der Astronomie „ist das Zentrum ein bescheidener Platz, ja der allerbescheidenste."

Es ist merkwürdig, dass wir dieses Wissen nicht zur Kenntnis nehmen wollen und offenbar alles tun, um die nicht als aufgeklärt geltenden Menschen des Mittelalters als Tölpel betrachten zu können. Hoffentlich hat sich zumindest Freud dabei besser gefühlt.

Newtons Heilige Schriften

Es gibt gute Argumente für die Behauptung, dass Kepler damit eine so genannte trinitäre Physik etabliert, die mindestens bis in das 20. Jahrhundert hinein praktiziert wird. Damit soll zum einen ausgedrückt werden, dass Erklärungen in einem Dreierschema geboten und akzeptiert werden – einem Dreierschema, das neben den raumzeitlichen Dimensionen und einer unzerstörbaren Energie nur noch die Kausalität vorsieht, um die Naturabläufe zu erfassen und zu erklären.

Damit soll aber zum zweiten ausgedrückt werden, dass der große Held der aufkommenden exakten Physik – Isaac Newton – sich für einen Auserwählten Gottes hielt, der Raum und Zeit als Emanationen (Ausströmungen) Gottes ansah und eine wissenschaftliche Auseinandersetzung mit der Heiligen Schrift für möglich und wünschenswert hielt. Hier erwartete er mehr Sicherheit und Garantien für die Zukunft, als sich durch wissenschaftliche Wahrheiten finden ließen. Für Newton hingen der Gedanke an Gott und das Treiben von Physik so eng zusammen, dass es ihm überhaupt nichts ausmachte, Gott nicht nur die Schöpfung der Welt anzuvertrauen, sondern ihm auch zuzumuten, Instabilitäten, die sich bei den Planetenbewegungen im Laufe der Zeit aufschaukeln konnten, durch seinen persönlichen Eingriff zu korrigieren.

Das 20. Jahrhundert hat sich – in der Person von Wolfgang Pauli – über Newtons Gott lustig gemacht, der täglich ganztägig Raum und Zeit herstellen – also ununterbrochen arbeiten – muss, und das für den zweifelhaften Lohn einer ungewissen Schar von Gläubigen, die ihm auf unklare Weise dienen. Dabei ist übersehen worden, dass der Engländer sich weit mehr mit theologischen als mit naturwissenschaftlichen Fragen beschäftigte und die Lebensphasen, in denen er die Probleme der Optik und des Kosmos behandelte, als lästige Unterbrechung empfand, die ihn von Themen mit größerer Bedeutung – der christlichen Überlieferung – abhielten. Newton wollte wissen, wann die Apokalypse – die Endzeit – zu erwarten sei, und erst am Ende seines Lebens war er bereit, „seine Berechnungen bezüglich der Wiederkunft des Herrn auf das 20. oder 21. Jahrhundert zu verschieben."

Das Datum der Schöpfung

Viel weniger mit Gott im Sinn hatte der zweite berühmte Brite, der die Welt der Wissenschaft beeinflusst hat, nämlich Charles Darwin. Zwar geht er im allerletzten Satz seines berühmten Werks über den Ursprung der Arten von 1859 auf Gott ein, wenn er schreibt:

„Es liegt etwas wahrlich Erhabenes in der Auffassung, dass der Schöpfer den Keim alles Lebens, das uns umgibt, nur wenigen oder gar nur einer einzigen Form eingehaucht hat und dass, während sich unsere Erde nach den Gesetzen der Schwerkraft im Kreise bewegt, aus einem so schlichten Anfang eine unendliche Zahl der schönsten und wunderbarsten Formen entstand und noch weiter entsteht."

Aber es ist eben der allerletzte Satz, und bei seiner Betrachtung der Natur hat Darwin weniger einen Gott und eher einen Teufel kennengelernt, der qualvolle Todeskämpfe, hinterhältige Betrugsverfahren und brutale Raubzüge zulässt und eingeführt hat. Aber merkwürdig – während wir bei Newton fast ein paar Jahrhunderte lang übersehen haben, dass er mehr mit der Heiligen Schrift als mit dem Buch der Natur beschäftigt war, fällt uns bei Darwin sofort ein, dass sich mit seinen Gedanken zur Evolution ein Streit mit kirchlichen Ansichten und religiösen Einstellungen verbindet.

Tatsächlich hat es unmittelbar nur wenige Jahre der Publikation von Darwins Hauptwerk ein öffentliches Streitgespräch zwischen einem Bischof namens Samuel Wilberforce und dem Wissenschaftler Thomas Huxley gegeben, den die Nachwelt gerne und aus gutem Grund als Darwins Bulldogge kennt. Doch das war mehr ein Streit um Rhetorik, der unglücklicherweise dadurch vom Zaun gebrochen wurde, dass der der Bischof den Biologen fragte, ob er väterlicher- oder mütterlicherseits von einem Affen abstamme. Seitdem besteht der

Eindruck, der von nachfolgenden materialistisch eingestellten Naturforschern nicht aus sachlichen Gründen, sondern aus persönlichen Motiven verschärft wurde, dass gerade die Idee der Evolution Gott als Schöpfer des Menschen den Garaus macht. Kein Wunder, das er sich auf seltsamsten Wegen wieder Eingang in die Debatte verschafft und eine Stelle einnimmt, die ihm gar nicht zustehen sollte.

Darwins Bemühen um eine kausale Erklärung der beobachteten Variationen des Lebens können keineswegs einen religiösen Hintergrund verleugnen, aber ihm ging es nicht um antireligiöse – säkulare – Erklärungen, sondern darum, dem menschlichen Denken die Scheuklappen zu nehmen, die es sich aufsetzen ließ. Er wollte kein Naturtheologe, sondern ein Naturforscher sein, der ohne „arguments from design" auskommen wollte und es albern fand, wenn Männer der Kirche 200 Jahre nach Kepler immer noch die Bibel befragten, wenn sie etwas über die Natur wissen wollten.

Wenn man dem Philosophen Hans Blumenberg trauen darf – was ich hier gerne riskiere –, dann führte Darwin während seiner Weltreise auf der „Beagle" (1831-1836) eine Bibel mit sich, in der er das Datum der Weltschöpfung eingetragen hatte – „23. Oktober 4004 vor Christus, 9 Uhr vormittags".

Was natürlich verblüfft, ist die Präzision der Zeitangabe." Offenbar war es „das korrekte Datum mit Uhrzeit", worauf es Darwin ankam, wie Blumenberg schreibt, der nach einer Meditation des Eintrags einen Schluss zieht: „Plötzlich meint man zu sehen, wie zerstörerisch die fromme Notiz für die vielen Seiten war, denen sie voranstand: der stupende Gewinn als Umschlagpunkt zum endgültigen Verlust – auch und nicht zuletzt durch den, der noch mit diesem heiligen Buch zu Schiff gegangen war.

Zufall und Notwendigkeit

Anders ausgedrückt: Es waren nicht Darwin und die anderen Naturforscher seiner Zeit, die Gott aus der Erklärung für die Lebensvielfalt verdrängten. Es waren die zu hoch geschraubten Ansprüche der an der Bibel orientierten Naturtheologen, die ihrer Deutung das natürliche Ende bereiteten, wenn man so sagen darf. Es scheint, hier kann man allgemein lernen, dass es sich für einen Schuster tatsächlich lohnt, bei seinen Leisten zu bleiben, was konkret heißt, dass wahrscheinlich leicht in Schwierigkeiten gerät, wer sein Erklärungsschema überzieht oder überstrapaziert (und es wäre nicht überraschend, wenn sich Beispiele dafür auf den kommenden Seiten finden lassen).

Wenn man einen Aspekt der säkularen Deutung, die Darwin der Lebensgeschichte gegeben hat, herausheben möchte, kann man auf sein Bemühen verweisen, keine Finalität bei der Erklärung der organistischen Vielfalt zuzulassen. Es ging ihm um Kausalfolgen, und sein Erfolg hat in Wissenschaftskreisen den Eindruck hinterlassen, dass dieses Programm überall erfolgreich durchgeführt werden konnte.

Dies ist nicht der Fall, was längst zu einem Ende der trinitären Naturwissenschaften im Bereich der Atome geführt hat (auch wenn das vielfach nicht bemerkt wird). Die Atomphysik namens Quantenmechanik hat nämlich bereits in den Tagen der Weimarer Republik zeigen können, dass selbst eine Erklärung der atomaren Stabilität nicht allein durch Kausalität gelingt und andere Faktoren (wie etwa die der Form) nötig sind, doch Allgemeinwissen ist daraus noch nicht geworden, und selbst die Fachleute ignorieren die Unzulänglichkeit der klassischen Kausalität gerne bis heute.

Darwin selbst hat einen zweiten Faktor eingeführt, wie sich allgemein sagen lässt, dass seine wissenschaftshistorische Leistung vor allem darin besteht, dem statistischen Denken Platz in der Naturforschung gegeben zu haben. Er kann nicht sagen, was die Wirkung der Variation und natürlichen Selektion in irgendeinem Einzelfall genau sein wird. Er kann aber sagen, dass sich Tiere, auf lange Sicht gesehen, ihren Lebensumständen anpassen werden und angepasst haben. Mit anderen Worten: Darwin entdeckt die universelle und weitreichende Gültigkeit des statistischen Gedankens, und er öffnet dem Zufall Tor und Tür.

Seit Darwins Tagen hinterlässt das Zufällige mächtige Striche im biologische Weltbild, vor allem dann, wenn das individuell Unberechenbare in Form von Mutationen in den Gene zu den geeigneten Variationen führen, die sich dann der natürlichen Zuchtwahl im Lebenskampf stellen können. So versteht es eine Biowissenschaft, die sich am Grundgedanken der Evolution orientiert. Für sie entsteht alles im Wechselspiel aus Zufall und Notwendigkeit, wie es der Titel des 1970 erschienenen und berühmt gewordenen Buches des französischen Nobelpreisträgers Jacques Monod ausdrückte.

Bevor wir darauf eingehen, noch ein rascher Rückblick auf den Beginn des 19. Jahrhunderts, an dem ein Landsmann Monods, der Zoologe Jean Baptistes Lamarck, als erster entdeckt, was Darwin berühmt macht, nämlich die Variabilität der Arten und ihre Anpassung. Wir erwähnen Lamarck an dieser Stelle, weil er die Evolution nicht gegen die Religion, sondern im Vertrauen auf Gott entdeckt hat.

Lamarck kümmerte sich um Fossilien, und er konnte mehr als jeder andere vergleichen. Dabei drängte sich ihm der Schluss geradezu auf, dass in der Vergangenheit der Erde, als sich die geologischen Bedingungen geändert hatten, einige Arten ausgestorben waren. So würden wie heute sagen. Doch Lamarck sah das anders. Er traute Gott nicht zu, Arten erst zu kreieren und dann sterben zu lassen, und er konnte diesem Dilemma entkommen, indem er annahm, dass sich die Arten geändert hatten. Gottes Größe zeigte sich gerade durch die Evolution und in ihr. Er sorgte mit dieser Eigenschaft für die Kontinuität des Lebens, das er geschaffen hatte. Der Gedanke der Evolution nimmt Gott ernst, statt ihn abzuschieben.

Nach dieser ganz und gar nicht säkularen Abschweifung nun aber zu Monods angekündigter Schlussfolgerung, die wie folgt lautet: „Der Alte Bund ist zerbrochen; der Mensch weiß endlich, dass er in der teilnahmslosen Unermesslichkeit des Universums allein ist, aus dem er zufällig hervortrat. Nicht nur sein Los, auch seine Pflicht steht nirgendwo geschrieben. Es ist an ihm, zwischen dem Reich und der Finsternis zu wählen."

Der Zufall ist das große Bekenntnis der Evolutionsbiologen geworden, wie sich vor allem bei dem kürzlich im biblischen Alter von 100 Jahren verstorbenen Ernst Mayr vielfach nachlesen lässt, der sein Leben lang mit einem strahlenden Lächeln und in völliger Zufriedenheit seinen Zuhörern verkündet, dass wir nur zufällig in der Welt sind, dass wir nichts als ein Zufall sind. Mehr nicht.

Für Mayr stellt Darwins Idee eines evolutionären Ursprungs und der fortlaufenden Anpassungen der Arten die endgültige Säkularisierung der Naturwissenschaften dar, die ohne jeden Schöpfungsakt erklären kann, wie sich Leben entwickelt und entfaltet. Wie damals bei Laplace ist Gott keine Hypothese, die Mayr und seine Kollegen brauchen, und sie bemerken anscheinend nicht den Widerspruch, in dem sie sich täglich verheddern. Wenn wir – wie Mayr und Monod behaupten – unsere Existenz dem Zufall verdanken, dann können wir sie nicht untersuchen, jedenfalls nicht mit den Mitteln der Naturwissenschaft. Im Rahmen des evolutionären Argumentierens machen wir aber gerade unser Existieren zum Thema des Diskurses, und allein dadurch drücken die Forschenden aus, dass unser Vorhandensein auf der Erde mehr ist, als das, was sie behaupten, mehr als ein Zufall.

Es ist daher kein Wunder, dass es Vertreter des evolutionären Gedankens gibt, die bei der Frage nach der Kontingenz des Menschen nicht so sicher sind, wie die Antwort lautet. Der zeit seines Lebens höchst populäre amerikanische Paläoanthropologe Stephen J. Gould hat seine Überzeugung unserer Zufälligkeit durch den Vorschlag sprachliche Form verliehen, sich die Evolution wie einen Film vorzustellen, den man noch einmal von vorne laufen lässt. Er kann sich nicht vorstellen, dass dabei am Ende wieder Menschen auftreten, die unser Verhalten an den Tag legen, und er hat dazu einen kleinen Text verfasst, den man sich wie ein „Hare-Krishna-Mantra" mehrmals am Tag vorsingen sollte, damit sie umso tiefer „in die Seele eindringt": „Menschen sind nicht das Endergebnis eines vorhersehbaren Evolutionsfortschritts, sondern ein zufälliger kosmischer Nachzügler, ein winzig kleiner Zweig an dem unglaublich üppigen Busch des Lebens, der, würde er ein zweites Mal aus dem Samen heranwachsen, mit ziemlicher Sicherheit nicht noch einmal diesen Zweig oder überhaupt einen Zweig mit einer Eigenschaft, die wir Bewusstsein nennen könnten, hervorbringen würde."

Ihm widersprochen hat der britische Evolutionsbiologe Simon Conway Morris, der weniger Kontingenz und mehr Konvergenz im Leben und seiner Entwicklung sieht. Konvergenz meint die Tendenz von Organismen, von deutlich verschiedenen Ausgangspositionen herkommend mit Hilfe von Mutation und Selektion zu ähnlichen Lösungen zu gelangen. Der Evolution stehen einfach nicht beliebig viele Alternativen zur Verfügung, was zahlreiche Wege zu dem gleichen Ergebnis führen lässt (das man Ziel nennen können, wenn dies in der Biologie kein verbotenes Wort wäre). Nicht nur Augen und andere Sinnesorgane sind konvergent – im Laufe der Evolution mehrfach gleichartig entstanden –, sondern auch eine so komplexe Organisationsform wie die Landwirtschaft.

Sie findet sich tatsächlich auch bei Ameisen. Deren „Getreide" ist ein Pilz, der in großen Anlagen tief in der Erde angebaut wird, die sich durch eine komplexe innere Struktur auszeichnen, zu der Abfallkammern und Lüftungsrohre gehören. Bei genauerem Hinsehen werden die Parallelitäten zu unserer Art der Nahrungsmittelerzeugung auffällig. Der Pilz wird auf einem Blätterbeet (Mulch) gezogen, dessen Bereitstellung auf hoch komplexe Weise organisiert wird und den Ameisen den Namen Blattschneideameisen eingetragen hat. Das Laub von Bäumen wird eingesammelt, und die Ernte wird zum Nest gebracht, wobei unterwegs Zwischenlager eingerichtet werden können. Wenn das Blätterbeet und der Pilz, der darauf blühen soll, erst einmal im Nest der Ameisen sind, werden beide kontinuierlich versorgt und in Ordnung gehalten. Zu diesen Tätigkeiten gehören die Vernichtung von Unkraut, der Einsatz von stickstoffhaltigem Dünger (der aus analen Ausscheidungen stammt), Herbiziden und Antibiotika.

Conway Morris zufolge ist es nicht a priori Unsinn, wenn jemand von der Unvermeidlichkeit des Menschen spricht; vielleicht steckt, und selbst gestandene -und ausgewiesene Evolutionsbiologen fangen an, sich über die Frage Gedanken zu machen, ob nicht irgendwie doch in den Naturgesetzen so etwas wie Sinn und Zweck enthalten sind. Ihnen reicht es auch nicht mehr, alles auf irgendeinen Zufall zu reduzieren.

Auf diesen Mangel einer trinitär vorgehenden Biologie hat bereits in den 1950er Jahren der Physiker Wolfgang Pauli hingewiesen, der grundsätzlich den Gedanken der Komplementarität vertreten hat, demzufolge es für jede oder zu jeder Beschreibung der Wirklichkeit eine zweite gibt, die gleichberechtigt gilt, obwohl sie der ersten oberflächlich widerspricht. Im Rahmen dieses besonders von Niels Bohr propagierten Gedankens – der sich früher schon bei Williams James findet –, stellen Religion und Wissenschaft ein Paar von übergreifender Komplementarität dar, aber darauf kann hier nur hingewiesen werden.

Konkret bedeutet Komplementarität, dass der Kausalität eine gleichberechtigte Konzeption gegenüberstehen muss, und der Zufall kann dies nicht leisten. Er ist zu schwach. Pauli schlägt im Anschluss an C. G. Jung den Begriff der „Synchronizität", durch den Ereignisse verbunden werden können, auch wenn es eine kausale Beziehung zwischen ihnen gibt. Synchronizität meint so etwas wie eine Sinnkorrespondenz, was aber an dieser Stelle nicht verfolgt werden soll, da die Idee noch keine Resonanz in Kreisen der Biologie gefunden hat.

Die Rückkehr des Designers

Unabhängig davon ist klar, dass derjenige, der Zufall predigt, um Gott auszuschließen, nur dessen Rückkehr bewirkt. Genau passiert es vor allem in der Evolutionsbiologie, in der sich nicht der Gesamttrend zu Gott ändert, sondern nur die Art, wie auf ihn hingewiesen oder wie er in das Werden der Welt eingebaut wird. Zurzeit ärgern sich die gottlosen Evolutionsbiologen maßlos über die nicht verstummenden Versuche von Kreationisten und anderen Fundamentalisten, der wissenschaftlichen (säkularen) Erklärung des Lebens etwa anderes an die Seite zu stellen. In letzter Zeit gab es viel Lärm um den Vorschlag, das Erscheinen von Arten und das Auftreten des Menschen einem „intelligenten Designer" zu überlassen, worauf die Evolutionsbiologen zu recht und oft sehr witzig mit dem Hinweis auf viele organische Unzulänglichkeiten der Körper (auch des Menschen) antworteten, um klar zu machen, dass in dem Fall, in dem wir unsere Existenz einem Designer verdanken würden, man diesem Wesen bestenfalls Dummheit und Nachlässigkeit vorwerfen sollte, ihm aber auf keinen Fall Intelligenz nachsagen könnte.

Viele Biologen weisen zurecht darauf hin, dass diese Idee prädarwinistisch ist. Zu Beginn des 19. Jahrhunderts wurden mit dem Argument des Designers noch Gottesbeweise geführt, wobei man sich vorstellte, beim Spazierengehen im Wald eine Uhr zu finden. Aus diesem Tatbestand würde man sofort auf die Existenz eines Uhrmachers schließen, und deshalb könne man ganz sicher sein, dass es einen Menschenmacher gibt, nämlich Gott. Ein Problem mit solchen Überlegungen steckt stets darin, dass man bei solch schlichten Argumenten immer einen Gott vor Augen hat, der über ein menschliches Bewusstsein verfügt, aber genau das führt zu dem Unsinn, den wir anhand der Worte in Darwins Schiffsbibel kennen gelernt haben.

Wer die Natur und den Menschen verstehen will, muss anders vorgehen, und Darwin hat es versucht. Es ist keine Frage, dass sein gefährlicher Gedanke, wie er manchmal genannt wird, auch ein großartiger Gedanke ist, der uns erlaubt, sehr vielen (vielleicht sogar allen?) Phänomenen des Lebens eine einleuchtende und befriedigende adaptive Erklärung zu geben.

Es ist aber ebenso wenig eine Frage, dass die burschikose Art, daraus unser ganzes Vorhandensein als Zufall zu banalisieren, Gegenkräfte notwendigerweise auf den Plan rufen muss. Schließlich leben wir nach der Achsenzeit, und wir suchen nicht nur nach Gesetzen, wir suchen auch nach einem höheren Sinn und nach tieferer Bedeutung. Wir treiben sowohl Astronomie als auch Astrologie, und wir müssen mehr aus dem Zufall machen, als ihm die Schuld für unsere Existenz „als Zigeuner als Rand des Universums“ zu geben, wie Monod uns nennt.

Offenbar kommt – wie angedeutet nach dem Yin-Yang-Prinzip, das die moderne Physik als Idee der Komplementarität kennt und nutzt – Gott dann zurück und macht sich bemerkbar, wenn er fast verschwunden ist. Das gilt nicht nur für die Evolution, sondern auch für die Kosmologie, die zunächst konstatierte, dass das Universum immer weniger Sinn enthielt, nachdem sie es immer besser erklären konnte. Als man meinte, selbst den Anfang der Welt – etwa in Form eines Urknalls – verstanden zu haben, fiel einigen Kosmologen auf, dass wir ja nicht über das kosmische Werden im Allgemeinen reden können, sondern nur von einer Welt wissen, und zwar der, in der wir leben.

Das Universum kann kein Zufall sein, sondern es ist so eingerichtet, dass wir darin entstehen können. Wir sind, wie wir sind, weil die Welt so ist, wie sie ist, wie man manchmal lesen kann, und dieses auf uns angelegte Verstehen des Kosmos läuft unter der Bezeichnung „anthropisches Prinzip“. In den Worten des Physikers Freeman Dyson: „Je näher ich das Universum und die Einzelheiten seiner Architektur betrachte, desto mehr Hinweise finde ich, dass das Universum gleichsam gewusst haben muss, dass wir kommen.“ Damit behaupten wir noch nicht, dass die Feinjustierung des Universums sich einer einstellenden Hand verdankt, wie es die starke Version des Prinzips verlangt, die zwar von vielen Physiker vehement abgelehnt wird, die trotzdem aber nicht verstummen will und immer wieder vorgetragen wird. Alles Bemühen in diese anthropische Richtung hat vor allem den Sinn, dem Menschen seine Zufälligkeit zu nehmen und ihm einen sinnvollen Platz einzuräumen.

Wenn vom Zufälligen in der Physik die Rede ist, warten viele Zuhörer auf den würfelnden Gott, den Einstein ablehnte. Er soll hier seinen kurzen Auftritt haben, aber nur mit dem Hinweis, dass es Einstein nicht um die Welt im Großen, sondern um die Welt im Kleinen ging. Sein Hinweis, dass er sich keinen Gott vorstellen könne, der würfelt, bezieht sich nicht auf die Kosmologie, sondern auf die neue Physik der Atome, die ebenfalls zu seinen Lebzeiten und mit seiner Hilfe entworfen wurde.

Das damals entstehende Gebäude der Physik namens Quantenmechanik ließ erkennen, dass sich im Innersten der Welt keine Realitäten, sondern nur Wahrscheinlichkeiten finden ließen. Bedingte Möglichkeiten, statt unbedingter Wirklichkeiten, was nicht nur Einstein wunderte, was er sich aber auszudrücken erlauben konnte und woran die Physiker bis heute zu knabbern haben. Inzwischen ist ein neuer Twist in die Überlegungen gekommen, den wir vor allem Anton Zeilinger aus Wien verdanken und den ich hier nur andeuten kann.

Ein wesentlicher Aspekt der neuen Physik besteht in der Einsicht, dass die Natur die Form hat (bekommt), die wir ihr geben, was auch erkennen lässt, dass sich kaum zwischen der Wirklichkeit und unserem Wissen davon unterscheiden lässt. Zeilinger schlägt vor, die Realität und die dazugehörige Information als zwei Seiten einer Münze anzusehen, was zur Folge hat, dass in einer gegebenen Situation unserer Kenntnisse das einschränken, was existieren kann. Wir können nicht alles wissen, weshalb individuelle Ereignisse wie zufällig erscheinen. Diese Willkür zeigt, dass wir nicht alles bestimmen können. Sie zeigt mit anderen Worten, dass es trotz all unserer Formgebungen „da draußen" tatsächlich etwas gibt, das von uns unabhängig ist. Einstein hätte dieser Gedanke – meiner Einschätzung nach – gefallen.

Die Neutralisierung des Kosmos

Wie gesagt – wenn es um den Kosmos ging, fragte Einstein nur nach der Freiheit oder der Wahl, die Gott bei seiner Schöpfung hatte. Danach schien es ihm – Einstein – möglich, Betrachtungen über die Welt als Ganzes anzustellen – mit der berühmten gleichzeitigen Zuordnung von Endlichkeit und Unbegrenztheit –, ohne noch einmal die Frage nach Gott zu stellen. Gott zeigte sich ihm nicht im Kosmos selbst, er offenbarte sich vielmehr „in der gesetzlichen Harmonie des Seienden", und dabei kam es zu religiösen Gefühlen, wie in seinem schönsten Zitat aus dem Jahre 1932 deutlich wird:

„Das Schönste und Tiefste, was der Mensch erleben kann, ist das Gefühl des Geheimnisvollen. Es liegt der Religion sowie allem tieferen Streben in Kunst und Wissenschaft zugrunde. Wer dies nicht erlebt hat, erscheint mir, wenn nicht wie ein Toter, so doch wie ein Blinder. Zu empfinden, dass hinter dem Erlebbaren ein für unseren Geist Unerreichbares verborgen sei, dessen Schönheit und Erhabenheit uns nur mittelbar und in schwachem Widerschein erreicht, das ist Religiosität. In diesem Sinne bin ich religiös. Es ist mir genug, diese Geheimnisse staunend zu ahnen und zu versuchen, von der erhabenen Struktur des Seienden in Demut ein mattes Abbild geistig zu erfassen."

Einstein ist bezaubert von seinen Entdeckungen, und wir haben das zauberhafte Wort deshalb gewählt, um zuletzt den berühmten Ausdruck von Max Weber einführen zu können, der in denselben Jahren, in denen Einsteins Relativitätstheorie gefeiert wird und Betrachtungen über die ganze Welt erlauben, seine Rede Wissenschaft als Beruf (1919) hält und darin von der „Entzauberung der Welt" spricht. Dies ist Webers Ausdruck für den Prozess der Säkularisierung, der die Geschichte der Technik und damit auch das Entstehen der Moderne prägt.

Der zentrale Ausdruck, der sich sowohl bei Weber als auch bei Einstein findet, ist die Welt („was sich dem Nichts entgegenstellt", wie Goethe „diese plumpe Welt" nennt), und Säkularisierung – Verweltlichung – hat viel damit zu tun, wie dieses Wort im Laufe der Kulturgeschichte verstanden wird. Wie „Kosmos und Welterfahrung im westlichen Denken" zusammenhängen, hat jetzt der Religionsphilosoph Rémi Brague in seinem Buch Die Weisheit der Welt dargestellt. Er zeigt dabei, dass „Welt" „nie für eine simple Beschreibung der Realität“ stand, sondern seit jeher „Ausdruck eines Werturteils“ war. Der Kosmos und der Sinn des menschlichen Lebens hängen im religiösen Bereich zusammen, bis er durch die moderne Wissenschaft ethisch indifferent wird. „Das Weltbild, das nach Kopernikus, Galilei und Newton aus der Physik hervorging, ist das Spiel blinder Kräfte, wo es keinen Platz mehr für die Betrachtung des Guten gibt.“

Die eine Welt zerfällt in viele Welten, von der unsere vielleicht die Beste, aber kein Kosmos mehr sein kann. Im 19. Jahrhundert – genauer 1836 – kommt in dem Zusammenhang zum ersten Mal das Wort von der „Entzauberung der Welt“ auf, und zwar in einem Text von Alfred de Musset, der als Zeitzeuge der Säkularisation von désenchantment spricht und sich auch nicht scheut, dafür Verzweiflung (déspérance) zu sagen. Brague findet, dass der Prozess der Verweltlichung besser als „Neutralisierung des Kosmos“ beschrieben wird, in dem zwar kein Gott mehr ist, in dem sich aber Gesetze finden, die sowohl unsere Freiheit einschränken – wir unterliegen ihnen auch – als auch uns Eingriffsmöglichkeiten verschaffen.

Und eingreifen müssen die Menschen, da die Natur – die Welt – nicht mehr das Gute ist, das sie früher war, sondern das Böse enthält, das uns Leiden lassen und Schaden zufügen kann und das zu bekämpfen ist. Immerhin bleibt sie schön, und wir bleiben für das Schöne empfänglich, wie Bemühungen um das Ästhetische zeigen. Das macht zuletzt deutlich, „dass wir, ohne einen dauernden Sitz in der Welt zu haben, nicht einfach nur Fremde sind, sondern Gäste.“ Nicht für immer auf der Erde, aber hier zu Gast. Vielleicht ist das das schönste Ergebnis der Säkularisierung.

Noch einmal die Angst

Es bleibt die Angst. Sie gehört zu uns, wie wir angedeutet haben, und wer sie bekämpfen oder beruhigen kann, findet Anhänger. Erst war die Religion erfolgreich, dann die Wissenschaft. Sie konnte uns durch vom Verstehen geleitetes Handeln vor Gefahren aus der Natur bewahren. Sie kann uns eher weniger vor den Gefahren bewahren, die sie selbst hervorbringt – Stichwort Atombombe – oder die durch massenhafte Nutzung technischer Produkte entstehen – Stichwort Umweltschäden. „Die Wissenschaft zittert nicht“, haben wir gehört. Aber wir zittern vielleicht vor der Wissenschaft. Das hört möglicherweise nur auf, wenn sie ihre ursprüngliche Machttendenz aufgibt oder reduziert. Es kommt nicht nur darauf an, die Natur zu beherrschen. „als Ergebnis langer, mühevoll gesammelter Erfahrungen“, wie es bei Alexander von Humboldt heißt. Es kommt auch darauf an, sie „aus dem inneren Sinn“ „ein harmonisch geordnetes Ganzes“ zu erleben. Dann spüren wir Gott in der Welt, und mit diesem Gefühl hören wir auf zu zittern.

6. Aus Zwei mach Eins: Die Idee der Einen Welt – „unus mundus“ – in den Naturwissenschaften

Menschen bringen mit ihren zwei Augen das eine Bild der Welt in dem einen Kopf zustande, der aus zwei Hälften besteht, und wenn sie mittels ihrer zwei Hemisphären davon einem Gegenüber mit zwei Ohren erzählen, scheint eines völlig klar zu sein. Vieles kommt paarweise oder als Zweiheit vor, was dann zur Einheit geformt und so wahrgenommen wird. Man kann sowohl reden und zuhören als auch produzieren und rezipieren, Es gibt mich und die Welt, es gibt deren Beschreibung und die Aufmerksamkeit, die sie findet, und so scheint man alles aufteilen zu können – in innen und außen, vorne und hinten, unten und oben, rechts und links. Wer dies bewusst zur Kenntnis nimmt und sich zudem über das andere Geschlecht freut, das sowohl zum einzelnen Leben gehört als auch zum sozialen Treiben beiträgt, wird sich wundern, wie es möglich sein kann, diese durchgängigen Dualitäten oder durchgreifenden Dichotomien als spürbare Abkömmlinge einer aus unzugänglicher Tiefe wirkenden Einheit zu sehen, die man gerne mit den – zwei (!) – lateinischen Worten „Unus Mundus“ bezeichnet (wobei das Zahlenspiel die Verse von Erich Kästner in Erinnerung ruft: „Wer was zu sagen hat, hat keine Eile. Er lässt sich Zeit, und sagt's in einer Zeile“, auch wenn für diese Mitteilung offensichtlich zwei Zeilen notwendig sind).

Die Dualität oder Zweiheit der Welt ist auf vielen Ebenen unübersehbar. Mann und Frau, Tag und Nacht, Himmel und Hölle, Gott und der Teufel und viele Polaritäten mehr, wobei einem der Gedanke kommen kann, den man ernst nehmen sollte, dass die Besonderheit, die Menschen von anderen Lebensformen unterscheidet, darin besteht, dass sie der vorgefundenen Realität im Laufe ihres Lebens eine erfundene Wirklichkeit gegenüberstellen. Menschen essen tatsächlich nicht nur vorhandene Beeren, Birnen und Bananen, sie unterhalten sich auch über ausgedachte Götter, Gelder und Gesetze. Das phantasievolle Fiktive und das erlebnisträchtige Reale machen als Zweierpack die menschliche Kultur aus und scheinen auf den ersten Blick mit der Idee der Einen Welt kaum vereinbar zu sein – oder auf den zweiten doch?

Was die Naturwissenschaften angeht, so hat die Physik mit ihrer Abteilung für Theorie – als Fortsetzung der Philosophie mit mathematischen Mitteln – im Laufe ihrer Geschichte die beglückende Erfahrung einer Vereinheitlichung von Phänomenen machen können. Im 19. Jahrhundert ist es dem Duo aus dem Briten Michael Faraday und dem Schotten James Clerk Maxwell gelungen, die als Elektrizität und Magnetismus bekannten Erscheinungen auf ein einzelnes Agens zurückzuführen, das fortan unter der Rubrik Elektromagnetismus untersucht wurde, und der Hinweis sollte nicht unterschlagen werden, dass die umfassende konkrete Versorgung der Haushalte mit Strom durch die abstrakte Entdeckung möglich wurde und bis heute durchgeführt wird, die von der Wissenschaft als elektromagnetische Induktion bezeichnet wird und keineswegs trivial daherkommt.

Zwei Kräfte waren damit nicht nur erfolgreich, sondern auf zwei Weisen im sowohl praktischen wie theoretischen Triumph vereint worden, und im 20. Jahrhundert träumte Albert Einstein davon, diesen historischen Coup wiederholen zu können. Er vermochte zuerst in jungen Jahren in seiner Relativitätstheorie die beiden über viele Epochen hinweg getrennt behandelten und vermessenen Größen Raum und Zeit in einer zusammenhängenden Raumzeit zusammenzuschmieden, und er wollte zuletzt zur Krönung seines Lebenswerks das entwerfen, was als einheitliche Feldtheorie bezeichnet wird.

Das Wort „Feld" klingt beim ersten Hören einfach – „Das ist ein weites Feld. Luise" –, es hat es aber wissenschaftlich in sich. Die Idee eines physikalischen Feldes geht auf Faraday zurück, der mit seiner Hilfe die Kräfte erklären wollte, die ein Strom in einem Kupferdraht auf einen räumlich entfernten Magneten ausüben kann. Der Raum zwischen den beiden technischen Vorrichtungen musste gefüllt werden, was gedanklich durch elektrische und magnetische Felder (Kraftfelder) gelang, die man zwar nicht sehen, wohl aber in ihrer Wirkung spüren und nachweisen konnte.

Heute weiß man, dass elektrische und magnetische Felder tatsächlich als physikalische Größen existieren und sich beide gemeinsam durch die Theorie des elektromagnetischen Feldes verstehen lassen – mit der aufregenden Besonderheit, dass Licht als Bewegung von elektromagnetischen Feldern gedeutet und damit auch seine Ausbreitungsgeschwindigkeit berechnet werden kann. Am Ende des 19. Jahrhunderts, als Einstein Physik studierte, kam man aus dem Staunen nicht mehr heraus, als Elektrizität, Magnetismus und Licht durch Eine Welt erfasst werden konnten, die Welt des elektromagnetischen Feldes.

Solch eine Vereinheitlichung versuchte Einstein nach seinem Studium für andere Dualitäten zu formulieren, wobei es ihn besonders interessierte, das Licht selbst auf diese Weise in den theoretischen Griff zu bekommen. Im 19. Jahrhundert hatte man noch gemeint, die Ausbreitung von Lichtstrahlen als Bewegung von (elektromagnetischen) Wellen verstehen zu können, bis Einstein 1905 selbst merkte, dass sich die Energie der Sonne oder anderer Quellen nur berechnen ließ, wenn man sie einem Strom von Partikeln zuschrieb, die später Photonen genannt wurden.

Licht tritt seitdem als Welle und Teilchen zugleich in Erscheinung, was Einstein zwar den Nobelpreis für Physik einbrachte, ihn aber trotzdem wurmte. Er suchte nach einer einheitlichen Feldtheorie, wobei sich der Teilchencharakter des Lichts als Punkt in einem Feld zu erkennen geben sollte, während dessen Ausdehnung aus den Welleneigenschaften abzuleiten war. Einstein ist mit diesem Versuch gescheitert, was dem Licht seinen dualen

Charakter lässt – oder doch nicht? Wenn eine Frau und ein Mann heiraten und man bei der Gratulation die alte Formulierung „Aus Zwei mach Eins" bemüht, dann meint man damit nicht, dass beide ihre Einzelexistenz aufgeben sollen. Man meint eher, dass die zwei ihr Leben weiterführen, sich dabei aber zusammenfinden und eine Einheit bilden, die ihre Probleme zu bewältigen hat und vielleicht dadurch ihre Stärke bekommt.

Wenn man die duale Beschreibung von Licht als Welle und Teilchen in diesem Sinne – oder in diesem Licht – betrachtet, dann findet sich die erhoffte und angestrebte Einheit in der gedanklichen Spannung zwischen den beiden sich widersprechenden Beschreibungen, wobei philosophisch von dem Gedanken der Komplementarität die Rede ist. Ihm zufolge kann Licht nur im Zusammenführen der komplementären Bilder Welle und Teilchen verstanden werden, wobei in dem komplizierten Wort „Komplementarität" das lateinische „completum" steckt, das etwas Ganzes meint, etwas, das komplett ist. Unus Mundus kann nicht ein statisches Gebilde, sondern nur ein dynamisches Ganzes meinen. Die Einheit entsteht in der Bewegung des Denkens in komplementären Bildern und gehört insofern nicht zur Sphäre der Realität, wohl aber zur Wirklichkeit der Fiktionen.

Es lohnt sich, erneut den Gedanken des Feldes aufzugreifen, den der berühmte Isaac Newton noch nicht kannte, als er erklären wollte, welche Kraft dafür sorgt, dass ein Apfel vom Baum fällt und der Mond die Erde umrundet. Er nannte sie Gravitation – oder Schwerkraft –, ohne sagen zu können, wie sie vom Boden in die Höhe oder gar an den Himmel zu kommen vermochte. Er behalf sich in seiner Ratlosigkeit mit dem nichtssagenden Wort einer Fernwirkung.

Es wird hier vor allem deshalb erwähnt, weil Einstein hunderte von Jahren nach Newton sich darüber wunderte, dass zwei Lichtteilchen, die aus einem Atom entsprungen waren, nicht unabhängig voneinander zu existieren schienen. Wurde an einem der beiden Photonen eine Messung vorgenommen, beeinflusste dieser Zugriff zugleich die Eigenschaften des anderen, und zwar ohne jede Zeitverzögerung und unabhängig vom Abstand zwischen den Lichtteilchen (Photonen).

Einstein tat dasselbe wie Newton, indem er annahm, da müsse eine Fernwirkung ihre Fähigkeiten gezeigt haben, mit dem Unterschied, dass Einstein sie nicht begrüßte, sondern als „spukhaft" verwarf. Dabei hat er sich getäuscht, denn inzwischen haben Physiker zeigen können, dass zwei Teilchen, die einmal als Paar existiert haben – etwa zwei Photonen, die aus einem Atom austreten – trotz räumlicher Trennung ihr Leben lang eine Einheit bleiben und sich instantan aneinander ausrichten.

Dafür benutzt man den schönen Ausdruck „Verschränkung", der auf den Wiener Nobelpreisträger Erwin Schrödinger zurückgeht. Die von Menschen erfahrene und erforschte Wirklichkeit erweist sich als verschränkt, und damit bekommt man die Eine Welt. Denn auch wenn sich zwei Teilchen voneinander entfernen, bilden sie weiter eine (verschränkte) Einheit, wobei anzumerken ist, dass der 2022 verliehene Nobelpreis für Physik für den experimentellen Nachweis dieser Unus Mundus vergeben worden ist.

Einer der Preisträger, der ebenfalls aus Österreich stammende Anton Zeilinger, hat es riskiert, einen Vorschlag für das Feld zu machen, das diese Eine Welt zustande bringt. Während im Fall von Newtons Schwerkraft ein Gravitationsfeld die Dinge zusammenhält, schlägt Zeilinger vor, sich ein Informationsfeld zwischen den getrennten Teilchen vorzustellen, das es beiden getrennt wirkenden Existenzen ermöglicht, immer darüber informiert zu sein, welche Eigenschaften das jeweils andere angenommen hat. Zeilinger spekuliert sogar, dass die zwei getrennt wirkenden Größen der Information und der Wirklichkeit als zwei Seiten der einen Medaille zu verstehen sind, die dann als Unus Mundus den Menschen zugänglich wird.

Das ist nicht nur so, wie man es beim Licht erleben kann, das sich beim Beobachten als Welle oder Teilchen zu erkennen gibt. Das ist sogar ganz allgemein so, wie Menschen es bei ihrem Zugang zur Welt oder Wirklichkeit auswählen können, wofür ihnen sowohl die rationale Schärfe der Analyse als auch die emotionale Breite des Gefühls zur Verfügung stehen. Die Kultur der Gegenwart stellt nämlich das Erbe sowohl der Aufklärung als auch der Romantik dar, und keine der beiden Grundhaltungen kann für sich allein das Ganze erkennen, das Menschen anstreben.

Die Gegenwart und die in ihr lebenden Zeitgenossen sind zugleich Nachfahren der systematisch orientierten Aufklärung und der kreativ operierenden Romantik. Der eine Mensch versteht die Welt auf zwei Weisen, mit dem Kopf und dem Herzen, also durch Wissenschaft und Kunst. Der Kunst fehlt ohne Wissenschaft die Rationalität, und der Wissenschaft fehlt ohne Kunst die Menschlichkeit, was nur durch ihre Einheit – durch die Eine Welt – zur Zufriedenheit führt.

Übrigens – der Gedanke der Verschränkung ist längt in der Biologie angekommen, die zum Beispiel einen Wald als „verschränktes" oder „Verwobenes Leben" sieht. So heißt das Buch von Merlin Sheldrake, in dem von ubiquitären Pilzgefechten die Rede ist, die so etwas wie ein „Wood Wide Web" bilden. Pilze wirken wie flexible Netzwerke, und die Erkundung des Lebens über seine molekularen Grundlagen hinaus bringt den Biowissenschaften wieder Sätze von Alexander von Humboldt in Erinnerung, der im 19. Jahrhundert geschrieben hat, „Alles ist Wechselwirkung", und „dem forschenden Natursinn […] zeigt sich ein netzartig verschlungenes Gewebe".

Offenbar muss die Eine Welt dynamisch verstanden werden, durch die Verschränkung der Dinge, durch die Spannung der Komplementarität und die ewige Bewegung in der Welt, worin der zentrale Gedanke der Romantik zum Ausdruck kommt. Er lautet, es gibt nur Bewegung, und der Mensch ist fortwährend schöpferisch tätig, um sein Ich zu schaffen und zu sich selbst zu kommen.

Und noch etwas zum Leben: Was die Komplementäre angeht, so besteht die Erbsubstanz aus einer Doppelhelix (!), deren beide Stränge durch chemisch komplementäre Moleküle (Basenpaare) zusammengehalten werden, um so das eine Molekül zu bilden, das genetische Aufgaben übernehmen kann.

Es lohnt sich, ausführlich über romantische Elemente in den Naturwissenschaften nachzusinnen, nicht nur der immer neu zu bildenden Unus Mundus wegen, sondern weil bereits die Idee des kontinuierlichen Feldes – als Gegenpol zum diskreten Teilchen – aus dem frühen 19. Jahrhundert stammt, in dem die romantische Kultur ihre Blütezeit erlebte. Mit dem Feld wurden sichtbare Effekte durch unsichtbare Wirklichkeiten erklärt, wobei es nicht schwerfällt, hierin eine konkrete Umsetzung der Vorstellung Einer Welt zu sehen.

Um 1800 wurde auch ein uraltes Wort wiederbelebt, ohne das die Gegenwart nicht mehr auskommt. Gemeint ist die Energie, deren Einführung zwar auf Aristoteles zurückgeht, deren Anwendung aber erst in der Romantik beginnt. Die einheitliche Energie löste als Erklärungshilfe die vielgestaltige Kraft ab, die die Physik seit Newton – also seit dem 17. Jahrhundert – dominiert hatte. Obwohl die Energie inzwischen in aller Munde ist, bleibt es schwierig, zu sagen, was genau mit ihr gemeint ist – wobei es der Physik reicht, sie als das zu verstehen, was Maschinen ermöglicht, Arbeiten zu verrichten.

Man kennt zwei entscheidende Qualitäten der Energie, und sie lassen sich durch die Tatsache formulieren, dass die Energie der Welt auf der einen Seite konstant ist, während sie sich auf der anderen Seite unentwegt wandelt und dadurch nicht fassbar ist. Variabel und fest zugleich, das klingt nach einer fundamentalen Zweiheit (Dualität), die verschleiert, dass sie Eine Größe für Eine Welt ist.

Mir scheint, das Geheimnis der Welt steckt in dieser Größe Energie, die beliebig leichtfertig ins politische Gespräch gebracht wird, ohne dass Menschen sich klarmachen, dass die Energie, weil sie weder erzeugt noch vernichtet werden kann – sie ist eben als Ganzes konstant und nur in ihrer Erscheinung veränderlich –, vom Anfang an in der Welt vorhanden oder einem Schöpfer zuhanden gewesen sein muss. Ich vermute, dass gerade die Energie archetypisch und vielleicht so etwas wie der archetypische Archetypus ist.

In der Energie steckt die Eine Welt, wobei niemandem erklärt zu werden braucht, dass sie sowohl in der physikalischen als auch in der physiologischen Sphäre ihre Rolle spielt. Mit der Energie wird eine Unus Mundus möglich, also die Einheit von Geist und Materie, von Physis und Psyche. Dazu muss man Physik kennen und nicht nur von ihrem Können schwärmen. Die Energie ist das, was Goethe ein „heilig öffentlich Geheimnis“ genannt hat. Sie wirkt innen wie außen und reicht nach oben und unten. Sie ist unzerstörbar und damit stets vorhanden – vom „einst“ des Anfangs bis zum „einst“ des Endes, von A bis E – von Albert bis Einstein –, wie man kalauern könnte Aus dieser Zwei machen Menschen das Ganze, das sie ihr Dasein nennen und als Eins empfinden.

Aus Zwei wird Eins. Sie ist alles. Mehr kann niemand wollen.

7. Die Welt in deiner Hand – Smartphones in der Schule und im Alltag

Menschen stammen aus der Natur, und sie gehören zu ihr, während sie gleichzeitig Wissenschaft und Technik entwickeln und dabei eine Kultur entfalten, mit deren Hilfe sie sich von der Natur emanzipieren können. Bekanntlich vertragen Menschen keine Kultur, die ihrer Natur widerspricht – Beispiele finden sich täglich in den Medien –, dafür lieben sie aber eine Kultur, die ihrer Natur perfekt entspricht und sie sogar ergänzt und erweitert. Dem Handy gelingt genau dieser Schritt, weshalb das Wunderding ökonomische Triumphe feiert und wodurch jedes Verbot seiner Verwendung sinnlos wird und nur Ungehorsam nach sich zieht (wie es auch dem Kondomverbot der Katholischen Kirche gelingt). Menschen wollen die Welt im Wortsinne begreifen, und das Handy legt sie ihnen bequem in die Hand. Mit ihm ist dem Menschen die Welt „zuhanden", wie der Philosoph Martin Heidegger sagen würde, was weiter unten erneut aufgegriffen wird.

Das Handy legt seinen Nutzern und Nutzerinnen die Welt in die Hand, und die Menschen wissen, was die damit anfangen können. Denn sie streben von Natur aus nach Wissen, wie in den Schriften des Philo-sophen Aristoteles zu lesen ist, und das Handy erfüllt des Wunsch bequem auf Knopfdruck. Menschen sind soziale Wesen, wie ebenfalls Aristoteles als Erster erkannt hat, und sie finden ihren Ort in der Familie und unternehmen alles, um in Kontakt mit ihren Freunden zu bleiben. Das Handy erfüllt auch diese Wünsche auf wundersame Weise, wie an den Zahlen der Follower in den sozialen Netzwerken abgelesen werden kann.

Menschen denken in Bildern und malen sie seit Urzeiten, und das Handy liefert das Gewünschte mit einem Wisch und in brillanten Farben. Menschen haben im Verlauf der Evolution überlebt, weil sie gelernt haben, ihre Aufmerksamkeit auf bewegte (wahrscheinlich angreifende) Objekte und die drohenden Gefahren zu richten, und das Handy bedient dieses naturnotwendige Verlangen durch die Lieferung flackernder und flimmernder unruhiger Bilder, und das technische Wunderding liefert sogar den unterhaltsamen Ton dazu.

Mit anderen Worten – im Erfolg des Handys laufen die zwei großen Geschichten der Menschheit zusammen, die biologische der Evolution und die kulturelle von Wissenschaft und Technik. Im ersten Fall kann man sich die Hand vorstellen und im zweiten Fall auf die Welt konzentrieren und sich wundern, wie es die Menschen seit den Jahren des Zweiten Weltkriegs geschafft haben, nicht nur immer bessere Maschinen zu bauen, sondern im Falle des Handys zuletzt die Welt in die Maschinen hinein zu holen, und in sie einzubauen, die Menschen im 21. Jahrhundert so gerne in ihrer Hand halten, dass sie sie um keinen Preis mehr hergeben. Die Welt hat den Weg von außen nach innen zum ersten Mal alleine in der Evolution bewältigt, als sie Geist geworden ist, und sie hat ihn nun erneut mit menschlicher Hilfe zurückgelegt, indem sie im Handy in Information mit Bildern verwandelt wird. Diesen Übergang von innen nach außen ignorieren traditionelle Historiker gerne, und solch ein Ausklammern hindert sie daran, die erlebte und alltägliche Gegenwart dem Publikum verständlich zu machen. Es ist nicht zu übersehen, dass heutige Geschichtsschreiber diese Lücke nicht bemerken und sich lieber damit beschäftigen, noch ein paar Bücher über Hitler oder Stalin abzuliefern.

Wer in diesen Tagen durch eine Stadt spazieren geht oder am Bahnhof stehend auf einen Zug wartet, kann nicht übersehen, wie die Menschen an ihren Handys kleben, und sie tun dies als Erwachsene – auch als Senioren –, als Jugendliche und als Kinder, und die Hände strecken sich nicht nur hierzulande, sondern weltweit nach dem Zauberkästchen aus, in Asien eher noch intensiver als in Europa und auf allen anderen Kontinenten.

Die Hände halten die Menschen an ihren Handys fest – Smartphones und iPhones in allen Größen und Ausstattungen –, ohne die sich manch einer gar kein Leben mehr vorstellen kann und an denen Verbote aller Art abprallen müssen. Es hilft wenig, die vielen Menschen, die Handys nutzen, zu beschimpfen und sie und ihre Kinder vor einer digitalen Demenz und vor einer Smartphone-Epidemie zu warnen, wie es Hirnforscher gerne lautstark und medienwirksam unternehmen. Es wäre besser, die jammernde Zunft der besorgten Mediziner denkt vor ihren eigenen Laptops und mit ihrem persönlichen Handy darüber nach, wie man hier eingreifen und den unvermeidlichen und höchst natürlichen Hang zum technischen Handy nutzen kann, um eine Welt zu bekommen und zu formen, in der Menschen gerne leben und so kreativ bleiben, wie sie es im Laufe der Geschichte immer gewesen sind?

Um es zu wiederholen: Handys in den Klassenzimmern oder auf dem Pausenhof zu verbieten, kann nur Ungehorsam, Frustration und Wut nach sich ziehen, und wichtiger wäre es, eine Antwort auf die Frage zu finden, wie man die begehrten, ewig lockenden und längst unentbehrlich scheinenden Wunderdinger in den Unterricht integrieren könnte. Die Lösung kann nicht darin liegen, dass eine Klasse unter Anleitung des Lehrpersonals bei Google nachschaut, wann Goethe gelebt und wie der Dichter ausgesehen hat, wann ihm die Stoffe zu seinen Stücken auf- und eingefallen sind, was er in Italien wollte und was es sonst an Themen gibt, die in Quizsendungen abgefragt werden können.

Die Lösung kann vielmehr darin liegen, das Handy in den Klassen nicht auszuschließen, sondern im Gegenteil in den Schulstoff einzubeziehen und mit seiner Hilfe erneut das zu lernen, worum es in der Schule und im Leben eigentlich gehen sollte – um das Staunen und Wundern. Tatsächlich haben die Entwicklungen der Wissenschaften und der dazugehörigen Techniken dazu geführt, dass die Menschen schon länger die Geräte nicht mehr verstehen, ohne die sie ihr Leben kaum noch bestreiten können.

Als der Soziologe Max Weber vor etwa 100 Jahren über „Wissenschaft als Beruf" sprach und sein Publikum fragte, ob ihm jemand sagen könnte, wie eine Straßenbahn es macht, loszufahren und anzuhalten, da meldete sich niemand zu Wort. Vermutlich hat sich diese Ahnungslosigkeit in der Zwischenzeit nicht verringert. Sie ist im Gegenteil schlimmer geworden. Wer wüsste denn zu sagen, wie ein Fernsehgerät funktioniert, wie ein ICE beschleunigt und gebremst wird, wie eine Mikrowelle welches Essen erwärmt, wie ein Laserstrahl seine Intensität bekommt – und so weiter und so fort.

Das Vermaledeite besteht darin, dass Soziologen wie Weber und seine Nachfolger ihre eigene Ahnungslosigkeit durch die Behauptung kaschiert haben, die Welt sei durch die Wissenschaft entzaubert und damit langweilig geworden und könne ruhig Experten überlassen werden. Das Resultat zeigt sich in den Menschen, die ahnungslos auf Knöpfe drücken, über Displays wischen und sich über nichts mehr wundern und nur noch ärgern, wenn etwas, das sie nicht verstehen, nicht mehr funktioniert. Sie wissen von den Dingen, mit denen sie ihr Leben bestreiten, so wenig wie eine Kuh von der Botanik der Pflanzen, die sie mit Wohlbehagen frisst. Doch während man sich das Leben einer Kuh unter diesen Vorgaben trotzdem als befriedigend vorstellen kann, werden Menschen, die nicht in ihrer Dumpfheit verharren wollen und nach einem Glück suchen, das über das das „Dumm sein und Arbeit haben" von Gottfried Benn hinausgeht, beim Handhaben des Handys Neugierde zeigen, und das Ziel einer öffentlichen Aufklärung mit den Handy im Unterricht sollte darin bestehen, diesen Menschen zu helfen (und sie nicht als dement abzuschreiben).

Man kann am Handy das Staunen lernen, wenn man sich mit ihm bemüht, mehr über sich selbst (die evolutionäre Geschichte der Hand und des Sehens) und die historische Herkunft des Wunderdings (seine wissenschaftlich-technische und ökonomische Geschichte) in Erfahrung zu bringen. Es lohnt sich, von den in die Innenwelt der Maschine eingebauten und dort ausgenutzten wissenschaftlichen Grundlagen von höchster Raffinesse zu erzählen, und gemeint sind unter anderem die Quantenphysik des Lichts, die Digitalisierung von Musik, die Codierung und Speicherung von Nachrichten und anderen Informationen. Lehrerinnen und Lehrer können in ihren Klassen vorstellen und erörtern, wie sich aus der Evolution des Menschen verstehen lässt, dass nahezu alle – Alte wie Junge – Handys in ihren Händen halten wollen und keinerlei Neigung zeigen, ihren Blick von ihren farbig flimmernden Displays abzuwenden.

Man kann fragen, was das Gehirn an den Bildern der Welt verzaubert, die ein Träger des Denkorgans in der Hand hält, während der damit gemeinte

Mensch sich von der Wirklichkeit absondert, sie langweilig findet und nicht mir ihr zurechtkommt? Jedenfalls schauen Menschen lieber auf Selfies, Fotos und Videos als in die Gesichter der Personen, die vor ihnen stehen und sie anschauen. Wie gelingt der Technik diese Verlagerung der Aufmerksamkeit und was verlockt die Natur des Menschen derart zum Gebrauch der Handykultur, dass sie ihr Gerät nicht mehr aus der Hand geben wollen und kaum noch ohne seine Informationen auskommen wollen?

Bekanntlich wirkt jede weit fortgeschrittene Technik wie ein Wunder, und wer diese Feststellung ernst nimmt, sollte Schülerinnen und Schülern – und ihren Eltern und dem Lehrkörper – mit Hilfe und am Beispiel des Handys die Möglichkeit geben, sich wieder wundern zu können und das Staunen zu lernen, was man früher einmal als die eigentliche Aufgabe der Schule betrachtet hat. Bei Menschen, die mit dem evolutionären Wunderwerk namens Hand das technische Wunderwerk namens Handy bedienen und dabei ihre neugierigen Wünsche auf Informationen erfüllen, bietet sich sogar die Chance, sie mit auf die Spuren der beiden dazugehörigen – der biologischen ebenso wie der kulturellen (technisch-zivilisatorischen) – Geschichten zu nehmen, an deren heutigem Zusammenfluss die Menschheit in Form des magischen Handys einen technischen Kulturgegenstand in die Hand bekommt, der nahezu vollkommen ihrer biologischen Natur entspricht und ihrem verständlichen Verlangen entgegenkommt.

Menschen sind von Natur aus soziale Wesen, die gerne kommunizieren, die unbedingt nach Wissen (und den dazugehörigen Informationen) streben und schon früh in ihrer Geschichte begonnen haben, ihre Umwelt in Bildern festzuhalten (Höhlenmalerei). Das Handy liefert all das und mehr, das durch seine bewegten und wechselnden Bilder zudem dafür sorgt, dass die Aufmerksamkeit für das Gezeigte nicht nachlässt. Ein Handy passt sich perfekt der menschlichen Hand an, die von Evolutionsbiologen gerne als ultimatives Werkzeug beschrieben wird, wobei es nicht umsonst heißt, Menschen möchten die Welt begreifen, nämlich mit ihrer Hand, wobei das Handy dafür sorgt, dass dieser Wunsch ganz bequem erfüllt werden kann.

Zur Geschichte der Menschheit gehört auch der Versuch, sein Wissen und seine Kenntnisse – nicht zuletzt von persönlichen Daten wie Adressen und Handynummern –, immer besser festzuhalten – erst mit der Schrift, dann per Buchdruck, schließlich auf Festplatten und jetzt eben in den Handys.

Und Menschen kennen zudem das Bedürfnis nach Kommunikation, das nach der Briefpost im 19. Jahrhundert zur Telegrafie, zum Telefon und jetzt zum Smartphone geführt hat. Und wer kennt nicht den technisch nach und nach erfüllten Wunsch, Töne und Musik festzuhalten, erst als Tonspuren auf Schallplatten, dann durch Laserlicht auf CDs und heute mittels Clouds im Internet, wobei jeder das Bedürfnis kennt, Licht einzufangen und mit ihm Bilder anzufertigen – also wörtlich zu fotografieren –, was im Laufe der

Geschichte erst mittels chemischer Reaktionen auf Filmen und heute mittels Halbleiterphysik auf Speicherkarten möglich geworden ist. Und bei alldem ist das Bemühen, das Rechnen und den Umgang mit Zahlen zu erleichtern, was seit dem 16. Jahrhundert entsprechende Maschinen hervorgebracht hat und heute durch Algorithmen elektronisch gelingt, noch gar nicht angesprochen worden, wobei wenigstes erwähnt werden soll, dass auf dieser urtümlich philosophischen Schiene das die Welt durchdringende Konzept der Digitalisierung aufgekommen ist.

Mit dem Handy in der Hand kann man beginnen, die Geschichten der Menschen und ihrer Bedürfnisse erzählen, um das zu vermitteln, was immer noch als wichtig angesehen wird. Gemeint ist Bildung, die man allgemein definieren kann als die Art und Weise, mit der sich die Kultur (mit ihren Techniken und Wissenschaften und ihrem Wirtschaften) in einem Einzelnen zeigt, auch in dem Handy und seiner Nutzung. Es heißt immer: Wer Menschen etwas erklären will, muss sie da abholen, wo sie stehen. Es ist bekannt, wo sie stehen. Sie stehen mit ihrem Handy in der Hand zwischen ihren Freuden. Einfacher konnten Menschen noch nie abgeholt werden. Eine Hand haben sie ja frei. Die kann ergriffen werden, während in der anderen das Handy wartet und sein Halter wissen will, wie ist die Welt da hineingekommen?

Und noch etwas: Unabhängig von der Antwort auf diese Frage ist klar, dass mit dem Handy eine neue Kommunikationsform entstanden ist, die sich nicht mehr direkt von Mensch zu Mensch ereignet, sondern mit einem technischen Wunderding als ästhetischem Handschmeichler vermittelt wird, mit dem alle zufrieden sind, weil die eigene Leere gefüllt und die Langeweile vertrieben wird. Handynutzer kümmert dabei kaum, was Franz Kafka vor einhundert Jahren Sorgen bereitete, als er meinte, dass Telegraf, Telefon und Funktelegrafie als Informationstechnologien seiner Zeit in den 1920er Jahren voller Gespenster stecken, die austrinken, was die Menschen ihnen anvertraut haben. Kafka meinte, dass die genannten Errungenschaften die Menschen nicht zusammenführen, sondern eher voneinander entfernen, denn „die Geister werden nicht verhungern, aber wir werden zugrunde gehen", wie der Dichter seine Erfahrungen und Ahnungen beschrieb.

Man kann heute leicht beobachten, wie recht Kafka hatte, wenn man zusieht, wie Handynutzer sich unsinnig ablenken lassen und sich lieber den blödsinnigsten Katzenvideos zuwenden als den wirklichen Menschen, die neben ihnen sitzen oder stehen. Sie verhungern auf jeden Fall eher als die Gespenster, die aus all den sozialen Verbindungen bestehen, die im Internet von kommerziellen Unternehmen genutzt werden, um ihre Angebote an die dort stöbernden Kunden zu spezifizieren.

Und nach den Verkäufern kommen die Verräter in Form des amerikanischen Ausspähdienstes NSA, der nichts verkaufen dafür aber viel verbieten will. Die Geheimdienstgespenster zeigen dabei ein böses Gesicht. Sie sind wie der Teufel, den man nicht erwischen kann, weil er überall dazwischen steckt, wie es Goethe beschrieben und Kafka erlebt hat.

Trotz der frühen Warnung: Die Geschichte hat auf Kafkas Sorge keine Rücksicht genommen und den Geistern und Gespenster immer mehr Trinkplätze eingeräumt, indem weiter neue Medien entwickelt wurden, mit deren Hilfe eine zunehmende Zahl von Hörigen am Handy hängt, die man auch als den neuen Menschen bezeichnen kann. Er hält weltabgewandt ein ausgelagertes Gehirn in der Hand, was ihn trotz gleichzeitiger Rückentwicklung des aufrechten Ganges durch den stets gekrümmten Nacken mit Blick nach unten bei Laune hält, was eine Prognose erlaubt.

Sie besagt in meiner Sicht, dass die Menschheit nicht ruhen wird, bis die Erweiterung ihres geliebten Werkzeugs oder Weltzeugs in der humanen DNA angekommen ist und eine Version mit ihrem Körper genetisch verankert werden kann, so dass die technische Apparatur und der menschlicher Leib miteinander verschmelzen. (Von Schnittstellen zwischen ihrem Gehirn und ihrem Laptop träumt zumindest der männliche Teil der Bevölkerung schon seit langem, wie in Umfragen seit dem Ende des 20.Jahrhunderts Umfragen ermittelt worden ist.)

In dem Fall wäre die physikalische (elektro-mechanische) Kultur zur biologischen (geistigen) Natur geworden, die Evolution hätte einen ungeheuren Schritt absolviert und könnte mit Riesenschritten weiter ihren offenen Gang nach vorne fortsetzen, wobei dessen Ziel und Ende unabsehbar bleiben. Das heißt, mit der zunehmenden Geschwindigkeit des technischen Wandels wird trotz allen Wissens eher unklarer, was die Zukunft bringt. Ihre schwarze Wand rückt mit der zunehmenden Farbbrillanz der iPhone Displays näher an die Menschen heran, auch wenn die meisten sich darüber keine Gedanken machen.

Viele Zeitgenossen agieren längst so, als ob das Handy auf dieselbe Weise zu ihnen gehört wie ihre Finger, mit denen sie es streicheln. Durch diese vertrauliche Nähe wird den Menschen die Welt bequem zuhanden, wie es der umstrittene Philosoph Martin Heidegger genannt hätte, wenn ihm ein iPhone gezeigt worden wäre. Er sprach von „Zeug“, wenn er Dinge meinte, mit denen sich Menschen im alltäglichen Umgang die Welt erschließen und mit deren Hilfe sie praktisches Wissen erlangen. Mit dem iPhone bekommen sie Zugang zum (theoretischen) Bildungswissen, was aus dem Gerät ein Universal- oder Weltzeug macht, dessen Merkmal im Sinne von Heidegger als seine Zuhandenheit erfahren wird. Mag mit dem Handy den Menschen auch manches abhanden kommen – etwa der Blick für den Nachbarn oder auf die Schönheit der wahrnehmbaren Natur –, so wird die Welt im Handy den Menschen zuhanden – wobei zu Heideggers Analyse auch die Einsicht gehört, dass die sich in der Zuhandenheit zeigende Vertrautheit mit einem Gegenstand dazu führt, dass man sich selbst dabei vergisst.

Viele Zeitgenossen können sich ihre Hand nur noch im Schlaf ohne Handy vorstellen, und ihr Blick geht ins Leere, wenn das bunt leuchtende Ding in ihrem Wachzustand in der Tasche klemmt, seinen Dienst versagt, die Batterie leer ist und der Schirm schwarz bleibt. Man ist dann plötzlich allein mit sich und weiß nicht mehr weiter, was man mit dieser Situation anfangen soll.

Es ist zu billig und hilft an dieser Stelle niemandem, über eine Sucht von Hirn und Hand zu klagen und somit etwas zu verteufeln, das durch Design gezielt für die menschliche Natur angelegt und in sie integriert werden konnte, weil es ihr entspricht und kommunikative Flügel verleiht. Künftige Generationen werden mit dem iPhone aufwachen und aufwachsen und die Welt um sie herum in ihrer Hand empfangen und dort erfassen. Der neue Mensch begreift etwas nicht mit, sondern in seiner Hand. Ihm bleibt aber die Möglichkeit, sich an etwas zu erinnern, was der alte Mensch vor ihm dem Hörensagen nach noch konnte, nämlich sich zu wundern und zu staunen.

Man kann mit dem Wunder in der eigenen Hand erneut damit beginnen, wozu nur ermutigt werden kann. Wer lernt, sich nicht über sein Handy zu ärgern, sondern mit seiner Hilfe zu staunen, wird der neue Mensch sein, auf den die Welt wartet und den sie braucht. Er löst das Problem, das der französische Philosoph Blaise Pascal in die Worte gefasst hat: „Nichts ist so unerträglich für den Menschen, als sich in einer vollkommenen Ruhe zu befinden, ohne Leidenschaft, ohne Geschäfte, ohne jede Zerstreuung, ohne Beschäftigung. Er wird dann sein Nichts fühlen, seine Preisgegebenheit, seine Unzulänglichkeit, seine Abhängigkeit, seine Ohnmacht, seine Leere."

Der neue Mensch kann das iPhone nutzen, um sie zu füllen, mit sich selbst. Es liegt in seiner oder ihrer Hand. Man muss nur den richtigen Knopf drücken, zum Beispiel, um das Handy auszuschalten.

8. Aufklärung und Geheimnis

> Das Schönste, was wir erleben können, ist das Geheimnisvolle. Es ist das Grundgefühl, das an der Wiege von wahrer Wissenschaft und Kunst steht. Wer es nicht kennt und sich nicht mehr wundern, nicht mehr staunen kann, der ist sozusagen tot und sein Auge ist erloschen.
>
> Albert Einstein, „Mein Weltbild“, Berlin 2005, S. 12

> Man wird nicht sagen dürfen,
> dass die Physik die Geheimnisse der Natur wegerkläre,
> sondern dass sie sie auf tieferliegende Geheimnisse zurückführe.
>
> Carl Friedrich von Weizsäcker,
> „Zum Weltbild der Physik“, Stuttgart, 1960, S. 20

Aufklärung beginnt mit einem lockenden Geheimnis und liefert stets ein neues, das ebenso fasziniert. Der Gebrauch des eigenen Verstandes wandelt verwunderliche Phänomene, über die Menschen früher noch staunen konnten – etwa die Farben des Laubes im Herbst –, in mysteriöse Erklärungen um, über die eher noch mehr staunen kann, wer sich ernsthaft auf sie einlässt, was sich in dem Beispiel deshalb lohnt, da es vom Sterben von Blättern handelt. Das doppelte Geheimnis, das in der Natur und ihrer Erklärung steckt, wird im Verlauf dieses Buches mit Hilfe der dazugehörigen Wissenschaft vorgeführt und nachgeprüft, und zwar mit Folgen. Denn wenn Menschen bei ihrer erstaunlichen Suche nach Wissen und der ihm angemessenen Wahrheit die durchgängig geheimnisvolle bleibende Offenheit ihres Bemühens erfahren und sich auf diese Weise entzücken lassen und verzaubert werden, dann kommt bei ihnen und in ihrer Kultur ganz von selbst die Bildung zustande, die sie anstreben und diesen Ausdruck verdient.

Die vermeintliche Entzauberung der Welt

Das gerade gebrauchte Wort von der Verzauberung durch Wissen und Verstehen wird bei denjenigen ein Stirnrunzeln hervorrufen, die fleißig in der „Dialektik der Aufklärung“ gelesen haben und den beiden Autoren, Max Horkheimer und Theodor W. Adorno, unkritisch den gleich zu Beginn fallenden Satz abnehmen, „das Programm der Aufklärung war die Entzauberung der Welt“. Die genannten Sozialphilosophen erläutern dann etwas später, „die

Entzauberung der Welt ist die Ausrottung des Animismus", wobei sie mit dem letzten Begriff wohl den Glauben an eine Beseeltheit der Dinge meinen, den sie vermutlich als primitiv betrachten und gerne den „Wilden" überlassen.

Von solchen Wilden tatsächlich gesprochen hat der von seinen Kollegen und Nachfolgern als groß eingestufte und als Klassiker betrachtete Soziologe Max Weber, als er um die Zeit der Ersten Weltkriegs in einer Rede über „Wissenschaft als Beruf" das Zauberwort von der Entzauberung in die Welt setzte, mit dem Horkheimer und Adorno am Ende des Zweiten Weltkriegs immer noch versuchen, die Dinge zu bemeistern und die Wissenschaft schlecht und dumm da stehen zu lassen – übrigens ohne ihre Quelle für das Zauberwort zu nennen. Weber sprach in seinen Ausführungen zunächst vom „inneren Berufe zur Wissenschaft", und er charakterisierte das dazugehörige Treiben der Forscher, indem er betonte, „nichts ist für den Menschen etwas wert, was er nicht mit Leidenschaft tun kann" – ein gefährlicher Gedanke, der aber niemanden geweckt hat und danach eingeschlafen ist.

Aufmerksamkeit hat dafür eine andere Bemerkung gefunden, die mit der Tatsache zusammenhängt, dass es in unserer Gesellschaft eben den Beruf der Wissenschaft gibt. Er bringt es mit sich, dass viele Abläufe einer leidenschaftslosen „Rationalisierung" unterzogen werden, wie Weber ausführte, aber dies bedeutete in seinen Augen trotzdem überraschenderweise nicht, dass damit eine „größere Kenntnis der Lebensbedingungen" gegeben ist, unter denen Menschen existieren. Um dies zu demonstrieren, stellte Weber seinen damaligen Mitbürgern – den gewiss bildungswilligen Zuhörern oder Lesern – die Indianer und Hottentotten gegenüber, die er – wie in seiner Zeit vielleicht üblich, für einen Denker seiner Kategorie und erst recht heute aber nur noch peinlich – als „Wilde" bezeichnete und denen Horkheimer und Adorno sicher ohne Probleme bescheinigen würden, animistisch zu denken und in der Natur Geister am Werke zu sehen (während sie in Wahrheit Bücher wie die „Dialektik der Aufklärung" schreiben, wenn sie nur groß genug sind).

Tatsächlich – so Weber – wussten diese „Wilden" von ihren Werkzeugen mehr als seine zwar gezähmten, hoffentlich aber dennoch gespannten Bewunderer im Saal etwa von der Straßenbahn, mit der sie herfahren konnten, um den gelehrten Ausführungen zu lauschen. Sie haben sicherlich – wie er selbst – „keine Ahnung, wie sie das macht, sich in Bewegung zu setzen", aber das störe nicht, wie der Soziologe seinem an dieser Stelle vermutlich aufatmenden Publikum versicherte. Schließlich verfügten die lauschenden Leute im Saal und damit wir alle in einer zivilisierten Gesellschaft über etwas anderes, nämlich „den Glauben daran: dass man, wenn man nur wollte, es jederzeit erfahren könnte", nämlich wie eine Bahn erst losfährt und dann auch wieder anhält. Wir bürgerlich Gezähmten und intellektuell Braven denken im Gegensatz zu den ursprünglichen Wilden, „dass es also prinzipiell keine geheimnisvollen unberechenbaren Mächte gebe, die da hineinspielen, dass man vielmehr alle Dinge – im Prinzip – durch Berechnen beherrschen könne". Und für diesen ihm bei aller Leidenschaft selbstverständlichen Tatbestand führte Weber einen bald sich aus dem Kontext lösenden wirkungsmächtigen und bis heute gerne übernommenen und weitergeführten Begriff ein, indem er ihn als „die Entzauberung der Welt" bezeichnet.

Webers erster Irrtum

Wie der in Paris und München arabische Philosophie und Religionswissenschaft lehrende Rémi Brague in seinem Buch „Die Weisheit der Welt" gezeigt hat, ist die „abgedroschene Auffassung" von der Entzauberung der Welt bereits lange vor Webers Verwendung in Umlauf gewesen, und sie kann zudem anders verstanden werden, etwa als „Neutralisierung des Kosmos", der dann ohne Gott auskommt und den Menschen keinen Sinn mehr zu erkennen gibt. Diese frühe Verwendung wird hier aber nur angedeutet und nicht weiter verfolgt. Denn an dieser Stelle hat der berühmte Soziologe Weber das Sagen, auch wenn seine wenig originelle Ansicht völlig danebenliegt, weshalb sie im Folgenden auch kritisiert werden soll. Denn so eingängig Webers Verwendung der Entzauberung seinen vermutlich überwiegend naturwissenschaftsfeindlich oder bestenfalls der Technik gegenüber neutral eingestellten Zuhörern in den Ohren geklungen haben muss und so verführerisch und passend sich das Argument dem heutigen sich gerne sozialkritisch gebenden Leser darbietet – an dem Konzept einer Entzauberung der Welt durch Berechnen der Dinge stimmt mehreres grundsätzlich nicht, wie sich leicht zeigen lässt, weshalb es verwundert, dass dies keinem der philosophischen Geister aufgefallen ist. Das Unpassende an der Entzauberung bemerkt doch sofort, wer sich klarmacht, dass Weber in seinen Darlegungen offenbar die Ansicht vertritt, geheimnisvoll und unberechenbar meine in der Wissenschaft ein und dasselbe. Was etwa von einem Physiker berechnet werden kann, sei nicht mehr geheimnisvoll, und was in der Forschung geheimnisvoll bleibt, sei für ihre Betreiben und Akteure unberechenbar.

Davon kann aber keine Rede sein, wie Weber persönlich hätte wissen können, wenn ihn zum Beispiel interessiert hätte, was die Physik seiner Zeit neben dem Antrieb von Straßenbahnen zu bieten hatte. Bereits 1905 konnte Albert Einstein in seinem Wunderjahr zeigen, dass dem so harmlos wirkenden Phänomen des Lichts eine duale Natur zukommt und sich die Natur der Sonnenstrahlen nur auf merkwürdig doppelte Weise verstehen lässt. Licht kann sowohl als Teilchen – als ein sogenanntes Photon – als auch als Welle – als ein elektromagnetisches Phänomen – in Erscheinung treten, wie heute vielfach bekannt und gesagt worden ist, ohne allerdings das Ungeheuerliche dieser Zweiwertigkeit zu erwähnen. Denn wenn etwas in der Natur von Menschen Vorgefundenes und in der Welt Vorhandenes sowohl eine Wellenlänge als auch einen bestimmten Ort aufweist, wenn also ein real gegebenes Etwas die beiden konträren und sich widersprechenden Eigenschaften von Welle und Teilchen in sich vereinigt und Licht nur bei einer Messung durch einen Physiker gezwungen wird, sich zu entscheiden und genau eine seiner beiden Grundqualitäten anzunehmen, dann bleibt uns Menschen verschlossen, was dieses Licht „eigentlich" ist, auch wenn sie mit den Mitteln und Gesetzen der Wissenschaft alles berechnen können, was in einem Experiment gemessen wird. Physiker und andere Mitglieder der Spezies Homo sapiens wissen einfach nicht – und sie wissen es erst recht nicht zu sagen –, wie etwas Wirkliches und Wirkendes als Welle und Teilchen zugleich gegeben sein und sich bemerkbar machen kann, und das heißt, Licht bleibt für uns Menschen geheimnisvoll, auch wenn die Lehrbücher viele Formeln für seine Berechnung auflisten und dann zur Tagesordnung übergehen.

Übrigens – selbst jeder Einzelaspekt des Doppelwesens Licht bleibt mysteriös, wie sich unter anderem erneut von Einstein lernen lässt, der kurz vor seinem Tode resignierend äußerte, dass ihn fünfzig Jahre des Nachdenkens dem Geheimnis der Photonen – der Lichtteilchen – auch nicht einen Schritt nähergebracht habe. Zwar – so Einstein wörtlich – meine inzwischen jeder „Lump", er verstehe, was Licht sei, aber da befinde er sich im Irrtum. Die entzauberungsgläubigen Schlauberger verstehen wahrscheinlich nicht einmal, dass das Licht auch als Welle ein Geheimnis mit sich führt, das sie nicht verstehen. Die Wissenschaft spricht bei Lichtstrahlen genauer von elektromagnetischen Wellen, bei denen sich elektrische und magnetische Felder gegenseitig auf- und abbauen und dabei vorwärts bewegen – ein Vorgang, der beliebig genau seit dem 19. Jahrhundert berechenbar ist, ohne aber erkennen zu lassen, wie eine Gegebenheit– ein elektrisches Feld – allein durch seine zeitliche Änderung etwas völlig Neues in Gang setzen kann, nämlich ein magnetisches Feld, das sich anschließend revanchiert.

Man kann es drehen und wenden, wie man will. Licht bleibt – bei aller Berechenbarkeit – ein Geheimnis, und an dieser Stelle wird vorgeschlagen, diese Einsicht positiv zu verstehen und mit ihr das schöne menschliche Gefühl für das Geheimnisvolle anzusprechen und auszulösen, mit dem Einstein zufolge „wahre Wissenschaft" beginnt, und nicht nur sie.

Es wird empfohlen, sich von dem Gedanken zu verabschieden, Wissenschaft liefere leicht anwendbare Lösungen und damit die Langeweile, die sich einstellt, wenn einem keine Fragen mehr einfallen und alles klar scheint. Mindestens eine exakte Wissenschaft vermag offenbar genau das Gegenteil, und so fasziniert sie ihre Kenner durch immer neue Geheimnisse. Sie verzaubert die Welt durch ihre Erklärung, und mit dieser Einsicht wird es möglich, einen weiteren leider nach wie vor weit verbreiteten Irrtum über die Wissenschaft auszuräumen, der mit dem gegenläufigen Begriff der Entzauberung verbunden ist.

Webers zweiter Irrtum

Eng verknüpft mit dem ersten findet sich ein zweiter und noch grundlegendere Denkfehler, der in dem von Weber angeführten Glauben besteht, dass der Mann oder die Frau auf der Straße oder im Hörsaal unter seinen Zuhörern jederzeit erfahren könnten, warum sich eine elektrisch betriebene Straßenbahn nun in Bewegung setzt oder wie sie wieder abbremst, um bei seinem simplen Beispiel des frühen 20. Jahrhunderts zu bleiben, das man heute durch raffiniertere Abläufe – etwa in Mobiltelefonen oder bei abhebenden Flugzeugen – ersetzen würde. „Jederzeit erfahren können“, das meint doch, dass es irgendwo einen Gelehrten in den Räumen der Wissenschaft oder einen Text in einer Bibliothek gibt, der erklären und in dem man nachlesen kann, was da in der Natur oder in der Technik genau vor sich geht, etwa wenn Elektrizität in eine motorische Kraft verwandelt wird oder wenn genetische Informationen einen Körper mit seiner Gestalt hervorbringen.

Doch dies ist nicht der Fall, auch wenn viele Lehrer und Soziologen das gerne meinen und grinsende TV-Moderatoren das emsig behaupten, während sie Texte vom Teleprompter ablesen. So wenig wie Einstein weiß, was Licht ist, so wenig weiß zum Beispiel der Erfinder der elektromotorischen Kraftübertragung, der Kroate Nikola Tesla (1856-1943), womit er sein Leben lang erfolgreich zu tun gehabt hat: „Tag für Tag fragte ich mich“, wie er 1940 in Rückblick auf seine Jugendjahre geschrieben hat, „was die Elektrizität sei, ohne eine Antwort zu finden. Achtzig Jahre sind inzwischen vergangen, und ich stelle mir immer noch dieselbe Frage, ohne eine Antwort geben zu können.“

Und was das Biologische angeht, so kann kein Blick in ein neueres Lehrbuch der Molekularbiologie übersehen, dass die Genetiker zwar alles Mögliche über Zellen wissen und mit ihnen können, sie können zum Beispiel aber nicht zählen, wie viele Gene sie da finden, da sie nicht zu sagen vermögen, was ein Gen denn nun genau ist – wobei wir die uralte Fragen „Was ist Leben?“ und „Wie hat das Leben begonnen?“ gar nicht erst erwähnen wollen.

Wenn aber jemand wie Einstein nicht weiß, was Licht ist, wenn jemand wie Tesla nicht weiß, was Elektrizität ist – er weiß dafür, dass es unsere Zivilisation und die Erde ohne diese Kraft gar nicht geben könnte –, wenn kein Molekularbiologe weiß, was ein Gen ist, dann weiß dies niemand und dann nützten Max Webers Hinweise auf Experten wenig. Mit anderen Worten: Von einer Entzauberung der kann Welt wahrlich keine Rede sein, wie jeder einsehen sollte, der die Wissenschaft auch nur ein ganz klein wenig ernst nimmt und ihr zutraut, dass sie ihre Gegenstände mit dieser Vorgabe und bestem Wissen und Gewissen behandelt.

Und tatsächlich darf das Gegenteil einer Entzauberung konstatiert und behauptet werden, dass der wissenschaftliche Zugriff tatsächlich einen besonderen Beitrag zur Verzauberung der uns zugänglichen Welt liefert. Sie zeigt den Menschen, wie viele Geheimnisse sowohl in dem Wirklichen als auch in seiner Erklärung stecken, und auf diese Weise und in diesem Sinne macht das forschende Bemühen alles um uns herum schöner und überhaupt lebenswerter. Die Wissenschaft verzaubert die Welt durch ihre Erklärung, und wir sollten uns darüber freuen. Sie tut es für uns.

Erinnerung an die Aufklärung

Natürlich sorgen wissenschaftliche Disziplinen wie Physik, Chemie und Biologie für das, was Weber „Rationalisierung" nennt und was sich vom lateinischen Wort für Denkvermögen ableitet. Die genannten und andere Fächer präsentieren sich durch und durch rational und scheinen wenig Spielraum für andere menschliche Bedürfnisse und Qualitäten wie Gefühle zu lassen. Sie werden von Personen und Gesellschaften betrieben, die für sich das strenge Attribut „aufgeklärt" in Anspruch nehmen. Wissenschaftler sind in der Tat und zu Recht stolz darauf, den „Wahlspruch der Aufklärung", den Immanuel Kant (1724-1804) im September 1784 formuliert hat – „Habe Mut, dich deines eigenen Verstandes zu bedienen!" – erfolgreich umgesetzt und auf diese Weise den unbefriedigenden Zustand der Unmündigkeit überwunden zu haben. Sie vertrauen auf die exakten Ergebnisse ihrer systematischen Experimente mit den dazugehörigen Theorien, wenden das erworbene Wissen praktisch erfolgreich an – und viele meinen dabei, das Geheimnisvolle der Welt in Form ihre Lösungen erledigt und hinter sich gelassen zu haben. Zum Glück erliegen sie dabei einem Irrtum, wie bald deutlich wird. Mit ihm ändert sich die bewährte Qualität des naturwissenschaftlichen Vorgehens keineswegs. Eher im Gegenteil. Mit ihm öffnet sich vielmehr eine Tür zu einem besseren Verständnis des Abenteuers, das sich Naturforschung nennt.

Das Kennedy-Projekt der Bildung

Keine Frage – die Naturwissenschaftler unserer Tage setzen ihren eigenen Sachverstand vielfach souverän ein und liefern uns gedanklich viele Einsichten über und technisch zahlreiche Eingriffe in die große und die kleine Welt. Aber haben sie – haben wir – in unserer Zeit dabei nicht nur ein informiertes, sondern ein aufgeklärtes Zeitalter hervorgebracht?

Kant warnt in seiner Schrift über die Aufklärung davor, dass es leider sehr „bequem" sei, unmündig zu sein: „Habe ich ein Buch, das für mich Verstand hat, einen Seelsorger, der für mich Gewissen hat, einen Arzt, der für mich die Diät beurteilt", „so brauche ich mich ja nicht selbst zu bemühen", wie er ziemlich vorne in dem kurzen Text schreibt, um hinzuzufügen: „Ich habe nicht nötig zu denken, wenn ich nur bezahlen kann." (Marginalie: Kant in der Falle)

Marginalie: Kant in der Falle

Wenn Kant formuliert, dass irgendein „Buch, das für mich Verstand hat“, nicht zur Aufklärung führt, wie kann er annehmen, dass ein Buch, das er selbst schreibt, diesem Verdikt entgeht? Will sein Buch nicht dasselbe wie alle anderen, nämlich Verstand für mich als Leser haben? Des Philosophen Rationalität sitzt damit in einer Logikfalle, aus der sie nur entkommen kann, wenn sie neben dem Verstand noch etwas anderes zulässt und einsetzt. Nennen wir es Vertrauen. Wir vertrauen Kant und glauben seinen Worten. Ohne diese irrationale Zuneigung bleibt die Aufklärung liegen. Ein kleiner Gedanke, der sich lohnt.

Es bereitet keine Mühe, Kants kleine Kritik in die Gegenwart zu übertragen, in der ich vor einem Fernsehgerät sitze, das mir die Mühe des Verstehens noch viel leichter abnimmt als ein Buch, in der Sozialpolitiker oder Moraltheologen meine Verantwortung übernehmen, Berufsverbände meine Interessen vertreten und Krankenkassen und Pharmareferenten für meine Gesundheit zuständig sind, um nur diese wenigen Beispiele zu nennen. Zurzeit fragen nicht sehr viele Menschen, was sie für ihr Land – ihre Gesundheit, ihre Bildung – tun können. Sie fragen vielmehr umgekehrt, was die staatlichen oder andere Institutionen für sie und ihr Wohlergehen tun können, und mir scheint, dass dies kein zukunftsfähiges Konzept darstellt.

Als John F. Kennedy (1917-1963) vor mehr als vierzig Jahren Präsident der USA wurde, fiel in seiner ersten Ansprache der berühmte Satz, auf den gerade angespielt wurde, „Frage nicht, was dein Land für dich tun kann, frage vielmehr, was du für dein Land tun kannst“. Wenn man Versuche, die dazugehörigen Änderung des Verhaltens tatsächlich zu bewirken, als „Kennedy Projekt“ bezeichnet, dann möchte dieses Buch damit auf dem Sektor der (naturwissenschaftlichen) Bildung beginnen, zu dem Kennedy ebenfalls den entscheidenden Satz gefunden hat, als er sagte, „Es gibt nur eins, das auf Dauer teurer ist als Bildung: keine Bildung.“

Der romantische Anfang

Bildung lohnt also jede Mühe, nur dass diese Feststellung nicht die Frage beantwortet, wie man sie erreicht oder wenigstens mit ihr beginnt. Auch bei Kant findet sich leider kein Hinweis, wie man es konkret und praktisch anfangen soll, „sich seines Verstandes ohne Leitung eines anderen zu bedienen“. Womit soll sein Tun beginnen? Was kann er aufgreifen? Vielleicht sollten wir dies selbst herausfinden, weil auf diese Weise die erste Leistung unseres Denkens zustande kommt. Sie könnte zum Beispiel in der Erkenntnis bestehen, dass das Denken nicht mit oder aus sich selbst beginnen kann und vielmehr eine Vorgabe braucht, die zu ihm hinführt oder mit der es seine Tätigkeit beginnen kann.

Tatsächlich: So sehr Kants Ermutigung einleuchtet, so unklar bleibt mit ihr, wie der eigene Verstand die ihm zugewiesene Aufgabe erfüllen kann. Denn wenn mir jemand zuruft, „Denke!“ oder „Urteile!“, und vorher nichts weiter passiert ist, dann bleibt diese Aufforderung sinnlos. Mein Organ unter der Schädeldecke kann seinen (meinen) Verstand nicht einfach mir nichts, dir nichts in Gang setzen. Ihm muss dazu erst etwas gegeben sein, und an dieser Stelle hüllen sich Kant und seine philosophischen Nachfolger in Schweigen. Sie beginnen immer gleich mit dem Denken, ohne zu fragen, was diesem inneren Treiben vorausgeht.

Die aktuelle Wissenschaft versucht sich dieser Thematik in Form der Entwicklungspsychologie zu nähern, die die Stufen untersucht, mit denen sich in Kindern die Intelligenz herausbildet und sie schrittweise verstehen, was etwa Zahlen und Zeit, Raum und Rhythmen sind. Es gibt aber einen einfacheren und direkteren Zugang, sich dem zu nähern, was Kants Antwort auf die Frage, „Was ist Aufklärung?“ zu ihrer praktischen Umsetzung – etwa in der Schule oder allgemeiner im Alltag – fehlt. Er wurde noch zu den Lebzeiten des Philosophen von einem werdenden Dichter gefunden, der die Lücke in Kants Argument im Jahre 1800 spürte und notierte. Die Rede ist von Heinrich von Kleist (1777-1811).

Als 22jähriger Jüngling merkte Kleist nach vielen Jahren als Soldat, dass ihn diese seiner Familientradition angepasste Berufswahl nicht befriedigte und es etwas völlig anderes war, das er begehrte, und zwar „Liebe und Bildung“, wie er im Oktober 1800 von Frankfurt an der Oder aus an seine damalige Verlobte, Wilhelmine von Zenge (1780-1852), schrieb. Kleist unternahm damals eine Reise nach Würzburg, die er selbst mit geheimnisvollem Gemurmel umgab, von deren einzelnen Stationen er aber zahlreiche Briefe schickte, die von Blatt zu Blatt deutlicher spürbar machen, dass hier „ein junger Schriftsteller zu sich selbst, zu seinem eigentlichen Beruf reisen wollte“, wie Gerhard Schulz in seiner Biografie des Dichters ausführt.

Das heißt, Kleist begann seine Reise als jemand, der angefangen hatte, sich mit den Wissenschaften zu beschäftigen – mit Mathematik, Logik und Physik zum Beispiel –, wobei die von ihm besuchten Vorlesungen immer auch davon handelten, welche Zusammenhänge zwischen den Naturerscheinungen und dem Inneren des Menschen erkennbar waren. Solche Bemühungen gehören zum romantischen Denken der Zeit, das den Menschen als Teil der Natur verstehen wollte und sich unter diesem Aspekt an die Beobachtung ihrer Phänomene machte.

Es galt, dem Naturschönen genügend Aufmerksamkeit zu schenken und es angemessen wahrzunehmen, und als sich Kleist an diese Aufgabe machte, schlug er zwei Fliegen mit einer Klappe. Auf der einen Seite hatte er einen Einstieg in den Weg gefunden, der dorthin führte, wo er als Dichter hinwollte, nämlich zu einem Verständnis des Humanen.

Und auf der anderen Seite hatte er zugleich erkannt, wie die Forderung von Kant, sich seines Verstandes zu bedienen, aus den theoretischen Höhen des Allgemeinen in die konkrete Praxis des Einzelfalls geholt werden konnte, womit die eigenständigen Denkanstrengungen aller Menschen beginnen konnten – mit der Wahrnehmung der Natur nämlich.

Und deshalb bittet er am 16. November 1800 von Würzburg aus in einem Brief „an das Stiftsfräulein" seine Wilhelmine mit aller Herzlichkeit darum, zuerst „recht aufmerksam zu sein, auf alle Erscheinungen, die Dich umgeben", denn „keine ist unwichtig, jede, auch die scheinbar unbedeutendste, enthält doch etwas, das merkwürdig ist, wenn wir es nur wahrzunehmen wissen". Und wenn sie diesen ersten Schritt unternommen und sich anschließend ihre eigenen Fragen zu den „Winken der Natur" stellt, die ihre Sinne entzückt haben werden, dann kann die Angesprochene beginnen, „recht eigentlich [ihren] Verstand [zu] gebrauchen, denn „dazu haben wir ihn doch". Kleist geht es ausdrücklich bei seinem Wahrnehmen um Dinge, die „mir kein Buch gesagt haben" würde, was Kant bejubelt hätte, und nur das nennt Kleist „recht eigentlich lernen von der Natur".

Jetzt also – nach und mit dem ästhetischen Anfang der Wahrnehmung – kann ein sonst unmündiger Mensch mit seinem Denken beginnen. Die Aufforderung, den eigenen Verstand zu benutzen, ist jetzt sinnvoll und nicht mehr sinnlos, und zwar wortwörtlich. Nun kann sich man sich auf den Weg zur Aufklärung begeben, der ohne die sinnlich-romantische Öffnung unzugänglich geblieben wäre. Mit ihr und der von ihr vermittelten Freude lässt sich spielend leicht viel lernen, wie Kleist schreibt, etwa wenn man beobachtet, dass ein Sturm zwar einen Baum entwurzeln kann, aber kein Veilchen, während ein lauer Abendhauch zwar das Blümchen bewegt, aber nicht den Baum.

Ein Naturbeobachter könnte mit diesen Verhaltensweisen unter anderem erläutern, dass Nachgeben nicht unbedingt von Nachteil sein muss und es gerade die eigene vorgebliche Stärke sein kann, die einem das Genick brechen kann. Natürlich lassen sich ebenso andere Schlüsse ziehen und Einsichten aus anderen Wahrnehmungen gewinnen, zum Beispiel aus der, dass viele Tiere ihren Kopf zum Boden richten, während ein Mensch ihn hochträgt und zu den Sternen aufblickt. Lässt sich damit nicht etwas über irdische Weisheit und himmlisches Streben lernen oder Verständnis dafür erreichen, wie sich unsere Welt in den Kosmos einfügt und in ihm ein schützendes Dach – zum Beispiel das Sternenzelt – erhält?

„An Stoff zu solchen Fragen kann es Dir niemals fehlen, wenn Du nur recht aufmerksam bist auf alles, was Dich umgibt", schreibt Kleist, der mit diesen liebevollen Worten in meinen Augen ein überzeugendes und nach wie vor unmittelbar nutzbares pädagogisches Grundkonzept für die Schule formuliert hat, das in den folgenden Kapitel genutzt und vorgestellt wird – nämlich die Wahrnehmung der Natur zu betreiben und sich dabei über das zu wundern, was den Sinnen auffällt und uns aufmerken lässt.

Das reicht schon aus. Mehr ist wahrscheinlich gar nicht erforderlich, um die naturwissenschaftliche Bildung an den Schulen gedeihen zu lassen, doch offenbar ist der Brief von Kleist von Beamten in Kultusbehörden oder Professoren in Instituten für Didaktik übersehen worden. Dabei drückt der Dichter konkret aus, was die sonst abstrakt bleibende Idee der Aufklärung meint, nämlich die Bereitschaft, mit den Sinnen wahrnehmend Wissen von der Welt zu erwerben, um anschließend mit diesem Vermögen sein eigenes Dasein zu verstehen und die Fähigkeit zu erlangen, fundierte Entscheidungen für den Lebensweg zu treffen, ohne dafür auf Instruktionen oder Erlaubnis von oben zu warten.

Die Natur steht uns dafür weit offen. Schaut hin, und ihr kennt euch aus. „Jetzt ist Sehenszeit", wie es Max Frisch (1911-1991) im 20. Jahrhundert wiederholt hat. Aber unsere Kultur hat sich nicht auf diesen Weg begeben und verharrt diesbezüglich in ihrer jetzt erst recht selbst verschuldeten Unmündigkeit. Wenn wir sehen, dann bestenfalls fern, und da sehen wir nur Leute, die selbst nichts sehen – nicht einmal uns.

Kulturen am Rande

Gründe für diese Verweigerung des Sinnlichen finden sich bei Kant selbst, der dem Gewühl der visuellen, akustischen und anderer Eindrücke misstraute und der wimmelnden Vielfalt die scheinbare Klarheit der strengen Begriffe vorzog. Als er seine Antwort auf die Frage „Was ist Aufklärung?" gab, da dachte Kant außerdem zwar (vorsichtig) politisch, und es ging ihm auch (dringlicher) um „Religionsdinge", wie er ausdrücklich anmerkt. Aber dass sich ein Einsatz des Verstandes bei „Künsten und Wissenschaften" lohnte, das kam ihm nicht in den Sinn. In diesen Bereichen – so schien es dem Philosophen – zeigten die königlichen „Beherrscher" des Volkes schließlich nur wenig oder keine Neigung, „den Vormund über ihre Untertanen zu spielen".

Das wird wohl so gewesen sein, und solch eine Feststellung lässt den Schluss zu, dass sich zumindest die Naturwissenschaften im 18. Jahrhundert bestenfalls am belanglosen Rand der Kultur bemerkbar machten und Fürsten und Monarchen es offenbar nicht für wichtig hielten, auf die allmählich Schwung aufnehmenden Entwicklungen von Physik und Chemie zu achten.

Dies war schon damals ein schlimmer Fehler, der heute noch schwerer wiegt, weil ihn selbst Kant nicht korrigiert – und eher gefestigt – hat. Schließlich können „weder die Wechselfälle der politischen oder militärischen Verhältnisse noch die Ökonomie […] – für sich genommen – hinreichend erklären, wie sich unsere heutigen Lebensweisen durchgesetzt haben; dazu bedarf es einer Geschichte der Wissenschaften und Techniken", wie der französische Philosoph Michel Serres (*1930) zwar deutlich in den von ihm herausgegebenen Band über „Elemente einer Geschichte der Wissenschaften" betont hat, wie sich aber bislang noch nicht in den intellektuellen Kreisen vieler Dichter und Denker herumgesprochen hat. Im 21. Jahrhundert können immer noch mehr als 1000 Seiten dicke Bände über die „Geschichte des Westens" erscheinen, in denen sich für Wissenschaft und Technik bestenfalls in lästigen Fußnoten Platz findet. In ihnen erfährt kein Leser, „wie es eigentlich gewesen" ist.

Wie sehr zutrifft, was Serres meint, zeigt der Blick auf Tatsachen der Art, dass zu Kants Zeiten Dampfmaschinen die Kohleförderung übernahmen und die synthetische Herstellung von Soda gelungen war, um nur zwei Beispiele anzuführen, deren Kenntnis zur Allgemeinbildung gehört (oder gehören sollte). Die Eigenproduktion von Soda lässt deutlich die kommende Qualität von industriellen Fertigungen erkennen, die bereits mit ihrem frühen Können teure Importe überflüssig machen und das, was Menschen benötigen – das Soda zum Reinigen und für das Hervorbringen von Glas –, sogar billiger, besser und selber herstellen können.

Die herrschende Klasse des 18. Jahrhunderts übersah zudem, wie sehr damals elektrische Phänomene vielfach für Erstaunen sorgten und dabei sogar die „Religionsdinge" durcheinander brachten, unter anderem dadurch, dass in diesen Tagen der mythenumwobenen Blitz aus Gottes zufälliger Verfügungsgewalt genommen und in die zuverlässigen Hände der Wissenschaft gelegt wurde, deren Vertreter ihn als elektrische Entladung erklären und auf diese Weise mit einer schlichten Eisenstange bändigen (ableiten) konnten – und zwar unabhängig davon, wie dröhnend und angsterregend es im Anschluss an einen Blitz noch donnerte, wobei sie das rollende Geräusch sogar noch lässig nutzen konnte, um die Entfernung der Gewitterzone abschätzen zu können (Marginalie: Ekel von Einseitigkeit).

Marginalie: Ekel von Einseitigkeit

An vielen Stellen ihres Triumphes droht der Naturwissenschaft oftmals eine Gefahr, die man als Einseitigkeit kritisieren kann und vor der es Kleist bald ekelte. Gemeint ist die Ansicht, dass etwa ein Blitz nichts anderes als eine elektrische Entladung ist oder dass ein Gedanke nichts anderes als eine Aktivität von Nervenzellen ist, wie es vielfach in modernen Sachbüchern zu lesen ist.

Darüber hat sich bereits Kleist sehr geärgert, als er 1802 in einem Brief an Adolphine von Werdeck (1772-1844) meinte, „Ich glaube, dass Newton an dem Busen eines Mädchens nichts anderes sah, als eine krumme Linie, u[nd] dass ihm an ihrem Herzen nichts merkwürdig war, als sein Cubikinhalt." Albert Einstein (1879-1955) hat vor dieser Dummheit dadurch gewarnt, dass er einmal geschrieben hat, man solle nicht auf die Idee kommen, die Neunte Symphonie Beethovens als Luftdruckkurve darzustellen. Das soll in diesem Buch nicht passieren.

Die Mitglieder aus dem Adelsvolk ließen sich davon nur amüsieren. Sie trauten den naturwissenschaftlichen Disziplinen wohl trotz der genannten Entwicklungen nicht zu, entscheidenden Einfluss auf die gesellschaftliche Dynamik oder das kulturelle Denken zu gewinnen und gar eine aufklärerische Funktion zu erfüllen. Und diese letzte Einschätzung hat wohl auch und nicht zuletzt damit zu tun, dass es im Bereich der Wissenschaften bestenfalls nur wenige Möglichkeiten gab, sich seines eigenen Verstandes ohne Leitung von anderen zu bedienen. Denn wo und wie konnte eine breite interessierte Bürgerschaft in den Tagen an die dazu notwendigen Kenntnisse und Informationen kommen, in denen erst nach und nach eine Schulpflicht eingeführt wurde?

Was konnten die Zeitgenossen Kants zum Beispiel von den zu seinen Lebzeiten unternommenen Versuchen wissen, mit denen man das Gewicht der Luft zu bestimmen versuchte? Wo wurde erläutert, warum sich die Wissenschaftler überhaupt darum kümmerten? Und was wussten die Forscher sonst von der Luft, die alle Menschen zum Leben benötigten und keineswegs das einheitliche Element war, das die antike Philosophie in ihr gesehen hatte? Luft bestand in der Neuzeit plötzlich aus Gasen, was Fragen der Art aufwarf, was diese Elemente auszeichnete und wer ihre Mischung trotz all des Ein- und Ausatmens konstant hielt? Zeigten sich hier harmonisch ineinandergreifende Naturgesetze oder doch ein allmächtiger Gott, der als Schöpfer der Elemente vorgestellt werden konnte und deren Agieren und Funktionieren durch seinen Willen festlegen und also ihm unterwerfen konnte?

Das unveränderte Nein

Wenn sich im 21. Jahrhundert Umfragen nach den Interessen von Menschen erkundigen, wird stets und ständig festgestellt, dass wissenschaftliche Erkenntnisse dazugehören. Es gibt keinen Grund für die Annahme, dass im 18. Jahrhundert dabei etwas anderes herausgekommen wäre, und für mich steht fest, dass viele Zeitgenossen von Immanuel Kant tatsächlich gerne mehr über das erfahren hätten, was Physiker und Chemiker als Naturforscher etwa über Wärme und Kälte, über Schall und Musik und über elektrische und magnetische Kräfte zu sagen vermochten. Leider gab es kaum nennenswerte Bemühungen, diesen Wünschen des Volkes entgegen zu kommen – wenn überhaupt, wurde Prinzessinnen erklärt, was es mit dem Luftdruck oder der Reibungselektrizität auf sich hat –, und bei diesen Vorgaben nützte aller Bürgermut nichts, den eigenen Verstand einsetzen zu wollen. Denn wie sollte er unter den Umständen eines verbreiteten und sorgfältig konservierten Nichtwissens eine Stelle finden, an der er eigenständig mit der Arbeit des Denkens beginnen konnte?

Wie gerade dargestellt, hat Heinrich von Kleist einen möglichen Weg vorgeschlagen, nämlich den der Wahrnehmung von Natur, der sich nicht nur das Bemühen anschließt, daraus etwas für das eigene Leben – die selbständige Lebensführung – zu lernen, sondern der auch die Möglichkeit eröffnet, mit eigenen Gedanken umfassende Erkenntnis zu gewinnen. Kleist erinnert zum Beispiel an den Physiker Isaac Newton (1642-1727), der – wie viele Menschen vor ihm – einen Apfel zu Boden fallen sieht, dann aber mit dem Denken beginnt und sich unter anderem fragt, wie die beiden Objekte, die sich gegenseitig anziehen – das Obst und die Erde – miteinander verwoben sind und zueinander finden.

Die Wissenschaftsgeschichte kann dem englischen Apfelbaum viele ähnliche Berichte hinzufügen, etwa den über den britischen Physiker Michael Faraday (1791-1867), der sich über die Bewegung einer Magnetnadel wundert, die das Fließen eines elektrischen Stroms ausgelöst hat, und der wie Newton fragte, was die beiden scheinbar getrennten Objekte – der Strom im Draht und die Nadel davor – miteinander verknüpft.

Überall lassen sich solche Wahrnehmungen machen und zu einer mit den Sinnen möglichen oder von ihnen eingeleiteten Erkenntnis erweitern, wenn wir nur den Mut finden, diesen Weg zu betreten und uns nicht von der Angst der Philosophen vor dem angeblichen Gewühl der Sinneseindrücke beeindrucken lassen. Unsere Kenntnis der Natur – und das dazugehörige Verständnis der Naturwissenschaft und ihre Vermittlung – leiden unter dieser Berührungsangst bis heute. Und solange an diesem Grundmangel nichts geändert wird, bleibt es fast unmöglich, auf diesem Sektor das Geschäft der Aufklärung zu betreiben und eigenständig mit dem Denken zu beginnen.

Spätestens hier werden sich Gegenstimmen melden und fragen, ob das inzwischen nicht doch geht. Ist es in den letzten Jahrhunderten im Bereich der Wissenschaften nicht doch gelungen, den entscheidenden Schritt zu vollziehen, der dazu befähigt und den Kant als den Schritt von einem Zeitalter der Aufklärung in ein aufgeklärtes Zeitalter beschrieben hat? Lässt sich unsere Zeit nicht doch so benennen? Ist unsere medial mehr als gut bediente und durchgängig rund um die Uhr informierte Gesellschaft nicht doch längst über das billige Beklagen einer Bringschuld seitens der Wissenschaft hinaus gekommen? Haben sich ihre Mitglieder nicht doch vielfach in dem reichhaltigen Angebot der Bücher und Berichte umgesehen und bedient, um mit dem erworbenen Wissen in der Lage zu sein, aufgeklärt und mündig zu agieren, was heißt, „sich ihres eigenen Verstandes ohne Leitung eines anderen sicher und gut zu bedienen“?

Die Antwort bleibt leider dieselbe wie bei Kant, der nur mit einem deutlichen „Nein“ reagieren konnte. Und der Grund für das nach wie vor verweigerte Ja liegt darin, dass der Verstand der Menschen selbst im 21. Jahrhundert trotz aller Hilfestellung kaum eine Stelle findet, an der sein Denken – ohne Anleitung – eigenständig beginnen kann, und zwar gerade dann, wenn er sich bei der Forschung umsehen und ihre Ergebnisse in seinen Erfahrungsbereich bringen und dort einordnen will.

Natürlich geht es bei den modernen wissenschaftlichen Themen anders zu als bei den alten „Religionsdingen", und selbstverständlich muss sich heute niemand mehr von einem absolutistischen Monarchen (oder einem sich allwissend präsentierenden Moderator) vorschreiben lassen, was sie oder er zu glauben hat oder wissen darf. Aber mit der Holschuld haben es viele Zeitgenossen auch nicht besonders eilig, und viele Medienkonsumenten mögen es, wenn auf die flotte Art abgespeist werden. Wie soll denn jemand auch außerhalb des Forschungsbetriebs zu einem eigenständigen Urteil kommen, wenn ihm oder ihr die Ergebnisse der Forschertätigkeit permanent als „wissenschaftliche erwiesene" Tatsachen – vielfach in Form flimmernder Bildchen in rasch wechselnder Folge – vorgeführt und vorgesetzt werden, die es hinzunehmen und zu schlucken gilt, auch wenn sie sich im Laufe der Zeit ändern können?

Wie soll sich jemand ernsthaft eigene Gedanken machen, wenn ihm Personen mit eindrucksvollen Professorentiteln und Experten mit sorgenvollem Gesichtsausdruck mitteilen, dass Intelligenz, Krebs und gute Laune nachweislich zu soundso viel Prozent genetisch bedingt seien, dass Fett aus der Muttermilch Gene für den Stoffwechsel aktiviert, dass die Versauerung der Meere Kalkschalen von marinen Organismen schrumpfen lässt, dass Astronomen mit neuen Modellen das Entstehen von Doppelsternsystemen erklären und Germanisten durch Stiluntersuchungen feststellen konnten, dass Caesar Plattfüße hatte, um ein Beispiel aus dem Gedicht über „Die Entwicklung der Menschheit" von Erich Kästner (1899-1974) zu zitieren.

„Die Fragen sind es"

Wissenschaft überschreitet leider allzu oft und allzu locker die Grenzen des allgemein Wissenswerten, und wenn sie das unternimmt, bleibt erneut jedes Bemühen um Aufklärung stecken. In eine vergleichbare Klemme gerät ihre Vermittlung zudem aus einem anderen Grund. Auf ihn hat Max Planck (1858-1947) bereits 1919 hingewiesen, als er in einem Vortrag öffentlich und unmissverständlich die Ansicht äußerte, „dass die reine Wissenschaft ihrem Wesen nach unpopulär ist". Planck hat diese von den heutigen Funktionären und Moderatoren der Forschung gerne verschwiegene und wahrscheinlich verdrängte Ansicht wie folgt begründet:

„Das geistige Schaffen, bei dem der arbeitende Forscher in heißem Ringen mit dem spröden Stoff zu gewissen Zeiten einen einzelnen winzigen Punkt für seine ganze Welt nimmt, ist, wie jeder Zeugungsakt, eigenstes persönliches Erlebnis, und erfordert eine Konzentration und eine Spezialisierung, die einem Außenstehenden ganz unverständlich bleiben muss."

Wer diesen Satz ernst nimmt und ihm etwas Positives abgewinnen will, kann sagen, das geistiges Schaffen im Haus der Wissenschaft dann unverständlich bleibt, wenn die informierten und neugierigen Laien nicht in eine vergleichbare Lage wie der Forscher versetzt werden und beim eigenen und selbstständig vorgenommenen – wörtlich – Nachdenken ihren persönlichen Zeugungsakt anstreben oder gar vollziehen können. Die Möglichkeit dazu hat es offenbar in den Tagen von Planck nicht gegeben, und diese Chance besteht – wie mir scheint – bis heute nicht. Erneut fehlt etwas, um Kants Schritt zu einer aufgeklärten Gesellschaft zu vollziehen. Aber was ist es? Was läuft schief, wenn sich die zahlreichen Wissenschaftsseiten in den Zeitungen und Wissenschaftsmagazine im Fernsehen und an den Kiosken um die öffentliche Aufmerksamkeit bemühen. Klären sie ihre Leser und Zuseher nicht auf? Nehmen sie ihm das Denken nur ab, ohne dazu anzustiften?

Keine Frage, die Menschen unserer Tage werden gut und umfassend mit Informationen – im Sinne von Datenmengen – beliefert, und die Sprüche von den Wissenschaftlern, die im Elfenbeinturm hocken und ihre Bringschuld wachsen lassen, erweisen sich immer mehr als das, was sie von Anfang an waren, nämlich als schal, substanzlos und dumm.

Trotzdem: So schön viele Nachrichten aus der Wissenschaft klingen – es wird etwa gemeldet, dass Herbizide die Froschvermehrung beeinflussen, dass es Frostschutzproteine gibt, die Eis vor dem Schmelzen schützen, dass Emotionen das Vergessen überdauern, dass Hydrothermalquellen von Tiefsee-Strömungen belebt werden und vieles mehr –, so wichtig dies alles sein mag, solche und viele andere der üblichen Meldungen und Darstellungen liefern – falls überhaupt – nur sehr wenige Möglichkeiten, das vorgegebene Ziel der Aufklärung zu erreichen und den Menschen Gelegenheit zu geben, ihren eigenen Verstand zu benutzen.

Was soll jemand zum Beispiel mit den genannten Details anfangen, die oft mit hilflosen Vereinfachungen garniert werden, etwa wenn die sicher raffinierten „Frostschutzproteine" als „Eiweiße" umschrieben werden, um sie dem Publikum näher zu bringen und verständlich zu machen. Eiweiß – das versteht doch jeder, oder? Das gibt es doch zum Frühstück.

Es kommt – mit dem Hinweis von Planck – für die Aufklärung des Publikums nicht darauf an, ihm das neueste Wissen vorzutragen, sondern jedem Interessenten, der zu ihm gehört, ein persönliches Erlebnis und Raum für eigenes Tun zu verschaffen. Wichtig ist nicht, Forschungsergebnisse aufzulisten – vor allem nicht von Personen, die sie selbst kaum erfasst haben und Texte vom Teleprompter ablesen –, sondern so vom Abenteuer der Wissenschaft zu erzählen, dass sich für (außenstehende) Laien dieselben Chancen im Kopf öffnen wie für die Forscher (im inneren Kreis der Wissenschaft), und das heißt, dass sie sich mit an angebotenen Erläuterungen die Fragen stellen können, die dem eigenen Verstand angemessen sind und ihn herausfordern (Marginalie: Immer mehr Fragen).

Marginalie: Immer mehr Fragen

Ein aufgeklärter Forscher wundert „sich etwas über die zunehmende Zahl von Wissenschaftlern, die an einer Konferenz teilnehmen. Eigentlich sollten sich viele Fragen lösen lassen und die Anzahl der Forscher mit einer sinkenden Zahl von offenen Fragen abnehmen [...] Aber es scheint umgekehrt zu sein, ein großes Heer von Forschern scheint eher noch eine größere Zahl an neuen Problemen und Fragestellungen zu generieren, ein Umstand, den man vor Politikern gerne verschweigt", und vor der Öffentlichkeit erst recht. So Martin Korte in „Gesichter der Wissenschaft", einer Studie über gesellschaftliche Klischees von ihr. Die Frage, warum die Zahl der ungelösten Fragen nicht abnimmt, kann einen Romantiker natürlich nicht erschüttern. Im Gegenteil. Er kennt nur das Offene und liebt es. Hier entsteht seine Bildung – und unsere auch, wenn wir wollen.

Mit dieser Beobachtung ist es möglich, das fehlende Glied in der Kette der Aufklärung anzubringen, das den vielfach angestrebten Zustand des Menschen ermöglicht. Es besteht in der Tatsache, dass die Erklärung der Wissenschaft selbst geheimnisvoll ist und mit ihr die Arbeit des Denkens nicht abgeschlossen ist, sondern – im Gegenteil – erst in Gang kommt und Schwung aufnimmt. In diesem Buch wird die Ansicht vertreten und vorgeführt, dass es nicht allein zum Vorgehen von Wissenschaft gehört, die Geheimnisse der Natur in technisch brauchbare Lösungen umzuformen. Vielmehr besteht die Qualität von Wissenschaft immer auch darin, raffinierte (wahrnehmbare) Rätsel der Natur in geheimnisvolle (begriffliche) Erklärungen zu verwandeln, die ständig neue Reize für Neugierige – besser: Neulustige – bedingen (Marginalie: Offene Geheimnisse). Wer etwa das Fallen von Äpfeln durch die Gravitation erklärt, ersetzt das Wundern über den schlichten Vorgang durch das Wundern über den knappen Begriff. Die Frage lautet dann nicht mehr, „Warum fällt ein Stück Obst?". Die Frage lautet jetzt, „Wie kommt die Schwerkraft zustande?", und daran rätselt die Wissenschaft bis heute herum.

Marginalie: Offene Geheimnisse

Das Wort „Geheimnis" meint mehr als ein Rätsel. Rätsel können gelöst werden – in Kreuzworträtseln zum Beispiel. „Geheimnis" meint mehr ein Mysterium, das bestehen bleibt und zum Staunen führt. Es geht nicht um so etwas wie „Das Geheimnis der Pyramiden", das dauernd in Dutzenden von Büchern gelüftet wird. Es geht mehr um das „heilig öffentlich Geheimnis", von dem Goethe (1749-1832) in seinem Epirrhema spricht und das uns allen als unerklärliche Einheit vor Augen liegt: „Nichts ist drinnen, nichts ist draußen;/Denn was innen, das ist außen." Das Schöne an der Welt sind ihre Geheimnisse. Wer versucht, sie durch ein Zauberwort weichen zu lassen, hat meine Sympathie und die Welt verzaubert.

Jeder aktive Forscher kennt dieses Phänomen, das er seinem Publikum mit den Worten beschreibt, dass eine Antwort auf Fragen an die Natur kein Ende des Fragens darstellt, sondern im Gegenteil mehr Fragen hervorbringt. Wenn etwa Biologen fragen, wie Organismen Farben unterscheiden und warum nachts alle Katzen grau sind, und sie als Antworten finden, dass die Lebewesen dies mit Hilfe von lichtempfindlichen Molekülen (besonderen Genprodukten) tun, die sie nach Einbruch bei Dunkelheit wechseln, dann hat ihre Arbeit kein Ende erreicht, sondern nur eine neue Wendung bekommen.

Eine aufgeklärte – aufklärende – Vermittlung von Wissenschaft darf daher keine plakativen und endgültigen Lösungen anbieten und großzügig grinsend verkünden, alles im Griff zu haben (nach dem Motto, „Sonst noch Fragen?"). Wer so agiert, versucht als Verkünder des Wissens wie ein absoluter Monarch des 18. Jahrhunderts aufzutreten, was ihm zwar kurzfristig Erfolg bescheren, langfristig dem Publikum aber nur schaden kann und den meisten Bildungsbemühungen entgegen laufen wird. Eine gute Vermittlung muss vielmehr die von der Wissenschaft erarbeiteten Erklärungen als Geheimnisse erkennbar werden lassen und sie für die jeweils Zuhörenden in angemessene Fragen verwandeln, mit denen die angesprochenen Menschen – „draußen im Lande" – schließlich und endlich ihr eigenes Denken beginnen und ihren Verstand in Gang setzen können. Wie anfangs gesagt: Aufklärung beginnt mit einem Geheimnis – und liefert stets ein neues, das es vorzustellen gilt. Mit diesem Kreislauf der Bildung kann das aufgeklärte Zeitalter entstehen, von dem viele Menschen schon lange träumen und für das die Erzieher arbeiten.

Unser Verhalten ist schon seltsam. In der Schule lernen die Kinder, dass es auf die Fragen ankommt, und sie bekommen Sokrates als Beispiel vorgeführt, der nicht einmal weiß, was Tapferkeit oder Gerechtigkeit ist. Und im Leben wählen die Erwachsenen die Politiker, die auf alles eine Antwort wissen. Waren die Politiker nicht auf der Schule?

Wer Wissenschaft vermitteln will, darf sich also sokratisch orientieren und vorführen, was er so alles nicht weiß. Wer bei diesem anfänglichen Bemühen Zuhörer und Leser findet, kann ruhig einen Schritt weitergehen und annehmen, dass es ihn und Menschen gibt, die auf jeden Fall eines wissen, nämlich dass sie wissen wollen. Auf ihre Wahrnehmungen kommt es an. Ihre Fragen sind es zudem, „aus denen das, was bleibt, entsteht", wie Erich Kästner geschrieben hat, der noch angenommen hat, dass etwas bleibt. Ja sicher bleibt etwas, würde sein Kollege Bertolt Brecht (1898-1956) antworten, und zwar von den Städten der Wind, der durch sie hindurchging. Sollten wir nicht mehr über ihn herausfinden?

9. Das Rettende in der Gefahr – Über die Rolle der Technik und das Verstehen von Wissenschaft für das Ziel einer nachhaltigen Welt

„Wo aber Gefahr ist, wächst das Rettende auch." Die hymnischen Worte von Friedrich Hölderlin kann ein Wissenschaftshistoriker nüchtern umkehren. Denn da, wo im Laufe der Geschichte dank Forschung das Rettende erreicht worden und den Menschen der erwünschte Handlungsspielraum zugewachsen ist, droht auch die Gefahr, die zugleich mit den Möglichkeiten aufkommt, die Wissenschaft und Technik den Menschen bieten. In seinem Buch über „Zeiten der Erkenntnis" erwähnt der britische Historiker Ian Mortimer dafür ein eindrucksvolles Beispiel. Mortimer möchte in seiner Erzählung für jedes Jahrhundert „Den wichtigsten Akteur des Wandels" ausfindig machen, der seine eigene und die nachfolgende Zeit geprägt hat, und nachdem er sich im 19. Jahrhundert für Karl Marx und seine visionäre Gesellschaftsanalyse entschieden hat, denkt der Historiker als möglichen Kandidaten für das 20. Jahrhundert über den Chemiker Fritz Haber nach, und zwar aus den folgenden Gründen:

„Die Erfindung, die dieser deutsche jüdische Wissenschaftler zusammen mit seinem Schwager Carl Bosch machte, der Haber-Bosch-Prozess zur Herstellung von Stickstoffdünger, kam der ganzen Welt zugute. Die Schätzung zur Zahl der Menschen, die heute aufgrund seiner Erfindung leben, gehen in die Hunderte Millionen, sogar in die Milliarden. Was für ein Segen für die Menschheit, möchte man sagen, was für ein Lebensretter! Doch derselbe Mann war auch für die Erfindung der chemischen Kriegsführung verantwortlich. [...] Und es sollte noch schlimmer kommen. Nach dem Ersten Weltkrieg leitete Haber die Arbeitsgruppe, die das auf Blausäure basierende Insektizid Zyklon B entwickelte. Diese Chemikalie verwendeten die Nazis während des Zweiten Weltkriegs, um unzählige Juden in den Todeslagern zu ermorden. [...] Der Mann, der mehr Leben rettete als jeder andere, war auch für Millionen Tote verantwortlich."

Die Nähe der Wissenschaft und ihre Ferne

In der Tat und ganz konkret: Wo sich das Rettende zeigt, wächst auch die Gefahr durch die gewonnenen Einsichten in die Natur. Und diese Feststellung trifft noch zu, wenn längst nicht mehr gilt, was Hölderlin schreibt, nämlich „Nah ist / Und schwer zu fassen der Gott", sondern wenn sich in einer rationalen und säkularisierten Welt etwas anderes zeigt, und zwar „Nah ist / Und schwer zu fassen die Wissenschaft." Mit dieser banal scheinenden Wendung soll nicht ausgedrückt werden, dass Menschen mit Hilfe von Forschung und Technik göttergleich geworden sind, auch wenn Bücher mit Titeln wie „Homo Deus“ so etwas proklamieren. Mit der trivialisierten Hölderlin Zeile soll nicht etwas Großspuriges, sondern – im Gegenteil – etwas Kleinmütiges angesprochen werden, nämlich die Tatsache, dass heutige Gesellschaften zwar von der Wissenschaft leben und von ihren Hervorbringungen berührt werden, aber diese Nähe kommt zustande, ohne dass die Menschen etwas von dem Gott in ihren Reihen wissen oder überhaupt verstehen wollen, wie er operiert. Naturwissenschaftliche Bildung findet entweder nicht statt oder kein öffentliches Interesse, und das ist die eigentliche Gefahr, vor der sich die Menschen nur selbst in Rettung bringen können.

Zu Beginn des 21. Jahrhunderts haben zwar zuständige Organisationen in Deutschland eine Initiative für ein „Public Understanding of Science“ gestartet und sich vorgenommen, „Wissenschaft im Dialog“ zu vermitteln, aber in den vergangenen zwei Jahrzehnten ist weder ein Verstehen von noch ein Verständnis für Wissenschaft zustande gekommen, wie man die englischen Worte auf zwei Weisen übersetzen kann, um dabei zu merken, dass sie sich offenbar unterscheiden. Und wenn die öffentliche Meinung inzwischen auch die Gefahr erkannt hat, die der Menschheit unter anderem durch den Klimawandel, das Artensterben, die Umweltzerstörung, die Ressourcenknappheit und die Bevölkerungsexplosion das Überleben erschwert, so zeigt sich trotz Hölderlins Optimismus das Rettende in Form einer notwendig nachhaltigen Lebensweise noch lange nicht in ausreichendem Maß. Nachhaltigkeit kann nämlich nicht allein durch technisch-wissenschaftliche Entwicklungen erreicht werden. Nachhaltigkeit gelingt erst durch eine kulturelle Lebenseinstellung, zu der eine Bildung gehört, die bislang ausbleibt. Natürlich kann sich eine nachhaltige Lebensweise nur entwickeln, wenn die Laboratorien mit ihren Forschern und die Werkstätten mit ihren Ingenieuren ihre Beiträge liefern. Sie müssen dann aber von den Zeitgenossen verstanden und im Alltag akzeptiert werden, um „enkelgerecht“ wirksam zu werden, wie man inzwischen sagt, nachdem aus der Nachhaltigkeit in jüngster Zeit ein modisches Gummiwort geworden ist, mit dem manche einfach ausdrücken möchten, das etwas eine längere Zeit andauert oder anhält, ein nachhaltiges Gedächtnis zum Beispiel.

Ziele der Menschheit

Wenn mit Nachhaltigkeit das seit den 1980er Jahren formulierte Ziel der Menschheit gemeint ist, die Erde und ihre Ressourcen so zu nutzen, dass späteren Generationen – zuerst einmal den eigenen Enkelkindern – dieselben Chancen auf ein Leben in Würde mit ausreichenden Erträgen ermöglicht wird, wie sie bislang verfügbar waren, dann lassen sich eine Fülle von Techniken nennen, deren Einsatz zu dem genannten Ziel beitragen, wobei in letzter Zeit der Plural benutzt wird, um einzelne Ziele eines nachhaltigen Wirtschaftens und Lebens anzugeben. Die UN hat 17 ausgewählt, die unter der Abkürzung SDG – Sustainability Development Goals – im Internet zu finden sind. Sie handeln von Armut, Hunger, Gesundheit, Bildung, Wasser, Energie und manchem anderen wichtigen Aspekt, der einem Leben Würde gibt. Viele Menschen werden dies wissen, was die Frage mit sich bringt, die weniger technisch und mehr philosophisch klingt und auf ein Rätsel verweist. Es besteht darin, dass am Ende des 20. Jahrhunderts nach der Zukunftseuphorie der 1960er Jahre, als eine Reihe optimistischer Futurologen dem staunenden Publikum vorführten, wie „Der Weg ins Jahr 2000“ zu finden sein würde und welche paradiesischen Zustände an seinem Ende auf die Menschen warteten, es zu einer Depression kam. Denn als man dem versprochenen Land näherkam, zeigte sich vor allem ein Überdruss an der Wissenschaft, wie der Philosoph Hans Blumenberg 1987 in seinem Buch „Die Sorge geht über den Fluss“ notiert hat. Damals konnte sich Blumenberg noch wundern, warum „unausgesetzt Anstrengungen zu meiner Rettung unternommen werden, wenn ich nichts davon weiß, in Gefahr zu sein“. Doch diese Lage hat sich inzwischen spürbar geändert. Die Gefährdung der Welt ist unübersehbar geworden, und so bieten sich im 21. Jahrhundert viele Technologien an, um gangbare Wege in eine nachhaltige Zukunft zu öffnen. Hier sollen ein paar angesprochen werden.

Bekanntlich wird das Erdklima durch das Treibhausgas CO2 bedroht, das nicht nur in Verbrennungsmotoren, sondern auch in Kraftwerken und anderen Industrieanlagen entsteht und in die Luft gelangt. Dies hat zu der Idee geführt, die Emissionen, die etwa bei der Stromproduktion entstehen, bereits bei der Freisetzung abzufangen und anschließend unterirdisch zu lagern, wobei die geeigneten geologischen Formationen noch zu finden wären. CCS heißt das Konzept, „Carbon Capture and Storage“, das auch als CO2-Verpressung bezeichnet und seit Ende des 20. Jahrhunderts diskutiert und erkundet wird, ohne seine Kritiker überzeugen zu können. Die Einwände reichen von zu hohen Investitionskosten über Akzeptanzprobleme bis hin zu Unkenntnissen über den Aufbau des Erdinnern mit dazugehörigen Risiken auf der Oberfläche, und die Debatte zu diesem Thema wird weitergehen.

Den erwähnten Abbau der CO2-Konzentration in der Atmosphäre möchte man auch mit großräumigen Eingriffen in die Lufthülle der Erde erreichen, die unter dem Stichwort Geoengineering erörtert werden. Ein Vorschlag sieht dabei vor, die einfallende Sonnenstrahlung zu reduzieren – man spricht vom Solar Radiation Management –, was aber weder im globalen Maßstab angeboten wird noch von der Kostenseite her kalkulierbar ist.

Zu den drängendsten Themen gehört die Frage, „Kann unsere Erde die Menschen noch ernähren?“, die der Biochemiker und Züchtungsforscher Klaus Hahlbrock in einem 2007 erschienenen Buch mit diesem Titel erörtert hat. Die Aufgabe ist gigantisch, wie man sich leicht klarmachen kann, wenn man zur Kenntnis nimmt, dass die Landwirtschaft mit weniger Energie und knapper werdenden Böden und Nutzflächen eine zunehmende Zahl von Menschen ernähren muss, nämlich zehn Milliarden im Jahre 2050, wie allgemein geschätzt wird. Wie muss eine nachhaltige Landwirtschaft aussehen, um ausreichend Nahrungsmittel zu liefern und mit ihnen möglichst zur Gesundheit der Konsumenten beitragen? Die Antworten, die hier zu hören sind, greifen oftmals auf die grüne Gentechnik zurück, mit deren Hilfe Nutzpflanzen gegen Schädlinge oder Trockenheit resistent gemacht und so eingestellt werden können, dass sie effizienter mit dem Stickstoff aus der Luft umgehen. Mit dieser Form der Gentechnik können sich selbst ihre einstmaligen Gegner aus den Reihen der Grünen anfreunden – nach dem Motto: Die schärfsten Kritiker der Elche waren früher selber welche.

Mut zur Nachhaltigkeit

Was alles zu dem für eine global lebenswerte Zukunft aufzubringenden „Mut zur Nachhaltigkeit" gehört, hat der ehemalige Wirtschaftsmanager und heutige Stifter Klaus Wiegandt in einem 2016 erschienenen Band mit diesem Titel zusammengestellt, der im Untertitel „12 Wege in die Zukunft" ankündigt. Auf ihnen geht es unter anderem um die Bedrohung der Ozeane, die Gefährdung der Ressource Wasser allgemein, die zunehmende Migration der Weltbevölkerung und die Möglichkeit künftiger Seuchen und Pandemien, die in diesen Tagen (Februar 2021) durch das Corona Virus ausgelöst worden ist und die Welt in Atem hält. Bereits viele Jahre vor dem Auftreten von Covid-19 hat der Infektionsbiologe Stefan H.E. Kaufmann die „Mindestanforderungen zur Seucheneindämmung" aufgezählt:

„Ausstattung mit gut geführten Kliniken und Implementierung ausreichender Hygienestandards. Sicherstellung einer funktionierenden medizinischen Grundversorgung. Schaffung globaler Organisationen für den Kampf gegen Erreger ohne Grenzen. Einrichtung globaler Überwachungsstrukturen, die rasch neue Gefahrenherde ausmachen. Möglichst bevor sich aus einem lokalen Ausbruch eine Epidemie entwickelt. Einrichtung eines internationalen Zentrums für globale Notfallmaßnahmen, das wirksam Eingriffe bei Gefahrensituationen gewährleistet. Stärkung von Forschung und Entwicklung für neue Medikamente, Impfstoffe, Diagnostika, medizinische Geräte sowie Ausrüstung für den Infektionsschutz."

Zur aktuellen Bekämpfung der Corona Pandemie trägt die Weltgesundheitsorganisation WHO (Word Health Organisation) bei, die 2009 zusammen mit dem UN-Kinderhilfswerk UNICEF und der Weltbank in einem gemeinsam erstellten Bericht festgestellt hat, „mit Ausnahme von sauberem Wasser hat keine Maßnahme die Zahl der Todesfälle erfolgreicher zurückgedrängt als Impfstoffe – auch nicht Antibiotika." Impfstoffe sollen (und werden) den Menschen bei der derzeit grassierenden Corona Seuche helfen, doch dies hindert viele Querdenker trotz übereinstimmender Sicht der Virologen und Infektionsbiologen nicht daran, sich skeptisch und abschätzig gegenüber den gegen Covid-19 entwickelten Impfstoffen zu äußern. Statt über die extrem kurze Entwicklungszeit der therapeutischen Angebote zu staunen, jammert man über Profitgier der Pharmabranche und verbreitet Verschwörungstheorien abstrusester Art, was zu der These zurückführt, dass Nachhaltigkeit ein Thema der Kultur ist und das mit diesem Wort bezeichnete Ziel nur erreicht wird, wenn die Menschen dies verstehen und nicht nur auf technische Hilfen warten, sondern sich gezielt vornehmen, ihr Verhalten zu ändern.

Die Waldoption

Der Menschheit droht Gefahr, weil ihre Mitglieder aus Profitgier Regenwälder abholzen und verbrennen, weil sie gewaltsam natürliche Räume usurpieren und so die Artenvielfalt vernichten, weil sie mit ihren Schiffen und Abfällen die Ozeane kontaminieren und vermüllen, weil Menschen allgemein nach kurzfristiger Gewinnmaximierung streben und sich an verschwenderische Lebens- und Konsumstile gewöhnt haben. Es lässt sich ausrechnen, dass zum Erreichen des bekannten Ziels, die Erderwärmung auf höchstens zwei Grad zu begrenzen, bis zum Jahre 2050 der derzeitige Energiebedarf um die Hälfte reduziert und der größte Teil der fossilen Brennstoffe durch erneuerbare Träger ersetzt werden muss. Dabei soll es weiter gelingen, das Wachstum der Wirtschaft durch technologische Innovationen zu erhalten, was zusammen höchst unwahrscheinlich klingt – jedenfalls solange sich die Politik weigert, dafür zu sorgen, dass für natürliche Ressourcen ökologisch angemessene Preise gezahlt werden. Wie aber zu beobachten ist, machen die durch den aufgestauten Bedarf in Schwellen- und Entwicklungsländern zustande kommenden Rebound-Effekte viele Effizienzgewinne zunichte, die technischen Entwicklungen zu verdanken sind. Und allgemein gilt, dass radikale Umstellungen von Lebens- und Konsumstilen und Änderungen in der industriellen Produktionsweise deshalb weder durchführbar noch zu verantworten sind, weil dies in vielen Ländern Massenarbeitslosigkeit zur Folge hätte, die wiederum Fluchtbewegungen auslösen würde.

Angesichts dieser Lage schlägt Klaus Wiegandt (www.mut-zur-nachhaltigkeit.de) das vor, was er die Waldoption nennt. Sie besteht aus den beiden Schritten „Regenwälder erhalten“ und „ein weltweites Aufforstungsprogramm“ beginnen. Ein Stopp der Vernichtung der Regenwälder würde die CO2-Emissionen um Milliarden von Tonnen senken, wobei die damit verbundenen Ertragsausfälle in den Schwellen- und Entwicklungsländern jährlich mit 50 Milliarden US-Dollar bezahlt sein würden, was eine stemmbare Summe für die Weltgemeinschaft ausmacht. Und in den Tropen könnten nach wissenschaftlichen Studien auf 200 Millionen Hektar Aufforstungsprogramme ohne Nachteil etwa für die Sonnenabstrahlung (Albedo Effekt) durchgeführt werden. Die hier angedeutete Waldoption scheint der Initiative „Mut zur Nachhaltigkeit“ ein praktikables Mittel zu sein, um die Emissionen ausreichend zu reduzieren, ohne dabei ein soziales Elend zu verursachen.

Eine Frage der Bildung

Es ist gesagt worden und vielfach zu lesen, dass die Herausforderungen im Bereich der Nachhaltigkeit weniger technischer Art und mehr kultureller Natur sind. „Es ist aus moralischen Gründen unerlässlich, dass die Botschaften der Wissenschaften so weit ins Bewusstsein der Entscheidungsträger eindringen, dass diese eine klare Vorstellung davon haben, dass sie eine Wahl unter bestimmten Optionen zu treffen haben“, wie der Klimaforscher Hans-Joachim Schellnhuber in seinem Buch „Selbstverbrennung“ geschrieben hat, wobei nicht eigens hinzugefügt werden muss, dass die erwähnten Botschaften auch in den Köpfen der Menschen anzukommen haben, die man als breite Schicht der Bevölkerung kennt. Doch kaum schlägt man diese Art der modernen Aufklärung vor, melden sich Sozialwissenschaftler zu Wort, die auf die Gefahren einer ungeschminkten Ausbreitung der Wahrheit hinweisen, weil sie befürchten, Menschen fallen dann entweder in eine Schockstarre, die sie handlungsunfähig macht, oder sie entscheiden sich für das hedonistische Prinzip und unternehmen alles, um die Welt und ihren Luxus noch einmal zu genießen.

Man kann natürlich darauf warten, dass die entscheidenden Impulse zum Klimaschutz und zur Rettung vor den erkannten und drohenden Gefahren von Entscheidungen der Politik ausgehen, die den Weg für erhoffte technische Lösungen freimachen. Man kann auch der Ansicht sein, dass schon alles zu spät ist und man nur noch warten kann, bis der planetare Notstand eintritt und die Menschen auf der Erde wieder das beginnen können, was sie im Laufe der Evolution groß gemacht hat und Überlebenskampf heißt. Als der Nobelpreisträger Dennis Gabor in den 1960er Jahren über die „Menschheit morgen“ nachdachte und die Zukunft konkret erfinden wollte, meinte er im Angesicht des grandiosen Wirtschaftswachstums und der erstaunlichen Fortschritte der Wissenschaft in seinen Tagen, dass die kommende Menschheit das Pech haben könne, sich im paradiesischen Luxus zu Tode zu langweilen. Besser wäre es, sie könnte oder müsste Notfallsituationen der katastrophalen Art erleben und durchhalten, weil ihre biologische Geschichte sie darauf vorbereitet hat.

Damit ist das entscheidende Stichwort der Geschichte gefallen, die in den hiesigen Breiten ohne die Wissenschaften unterrichtet wird. Als 1999 ein Bestseller unter der Überschrift „Bildung“ verkündete, hier finde man „alles was man wissen muss“, wurden die Naturwissenschaften explizit davon ausgenommen – und ein Technikverständnis hat noch nie dazu gehört. Natürlich geht es bei der Nachhaltigkeit um die Zukunft, aber „Zukunft braucht

Herkunft", wie es der Philosoph Odo Marquard in Essays beschrieben hat. Die Gegenwart, die Menschen erleben, hängt von der Wissenschaft ab, die sie in der Vergangenheit entwickelt und eingesetzt haben. Die Fortschritte, die sie dabei erzielen konnte, haben der abendländischen Kultur zu der Humanität verholfen, die Menschen zu allen Zeiten als Ziel ihres Daseins betrachtet haben. Die moderne Version dieser Humanität kennt die Gegenwart als Bemühen um Nachhaltigkeit. Ihr kann und will Ausdruck verleihen, wer seine Herkunft kennt. Das Werden eines Werks und seine Form nennt man beides Bildung. Auf ihre allgemeine Form wird es ankommen. Sie kann die Menschen retten, nicht das, was als Aus- oder Fortbildung angeboten wird. Damit gerät man nur fort oder ins Aus, wie die Worte es selbst ausdrücken. Wenn Hölderlin recht hat, sollte jetzt die Bereitschaft der Menschen wachsen, sich die Bildung anzueignen, mit der sie sich retten können. Wer klagt, dass dies teuer wird, sollte sich daran erinnern, was John F. Kennedy in seiner Antrittsrede als Präsident der USA gesagt hat. Das Einzige, was teurer ist als Bildung, ist keine Bildung. Sie würde diesmal das Überleben der Menschen kosten.

10. Der Geist einer Zeit – Walter Benjamin und die Quantenmechanik

„Was Ihr den Geist der Zeiten heißt", so lamentiert Faust in Goethes Drama, „das ist im Grund der Herren eigner Geist, /in dem die Zeiten sich bespiegeln." Der Gelehrte hält offenbar nicht viel von dem schönen deutschen Wort „Zeitgeist", das der Philosoph und Dichter Johann Gottfried Herder 1769 geprägt hatte. Er wollte mit ihm die von ihm wahrgenommene Mentalität einer Epoche kennzeichnen, durch die in seinen Tagen erst der Geist der Aufklärung wehte, bevor er um 1800 von dem Sturm der Romantik abgelöst wurde. Die Rede vom Zeitgeist war im Gefolge der Französischen Revolution populär und der Begriff im 19. Jahrhundert von dem Philosophen Georg Wilhelm Friedrich Hegel geadelt worden, der meinte, in dem epochalen Zeitgeist einen objektiven Geist am Werk zu sehen, unter dessen Anleitung sich die Geschichte entwickelt.

Die Menschen haben den schönen Ausdruck vom Zeitgeist gerne an- und in ihrem Sprachgebrauch aufgenommen, und so wie sie Orten einen genius loci und damit eine bestimmte kulturelle Atmosphäre zuschreiben – etwa den Metropolen in Paris und London –, lässt sich auch ein genius saeculi als Geist eines Zeitalters ausmachen, wie er zum Beispiel in der Stadt Wien um 1900 seine wissenschaftliche und künstlerische Wirkung entfaltet hat. In der neueren Geschichte der Wissenschaft hat sich der genius loci zum Beispiel in Kopenhagen und Göttingen zu erkennen gegeben, als in den beiden europäischen Städten während der 1920er Jahre Physiker aus aller Welt zu der großen Umwälzung der Physik beigetragen haben, an deren Ende eine Quantenmechanik stand, die mit der Stabilität der Atome und ihrem Licht zurecht kam, beides erklären und mit ihren Folgen die Welt verändern konnte.

Man kann deshalb sagen, dass ein gewaltiger Geist des Jahrzehnts, ein genius decennii, zu spüren war, als während der Goldenen Zwanziger Jahre neben der Weimarer Kultur zeitgleich die Roaring Twenties der Physik zu feiern waren, und da diese Epoche darüber hinaus als „Zeit der Zauberer" in der Philosophie bestaunt wird, könnte es sich lohnen, nach einem damals das Denken ungemein befördernden und sich in seinem dazugehörigen Weltbild ausdrückenden Zeitgeist zu fahnden. Hier wird dazu ein bescheidener Versuch unternommen, indem ausgewählte Aspekte im Denken von Walter Benjamin mit den Einsichten der Quantenmechanik verglichen werden, deren mathematische Form genau erfassen kann, wie sich Atome und ihr Innenleben verhalten und welche Kräfte sich da im Detail zu erkennen geben, während die philosophische Deutung der neuen Physik bis heute umstritten bleibt und voller Rätselhaftigkeit steckt.

Den entscheidenden Schritt weg von der seit Jahrhunderten höchst erfolgreichen alten (klassischen) Mechanik zu ihrer längst triumphalen neuen Version mit Quantensprüngen verdanken die Wissenschaft und die Menschen dem kreativen Genie des damals noch blutjungen Physikers Werner Heisenberg, der in der Mitte der 1920er Jahre die skeptische Bemerkung seines kritischen Freundes Wolfgang Pauli ernst nahm, bei dem Nachdenken über das Innerste der Welt einmal von der Vorstellung auszugehen, dass die dort zu findenden Atome überhaupt kein Aussehen mit darstellbaren Gestalten haben und sich nicht mit einem mechanischen Modell aus klassischen Kügelchen verstehen lassen. Vor 1920 meinte man, sich die Grundbausteine der Materie wie den Planeten Saturn vorstellen zu können, indem man den Atomen einen Kern zubilligte, um den Elektronen kreisen konnten. Doch mit solchen anschaulichen Vorgaben gelang es trotz jahrelanger Bemühungen nicht, die theoretischen Berechnungen mit den experimentellen Ergebnissen in Einklang zu bringen. Die mathematische Form der neuen Physik zeigte sich erst, als Heisenberg mit Mut den entscheidenden Gedanken fasste, indem er festlegte, dass die Bahn eines Elektrons in einem Atom erst dadurch entsteht, dass ein Mensch sie beschreibt. Die Wissenschaft kann nur das Licht vermessen, das aus dem Inneren kommt und muss die dabei ermittelte Energie nutzen, um über ihre Quelle etwas sagen zu können.

Mit dieser völligen Abwendung vom Vorgehen und Denken der klassischen Physik kann man sich nun aus dem Bereich der Naturforschung in die Sphären der Geisteswissenschaften aufschwingen, denn in den Schriften des Literaturkritikers Walter Benjamin finden Leserinnen und Leser etwas Vergleichbares. Für den umtriebigen Philosophen entsteht eine Reise erst „aus dem Tagebuch, dass ich schreiben will", wie der Biografie zu entnehmen ist, die Howard Eiland und Michael W. Jennings 2020 vorgelegt haben und im Suhrkamp erschienen ist.

Die beiden Autoren, Literaturwissenschaftler der eine und Philologe der andere, lassen „das Verfassen des Reisetagebuchs" durch Benjamin „zur eigentlichen Reise" werden, und wenn man die Bewegung von Elektronen im Atom auch nicht als eine Urlaubsfahrt oder Bildungstour einer Person durch die Welt betrachten kann, so wird in beiden Fällen ein beobachtendes und erlebendes Subjekt zur bestimmenden Figur, das im Leben sich selbst und im Atom dessen dynamische Innenwelt voller Energie in Augenschein nimmt. Benjamin setzt in der verdichteten Sprache seiner Notizen und Essays nach Auskunft seiner Biografen vielfach ein Vokabular ein, das eine „Spannung" und Beziehungen aufbaut, „die eine unstete Wirklichkeit unterlaufen", was einem Physiker deshalb einleuchtet, weil er die von ihm untersuchte Wirklichkeit eben nur mit den ihr eingeschriebenen Quantensprüngen einfangen kann. Die Welt ist tatsächlich unstet, wie die Physik im erwähnten Goldenen Zeitalter zur Kenntnis nehmen muss, und damit hat man nur den Anfang der Überraschungen benannt, die auf die Wissenschaft i Jahrzehnten zukam, die dem Naziterror vorangegangen sind.

Apropos benennen: Benjamin hat sich auf verschiedene und oftmals vertrackte Weise über die Natur der Sprache und ihr Dasein geäußert und sich dabei auch Gedanken über „die Aufgabe des Benennens“ gemacht, wobei Literaturkenner zu allen Zeiten gewusst haben, dass ein Wort das zerstören kann, was es beschreibt. Natürlich kann man Dingen, die man sieht, Namen geben – einer Blume oder einem Haus zum Beispiel –, doch wenn man sich in den Bereich der Abstraktion begibt, wird die Aufgabe des Benennens unmöglich und das Wissen „namenlos“, wie zu lesen ist. Benjamin nennt diese Sprachlosigkeit „das große Leid der Natur“, woran sich bei ihm theologische Überlegungen anschließen, die hier übergangen werden, um daran zu erinnern, dass die chinesische Philosophie um etwas kreist, das unbenennbar und namenlos ist, auch wenn das Wort „Tao“ fällt, wenn darüber geredet wird. Gemeint ist, dass sich das Tao ändert, wenn es benannt wird, und bei Benjamin ändert jedes Wort seinen Sinn, wenn es benutzt und in einem Kontext eingesetzt wird.

Diese Idee des Namenlosen lässt einen Physiker an eine weitere Leistung von Heisenberg denken, der 1927 das aufgestellt hat, was Physikbücher als Unschärferelation beschreiben, obwohl es in Wahrheit um Unbestimmtheiten geht. Heisenberg hat feststellen müssen und können, dass ein Elektron zum Beispiel unbestimmt in dem Sinne ist, dass man ihm weder einen genauen Ort noch eine bestimmte Geschwindigkeit zuschreiben kann, solange es nicht vermessen worden ist. Erst eine Beobachtung bestimmt, wo ein Elektron ist und wie es sich bewegt. Die Dinge sind unbestimmt – als Gegenstände der Physik – und namenlos – als Gegenstände der Philosophie – und damit so wie der Zeitgeist, der sich in beiden Sphären zeigt und auswirkt. Das heißt, natürlich hat der Zeitgeist selbst durch das gerade für ihn genutzte Wort einen Namen, doch dessen Bedeutung entsteht erst im Gebrauch, so wie in der Welt der Atome die dort zu findenden Teile erst durch einen experimentellen Zugriff zu dem werden, was sie dann sind.

Zum Zeitgeist der Roaring Twenties gehört eine Gestaltpsychologie, die sich mit der Wahrnehmung von Kippbildern beschäftigt, die etwa zwischen einem Enten- und einem Kaninchenkopf oder zwischen einer alten Dame und einem jungen Mädchen oszillieren können. Für Benjamin gilt, dass man diese Bilder nur richtig sieht, wenn man beides in einem zu erkennen vermag. Die Identität erweist sich im paradoxen Umschlagen, wie der Literaturkritiker meint, der leider nicht das Kippen mit der dazugehörigen Dualität zur Kenntnis nimmt, mit dem die Physik damals beschäftigt ist, und zwar sowohl bei einer speziellen als auch bei einer allgemeinen Frage. Es ging zum einen darum, dem Bild von Licht als der Bewegung einer Welle, wie es das 19. Jahrhundert höchst sorgfältig gemalt hatte, die Sicht eines

Strahls von Teilchen gleichberechtigt an die Seite zu stellen. Und es ging zum zweiten darum, die alten deterministischen Gesetze durch Angaben von Wahrscheinlichkeiten zu dem Ganzen zu ergänzen, das man wissenschaftliche Weltbeschreibung nennt. Am Grund des physikalischen Seins herrschte dieselbe Ambivalenz und Unbestimmtheit wie auf dem Boden des gesellschaftlichen Treibens, nur dass die Physik nicht eine Dialektik propagiert, sondern von der Komplementarität der Bilder spricht, die zusammengehören, während sie sich zugleich widersprechen. Dialektisch wirkt das auch, aber es bleibt qualitativ mit bleibender Spannung zwischen den umschlagenden Bildern.

Der Einfluss der Subjekte auf die von ihnen beobachteten Objekte, also die Schaffung der Bahn eines Elektrons durch den Messvorgang mit anschließender Beschreibung und die Festlegung des Seins von Licht unter den jeweils eingerichteten experimentellen Umständen – beides erinnert sehr an die Aufgabe, die Benjamin der Kunstkritik zuweist, nämlich neben der Beurteilung eines Werkes auch dessen Vollendung und Ergänzung zu liefern. Der Kritiker wird zum Teilschöpfer des Kunstwerks wie der Physiker zum Erschaffer der Formen, die in den Atomen stecken. Wissenschaft bringt neben der natürlichen und wahrscheinlich gottgegebenen Welt eine zweite hervor, die des Wissens, die erst gleichberechtigt neben der Originalschöpfung steht und sich und die Welt schließlich im Laufe der folgenden Geschichte materiell erneuert. Das Bewusstsein bestimmt seitdem das Sein. Der Geist der Zeit ist aus der Flasche und bestimmt seitdem die Geschichte, wie es Hegel vorschwebte, auch wenn er nicht an die Rolle der Wissenschaften und ihre technischen Auswirkungen gedacht hat. Kein Zauberer bringt den Forschergeist zurück. Benjamins Nachfolger müssen sich auf ihre Taten einlassen. Vielleicht denkt die Wissenschaft nicht, aber sie verändert die Welt. Das ist die Wahrheit, die sich zugleich enthüllt und verbirgt.

11. Das Verschwinden der Allgemeinbildung

Im deutschen Wendejahr 1989 erschien in Frankreich ein fast 1000 Seiten starkes Werk, das „Elemente einer Geschichte der Wissenschaften" vorstellte, wie der Titel in der deutschen Übersetzung lautete, die fünf Jahre später auf den Markt kam. Als Herausgeber der zweiundzwanzig jeweils als „Verzweigungen" gekennzeichneten Kapitel, die letztlich die vielfältigen Verknüpfungen der weltweit unternommenen und sich ausweitenden wissenschaftlichen Bemühungen von der frühen Rechenkunst in Ägypten und Mesopotamien bis zur Erfindung des Computers in Europa und Amerika mit vielen Entwicklungen und Revolutionen zwischen diesen Eckpunkten sichtbar machen wollte, zeichnete der Philosoph Michel Serres verantwortlich, der im Vorwort etwas klarstellt, das man so laut wie möglich verkünden sollte:

„Weder die Wechselfälle der politischen oder militärischen Verhältnisse noch die Ökonomie können – für sich genommen – hinreichend erklären, wie sich unsere heutigen Lebensweisen durchgesetzt haben; dazu bedarf es einer Geschichte der Wissenschaften und Techniken". Schließlich ist nicht zu übersehen, „dass wir in einer von Wissenschaft und Technik dominierten Welt leben", von der sich die Menschen immer stärker entfremden, wenn ihnen die Wissenschaften, deren Macht in jedem Augenblick zu spüren ist, nur wie ein Deus-ex- Machina erscheint, der plötzlich auftreten kann und dann ebenso schnell wieder abtreten und in den Kulissen verschwinden soll, ohne dass man wüsste, was da als nächstes aus den Kulissen zu erwarten ist.

Zum Verstehen der die historischen Wirklichkeiten schaffenden Möglichkeiten von Wissenschaft gehört ein Blick in ihre Entwicklung, deren Anfänge in der Geburt ihrer modernen Form im Europa des 17. Jahrhunderts zu finden sind und deren Vorankommen sich einem ungewöhnlichen Schub am Ende des Zweiten Weltkriegs verdankt, als der amerikanische Ingenieur Vannevar Bush seinem Präsidenten Franklin D. Roosevelt einen Text vorlegen durfte, in dem es um „Science – The endless Frontier" ging. Der nicht mit der texanischen Präsidentenfamilie verwandte Bush entwarf darin ein „Programm für die wissenschaftliche Forschung nach dem Krieg", und seine Landsleute setzten die politisch gewünschten Vorschläge in Millionen von Einzelfortschritten um, zu denen die Chips für die Computer ebenso gehören wie Herzschrittmacher und die Magnetresonanztomographie für die Patienten.

Wer will, kann noch Felder wie die Bio- und die Nanotechnologie aufzählen, in denen die Wissenschaft in der zweiten Hälfte des 20. Jahrhunderts Erfolge verzeichnen und den Menschen nicht nur dadurch helfen konnte, dass sich mit ihrer Hilfe das Bruttosozialprodukt allein der USA um viele Billionen Dollar steigern ließ. Und so unübersehbar klar wird, dass die

Diagnose von Serres allgemein und global gesehen zutrifft, den Wissenschaften in Deutschland hat diese philosophisch- historische Einsicht kein bisschen geholfen, da ihnen am Ende des 20. Jahrhunderts – wie erwähnt – von dem Anglisten Dietrich Schwanitz unter dem Jubel der soziologisch bevölkerten Kulturredaktionen ausdrücklich bescheinigt wurde, das weder sie selbst noch ihre Geschichte zur Bildung gehören und nichts sind, worüber sich die intellektuelle Garde etwa die Soziologen der neuen Frankfurter Schule unterhalten würden. Für deutsche Denker bleibt undenkbar, was Serres schreibt, wenn er ausführt, dass die Naturwissenschaften „an der Kultur unserer Zeit einen immer wesentlicheren Anteil" bekommen, „weil sie das positive Wissen – Skelett und zugleich Motor unserer Welt – in das lebendige, kollektive Abenteuer der Menschheit einbettet." Und so braucht sich niemand über Bücher zu wundern, die „Dummes Denken deutscher Denker" vorführen, die nicht wirklich mit ihrer Welt zurechtkommen.

Wissenschaft als Geschichte

Als die Wissenschaft im Europa des frühen 17. Jahrhunderts ihre ersten mutigen Schritte unternahm, gehörte dazu unter anderem der Rückgriff auf Experimente, also auf das Stellen von Fragen, auf die nicht eine spekulative Philosophie, sondern die Natur selbst eine Antwort geben sollte. Gute Experimente machen einen großen Teil des wissenschaftlichen Erfolges aus – nicht nur Galileis Hantieren mit fallenden Körpern am schiefen Turm von Pisa, sondern zum Beispiel auch das Zerlegen erst von weißem Sonnenlicht und dann von einem reinen Strahl mit der Farbe Rot durch ein Prisma, und erst recht der Einsatz einer Waage durch den französischen Chemiker Antoine Lavoisier, der nur so überprüfen und erfahren konnte, dass Gegenstände beim Verbrennen nicht leichter wurden und ihr Gewicht stattdessen zunahm. Es sah oberflächlich zwar so aus, als ob durch die Flammen etwas entweichen würde. Tatsächlich aber kam beim Verbrennen von Stoffen etwas hinzu, nämlich der Sauerstoff aus der Luft, wobei das Fassen dieses Gedankens mehr als eine Waage brauchte, nämlich – abgesehen von dem schieren Wollen des Wissens und einer unbändigen Neugierde – eine gehörige Portion Phantasie und viel Einbildungskraft.

Ohne Experimente also keine Wissenschaft und kein damit möglicher Fortschritt, aber in den 1950er Jahren gewann in Deutschland eine Partei die Wahlen mit dem Slogan „Keine Experimente", was zwar politisch und ökonomisch gemeint war, sich aber als Schlagwort ausbreitete und keine Begeisterung für die Arbeiten aufkommen ließ, die zur Grundlage des gesellschaftlichen Wohlergehens beitrugen und -tragen. Zwar hatte der Soziologe Max Weber bereits 1917 erkannt, dass „Wissenschaft als Beruf" zu betrachten war, aber wirklich gemerkt hatte bis in die 1950er Jahre hinein kaum jemand, dass es nirgendwo so viele Wissenschaftler wie in der Industrie gab – vor allem in chemischen und pharmazeutischen Unternehmen – und das von ihnen ausgestaltete und beackerte Feld längst mehr als einen Beruf ausmachte und von den Sozialhistorikern verlangte, „Wissenschaft als Geschichte" aufzufassen. Eine solche Sicht und Darstellung könnten zu einem völlig neuen Verständnis für die Folgen der wissenschaftlich erworbenen Einsichten führen, da damit die ganze Gesellschaft und nicht bloß eine einzelne Chemikerin oder ein einzelner Biologe Verantwortung für das Wissen zu übernehmen hat und sich Ethikerinnen und Soziologen nicht mehr in der bequemen Kunst üben können, es nicht gewesen zu sein.

Seit dem 19. Jahrhundert haben Historiker, Philosophen und andere Geistesgrößen erst sich und dann ihren Studentinnen und Studenten beigebracht, dass es nicht die Geschichte ist, die Menschen macht, sondern dass es umgekehrt die Menschen sind, die Geschichte machen, und inzwischen kann man sagen, wie und womit ihnen dies gelingt – mit und dank der Wissenschaft nämlich. An dieser Stelle sollen knappe Hinweise auf die Dampfmaschinen reichen, mit denen die Industrielle Revolution und all ihre sozialen und politischen Folgen ausgelöst und angetrieben wurden, und die Einführung der Elektrizität in die Haushalte und die Verfügbarkeit chemischer Düngemittel für die Landwirtschaft – beides aus dem 19. Jahrhundert – erwähnt werden, aber allen Leserinnen und Lesern kann empfohlen werden, die aktuellen Neuigkeiten zum Beispiel in den Tages- und Wochenzeitungen zu verfolgen, in denen auf den Seiten der Politik und Wirtschaft immer mehr von der Wissenschaft und ihren Folgen die Rede ist, auch wenn viele Manager auf Befragung zugeben, bestenfalls ein rudimentäres Verständnis ihrer Geschäftsgrundlage zu haben, ohne daran etwas ändern zu wollen.

In der Ökonomie geht es um Elektroautos, um Gentechnik, um Impfungen gegen Viren, um CO2-Emissionen, um die Digitalisierung des Schulunterrichts, um die Energieversorgung mit Windrädern, die seltene Erden benötigen, um Blockchains für Bitcoins, um Zugang zum Internet mit einem G5 Netz und noch viel mehr. Wer sich jetzt fragt, welcher Anteil an der Weltwirtschaftsleistung der Wissenschaft zu verdanken ist, kann zum Beispiel erfahren, dass es mindestens ein Drittel der global gehandelten Produkte ohne die Pionierarbeiten der Forscher im 20. Jahrhundert nicht gäbe, da man kein einziges der beliebten und auf der ganzen Erde verbreiteten elektronischen Wunderwerke ohne die Kenntnis der Quantenmechanik hätte entwickeln können, die damit nicht nur ein aktiver Teil der menschlichen Kultur, sondern auch ihrer ökonomischen und gesellschaftlichen Geschichte wird.

Wer die gegenwärtige Zeit verstehen will, muss sich mit Atomkraft, Automatisierung, Digitalisierung, Genomprojekten, Gigabytes, Nanotechnologien, erneuerbaren Energien und anderen Folgen der Wissenschaft auskennen, und er oder sie kann oder sollte dabei zu einem überraschenden Schluss kommen. Der berühmte, vielfach ausgezeichnete und oft um politischen Rat gebetene Physiker und Philosoph Carl Friedrich von Weizsäcker, der nach dem Zweiten Weltkrieg als Friedensforscher in Erscheinung getreten ist, wollte im Jahre 1980 in einem Aufsatz „Rechenschaft über die eigene Rolle" abgeben, die er als junger Wissenschaftler bei der praktischen Erkundung der Kernenergie gespielt hat. Von Weizsäcker packt dabei sein ethisches Denken in eine knappe moralische Einsicht, die gedrängt lautet, „Die Wissenschaft ist für ihre Folgen verantwortlich." Im Jubel der Philosophen und Soziologen über dieses Bekenntnis ist den Denkerinnen und Denkern anfangs entgangen, was tatsächlich die Folgen der Wissenschaft sind, aber heute kann es jeder wissen, es ist unsere Geschichte, und dafür sind alle Menschen zusammen verantwortlich.

Es bleibt anzumerken, dass Ethikkommissionen und Ethikräte nebst -innen davon nichts zu wissen scheinen oder es erst gar nicht zur Kenntnis nehmen wollen und ihre Mitglieder übersehen, dass von der gestreckten Hand, mit dessen Zeigefinger sie auf die schuldig gesprochene Wissenschaft zeigen, drei Finger auf sie zurückweisen. Nur fassen sie sich nicht an die eigene Nase und meinen immer noch, sie könnten sich den Pelz waschen lassen, ohne nass zu werden. Wenn sie wenigstens wüssten oder wissen wollten, warum Wasser nass ist.

Die unruhigen 1960er Jahre

In den 1950er Jahren sollten die Menschen zwar „Keine Experimente" machen, wie es der erfolgreiche Slogan einer sich christlich nennenden Partei vorschlug, aber tatsächlich haben sie das größte Experiment in ihrer Geschichte gestartet, wie unter dem Stichwort „Das 1950er Syndrom" bei Wikipedia nachgeschlagen werden kann, unter dem man erfährt, dass sich damals ein rasanter Anstieg beim Bedarf an Energie zeigte und die Menschen mit deren Einsatz und dank technischer Hilfe ihren Lebensstandard in ungeahnte Höhen zu führen vermochten.

Auf diese nur scheinbar ruhigen 1950er Jahre folgten die allgemein als unruhig eingestuften 1960er Jahre, in denen die Molekularbiologie entstand und die Gene sichtbar wurden, in denen die Antibabypille das sexuelle Leben erleichterte und in denen der digitale Raum geschaffen wurde, nicht zuletzt, um Menschen mit dem Einsatz von einer Vielzahl von Computern auf dem Mond landen zu lassen und wieder zur Erde zurückbringen zu können. Die 1960er Jahre ermutigten zudem viele Gelehrte, sich als Futurologen über die damals grandios eingeschätzte Zukunft des Menschen zu äußern, in der sie unter anderem interplanetarischen Verkehr, eine Beherrschung des Wetters und des Klimas, den Einsatz atomarer Sprengköpfe im Bergbau, programmierte Träume und „Heimcomputer für den Haushalt und die Kommunikation mit der Umwelt" zu erwarten hatten.

Die letzte Prognose kann als erfreulich zutreffend bezeichnet werden, aber es soll hier nicht um die Bemühungen der optimistischen Futurologen der 1960er Jahre gehen, neben denen nur einzelne skeptische Gegenstimmen wie die der Amerikanerin Rachel Carson zu hören waren, die ihre Mitmenschen vor einem „Stummen Frühling" warnte. Hier soll es darum gehen, dass sich in diesen Jahren mit den Beatles, dem Vietnamkrieg, den Notstandsgesetzen und den Studentenrevolten der sogenannte Durchbruch des gesellschaftspolitischen Denkens vollzog, in dessen Verlauf erst „Die deutsche Bildungskatastrophe" (1964) beklagt und anschließend als neue Weisheit proklamiert wurde, „Bildung ist Bürgerrecht" (1965).

Für diese bierselige Bildung sollten nicht zuletzt die Rundfunk- und Fernsehanstalten zuständig sein, die in der Bundesrepublik bereits 1952 versucht hatten, so etwas wie ein Wissenschaftsmagazin auf die medialen Beine zu stellen, in dessen Beiträgen zum Beispiel das spannende Leben der Wasserflöhe unter dem Mikroskop beobachtet wurde und ein Fernseh-Zoo ab 1953 über die Tierwelt berichtete. In den 1950er Jahren unternahm der Journalist Ernst von Khuon vorsichtige „Schritte ins Weltall" und erklärte der Fernsehastronom Rudolf Kühn elegant das „Sternbild des Monats", während der Deutsche Fernsehfunk (DFF) der DDR ein „Fernsehstudio Naturwissenschaften" einrichtete, in dem es zu Beginn um die sicher amüsante wenn auch keineswegs weltbewegende Frage ging, „Warum löscht das Löschpapier?"

Wissenschaftssendungen nahmen im Verlauf der 1960er Jahre an Zahl zu, als zum Beispiel Heinz Haber zum Fernsehstar wurde und Sendereihen wie „Der blaue Planet" produzierte. Haber war als Physiker ausgebildet worden und er hat viele Jahre in den USA gelebt, wo er 1956 „Chief Science Consultant" für den von Walt Disney begründeten Unterhaltungskonzern wurde. In dieser Position moderierte er einen Dokumentarfilm mit dem Titel „Unser Freund das Atom", um das Image der Kernenergie zu verbessern.

In diesem Zusammenhang ist der Haber Klassiker entstanden, in dem ein Raum voller Mausefallen zu sehen ist, die alle einen Tischtennisball einklemmen, der entkommt und wegspringt, wenn die Falle zuzuschlagen versucht, um einen auf sie treffenden Ping-Pong-Ball zu erhaschen. Nachdem Haber einen ersten Wurf ausgeführt hat, wimmelt der Raum bald von umherfliegenden Tischtennisbällen, was man in Zeitlupe wiederholen kann, und mit diesem dynamischen Gebrause sollten sich die Zuschauerinnen und Zuschauer eine nukleare Kettenreaktion vorstellen, bei denen Neutronen auf Atomkerne treffen und andere Neutronen losschlagen, bis alles in rasanter Bewegung ist und mit zunehmender Energie brummt, die letztlich ihren Weg ins Freie sucht und findet – was mit den Mausefallen, so hübsch sie sind und so zuverlässig sie losschnappen, natürlich nicht verstanden werden kann. Die Tischtennisbälle machen Spaß, aber die Energie ist Ernst, und man muss sich schon mehr ins Zeug legen, um zu verstehen, was sie ist und wie sie am Grund der Wirklichkeit agiert und aus dem Innersten der Welt kommt, um ihr Außenwerk zu verrichten.

Heinz Haber hat nicht nur im Fernsehen Spuren hinterlassen, sondern auch das bis heute erfolgreiche Wissenschaftsmagazin „bild der wissenschaft" gegründet, dessen erste Ausgabe im Jahre 1964 mit dem damals als schick und modern geltenden Verzicht auf große Anfangsbuchstaben erschienen ist. Während anfänglich Berichte und Aufsätze vor allem Wert auf wissenschaftliche Inhalte legten und reich bebildert waren – sie boten dabei ein sehr weites Spektrum, in dem die Raumfahrt und die medizinischen Folgen für die Astronauten nicht den kleinsten Platz einnahmen, mit denen sich Haber bereits in den USA beschäftigt hatte und mit denen das 1969 mit der Mondlandung erfolgreich abgeschlossene Apollo Projekt begleitet wurde –, änderte sich in den 1970er Jahren die Ausrichtung der Zeitschrift, in deren Spalten sich jetzt der Publizist und Zukunftsforscher Robert Jungk Themen wie Atomenergie, Umweltschutz und Überbevölkerung vornehmen konnte. Auch wurden die Bildungsreformen der damals regierenden sozialliberalen Koalition diskutiert, zu denen zum Beispiel ein „Bildungsgesamtplan" gehörte, wobei in „bild der wissenschaft" und anderen Magazinen davon insgesamt zu wenig bemerkt und nicht genug darauf hingewiesen wurde, dass damit die traditionelle Form der Bildung einfach von ihren klassischen Wurzeln gekappt wurde.

Einen mühevoll erarbeiteten und seit Jahrhunderten historisch erfolgreichen Prozess, der es ermöglicht hatte, einzelnen Menschen die genussvolle Teilhabe am Kulturgeschehen zu ermöglichen, ließ man vor aller Augen zu einem ökonomischen Produktionsfaktor verkommen, der nur noch der Vorbereitung auf einen künftig auszuübenden Beruf diente. Aus der guten alten Bildung wurden die flotten und immer neuen Formen der Aus-, Fort- und Weiterbildung, die schon durch ihre Anfangssilben erkennen lassen, was man mit ihrer Hilfe ist, nämlich aus und weg (oder fort). Im Windschatten dieses Aktivismus verkümmerte die Allgemeinbildung, und sie tut es bis heute. Sie wurde großzügig und bedenkenlos gesellschaftspolitischen Vorstellungen und Fortschritten geopfert, und diese eher missliche Lage ist bis heute so bestehen geblieben und der Gesellschaft nicht gut bekommen.

„Der Vater eines Mörders"

An dieser Stelle soll etwas ausführlicher auf diesen damals einsetzenden Verfall der Allgemeinbildung eingegangen werden, der auch die etablierte und erfolgreiche Struktur des Gymnasiums nicht ungeschoren gelassen hat, um es vorsichtig zu formulieren. In den 1960er Jahren war neben dem Fortschrittsglauben, bei dem all die fleißigen Futurologen übersehen haben, dass nur der die Zukunft gewinnen kann, wer seine Vergangenheit – also die Geschichte – zur Kenntnis nimmt, ein Gedanke aufgekommen, der in dem Büchlein von Alfred Andersch seinen literarischen Ausdruck gefunden hat, das unter dem Titel „Der Vater eines Mörders“ „Eine Schulgeschichte“ erzählt. Im Mittelpunkt der Handlung steht der Direktor einer Schule, dessen Sohn später der Reichsführer der SS wurde – gemeint ist Heinrich Himmler – und damit als menschenverachtender Massenmörder in die Geschichte eingegangen ist. Es geht dem Autor Andersch darum, am Beispiel von Himmlers gnadenlos den Schülern gegenüber agierenden Vater die Unfähigkeit der humanistischen Bildung herauszustellen, anständige Menschen heranzuziehen. Die Zöglinge der alten Schule haben schließlich fast widerstandslos vor den Nazischergen kapituliert, und was sie auf dem Gymnasium gelernt hatten, schien den Menschen keine Hilfe vor dem moralischen Zusammenbruch der Kultur ihres Landes zu bieten. Mit anderen Worten – ein Verlust oder Aufgeben der humanistischen Bildung konnte wohl kaum zu einem Schaden für die Gesellschaft führen und der Verzicht darauf vielleicht sogar von Vorteil für die Erziehung der Jugend sein.

Unter dieser Vorgabe und mit dieser Überzeugung sind die eifrigen Bildungsreformer in den 1960er Jahren frisch an das zerstörerische Werk gegangen, um das traditionelle Gymnasium mit seiner beherrschenden Mitte in Gestalt der antiken europäischen Kultur mit ihren Sprachen Latein und Griechisch abzuschaffen und durch ein ungeordnetes und nicht weiter zentriertes und eher beliebiges Sammelsurium von gleichberechtigten Fächern zu ersetzen, die Schülerinnen und Schüler einfach abwählen können, wenn ihnen der Sinn danach steht oder die Lust darauf fehlt. „Die europäische Schule der Gegenwart ermangelt [seit diesen Eingriffen] einer die Realität im Vorhinein ordnenden Orientierung, sie ermangelt einer Kraft, die das Vielerlei des möglichen Wissens durchdringt und zu einer sinnvollen Einheit bindet“, wie der Altphilologe Manfred Fuhrmann in seinem Plädoyer für den Wert der „Bildung“ schreibt, die für ihn „Europas kulturelle Identität“ darstellt.

Diese Haltung wird hier gefördert, und ihr soll auch dann zugestimmt werden, wenn sie den Vorwurf zu hören bekommt, altmodisch zu sein. Der Wert der Allgemeinbildung ist seit den vielen Reformen dahin, und die Schulbildung vermittelt längst etwas anderes. Das Gymnasium trägt eifrig mit zur praktischen Ausbildung bei, ohne noch etwas von der theoretischen Einbildung zu vermitteln, die dazu gehört, wenn Menschen sich von der äußeren Welt ein inneres Bild machen wollen. Selbst das Wort „Einbildung“ ist in der deutschen Sprache verpönt, obwohl eine direkte Latinisierung zu der „In-Formation“ führt, ohne die gar nichts mehr geht. Ein komisches Land, in dem alle informiert sein wollen und niemand eingebildet sein darf, also ohne ein Weltbild auskommen muss, das man selbst angefertigt und vielleicht sogar schauend gemalt hat.

Eine Ordnung der Wirklichkeit um eine Mitte

Die Missbildungen der Bildungsreformer und ihrer soziologischen Begleiter haben nie die Frage aufkommen lassen, wodurch die verpönte und abgeschaffte alte Mitte erneuert und was an ihre Stelle gesetzt werden könnte, wobei hier die Ansicht vertreten wird, dass dazu die Naturwissenschaften taugen, aber nicht allgemein und in ihrem technischen Vermögen, sondern in der Art, in der Alexander von Humboldt sie in seinem „Kosmos" vorgestellt und entfaltet hat. Mit seinen „Naturgemälden", mit denen er die von Menschen erlebte Natur als eine Einheit in der menschlichen Seele aufscheinen lässt, fügt er Wissenschaft und Kunst zu der Humanität zusammen, um die es den Menschen auf dieser Erde gehen sollte. Auf ähnlichen Gedankenwegen kann man den großen Physiker Werner Heisenberg in seinen „Allgemeinverständlichen Schriften" antreffen, der mit seinem kreativ-künstlerischen Denken versucht, eine „Ordnung der Wirklichkeit" zu finden, die es ihm und anderen ermöglicht, wieder Vertrauen in einen starken zentralen Bereich zu entwickeln, auf den sich bildungsbereite Menschen zu allen Zeiten verlassen konnten – bei Plato ebenso wie bei Bach und Goethe und bei Humboldt ebenso wie bei Heisenberg.

Das Vertiefen in Humboldts Schriften erlaubt es, seiner grandiosen Vorgabe nachzuleben, die Natur als ein durch innere Kräfte bewegtes und belebtes Ganzes aufzufassen, und Heisenberg ist in einem Vortrag „Die Einheit der Natur bei Alexander von Humboldt und in der Gegenwart" darauf eingegangen . Er hat darin zu erkennen gegeben, „dass in dem Moment, in dem die Naturforscher beginnen, sich ernstlich mit der Physik der Atome zu befassen, und versuchen, die chemischen Erscheinungen aus den Naturgesetzen im atomaren Bereich zu deuten, auch die Morphologie, die Lehre von den Gestalten, wieder in ihre Rechte eintritt", was den Weg von der Wissenschaft zur Kunst ebnet und damit zu beiderseitigem Verständnis hilft. Zwar kommt in der neueren Forschung kaum noch die erlebte Natur vor, und die von Humboldt anvisierte Einheit ist geblieben.

Man muss allerdings tiefer schauen, um auf sie zu treffen, denn sie ist abstrakter geworden. Doch dieser Tendenz folgt die moderne Kunst ebenfalls, und wenn man Bildung als etwas betrachtet, das sich der ganzen Kultur in ihrem dynamischen Wechselspiel widmet und humane Qualität aus ihm hervorgeht, dann kann man sich jetzt auf den Weg machen, die beiden zu vereinen. Denn „alles, was die Philosophie erhoffen kann", so der französische Wissenschaftshistoriker Gaston Bachelard, „ist, Poesie und Wissenschaft zu zwei komplementären Bereichen zu machen, sie wie zwei gut aufeinander angestimmte Gegenstände zu verbinden.

Diese Idee für eine Einheit durch Komplementarität zweier sich oberflächlich widersprechender, in der Tiefe der Kultur aber zusammengehörenden Denkbewegungen vertritt auch der Physiker Victor Weisskopf, der ein Kapitel seiner Autobiografie mit „Mozart, Quantenmechanik und eine bessere Welt" überschreibt und darin von seiner Sorge spricht, dass Wissenschaft ohne ästhetische Dimension inhuman werden kann, weil sie dann ohne Bezug zum Menschen zustande kommt. Es ist der Dreiklang aus Wissenschaft, Kunst und Humanität, der die bessere Welt hervorzubringen erlaubt, auf die Menschen es abgesehen haben, und ihn kann man nur erklingen lassen und hören, wenn man durch ein geeignetes Angebot für die dazugehörige Bildung das Ohr für diese Musik der Sphären geöffnet hat.

Ein Vorschlag für eine neue Allgemeinbildung

Der oben erwähnte Robert Jungk hatte 1956 mit seinem „Heller als Tausend Sonnen" betitelten und historisch angelegten Buch über „Das Schicksal der Atomforscher" einen Bestseller gelandet und sich in den 1960er Jahren einen Namen als Zukunftsforscher gemacht, der „Modelle für eine neue Welt" ersinnen und in großem Stil zeigen wollte, wie „Der Weg ins Jahr 2000" aussieht und gefunden werden kann. Immerhin hat er dabei stets die Sache der Wissenschaft vertreten. Als er sich zum Beispiel in einem Aufsatz im Juli 1975 die Frage stellte, „Sollen Journalisten Kernphysik studieren?", hat Jungk darauf mit einem umfassenden Vorschlag geantwortet, der lautete:

„Es wäre zu überlegen, ob das Studium der Naturwissenschaften und der Technologie nicht endlich in das Curriculum der allgemeinen Journalistenausbildung aufgenommen werden sollte." Es wäre nach der hier vertretenen Auffassung sogar zu überlegen, ob das Studium der Naturwissenschaften und der Technologie und ihrer Geschichte nicht überhaupt in das Curriculum eines umfassenden Universitätsstudiums aufgenommen werden sollte, um mit dem die Basis für eine neue Form von Allgemeinbildung zu errichten? Wie soll man sich ohne sie selbstständig in einer wissenschaftlich bestimmten Welt und technisch dominierten Gesellschaft orientieren? Wie anders können sie die erlebte Gegenwart verstehen und der Öffentlichkeit helfen, sich in ihr zurecht zu finden?

Man könnte sich zum Beispiel den folgenden ausbaufähigen „Grundkurs zu einer Allgemeinbildung mit Wissenschaft" vorstellen, zu dem Vorlesungen mit folgenden Themen gehören:

Grundkurs zu einer Allgemeinbildung mit Wissenschaft

- Die Geburt der modernen Wissenschaft
  (Wissenschaftsgeschichte als Teil der Kulturgeschichte)

- Zahlen, Figuren und Begriffe
  (Die Sprache der modernen Naturwissenschaften)

- Vergleichende Geschichte von Kunst und Wissenschaft
  (Entwicklungen seit dem 19. Jahrhundert)

- Raum und Zeit in Kunst und Wissenschaft
  (Der Wandel in der europäischen Kultur seit der Renaissance)

- Das Menschenbild der wissenschaftlichen Kultur
  (Zwischen determiniertem Objekt und tätigem Subjekt)

- Evolution und Nachhaltigkeit
  (Geschichte und Zukunft des Lebens)

- Die Maschinen und ihre Energie
  (Die Aufgaben der Menschen im Anthropozän)

Wer zu solch einem Grundkurs beitragen will, braucht nicht nur Kenntnisse und Enthusiasmus, er oder sie braucht auch den Sokratischen Mut, zuzugeben, „Ich weiß, dass ich nicht weiß", was sich aber als Grundhaltung durchsetzen sollte, da selbst begeisterte Lernwillige heutzutage bereitwillig einräumen, „Ich verstehe, dass ich nicht verstehe", wie oben geschildert. Aber diese Einstellung sollte der Bildung nur helfen, denn nicht die Antworten, sondern „die Fragen sind es, aus denen das, was bleibt entsteht", wie es bei Erich Kästner heißt, der dann unter der Überschrift „Sokrates zugeeignet" weiter dichtet, „denk' an die Frage deines Kindes, ‚Was tut der Wind, wenn er nicht weht'?"

Wer darauf eine Antwort versucht, riskiert es, sich lächerlich zu machen und komisch angeschaut zu werden, was einem oder einer aber auch dann passieren kann, wenn er oder sie interdisziplinär vorgehen und etwa von der Physik aus zur Biologie oder mit Philosophie zur Politik beitragen will. Das Risiko auf eine Blamage gilt es auszuhalten, es gehört ebenso mit zur Bildung wie die eindringliche Bemerkung des amerikanischen Präsidenten John F. Kennedy, der zu Beginn der 1960er Jahre bei der Ankündigung des zugleich grandiosen wie visionären Projektes einer Mondlandung seine Landsleute darauf hingewiesen hat, dass es für technikbasierte Gesellschaften, deren Mitglieder gut und gerne von der Wissenschaft leben, nur eines gibt, das teurer ist als Bildung, und das ist keine Bildung. Dies ist in diesen Tagen des 21. Jahrhunderts immer deutlicher zu spüren, und darauf sollte endlich angemessen reagiert werden.

Vielleicht kann man dafür noch etwas anderes von Kennedy lernen. In seiner Antrittsrede als Präsident der USA ist der berühmte Satz gefallen: „Frage nicht, was Dein Land für Dich tun kann. Frage, was Du für Dein Land tun kannst." Verallgemeinert gesagt kommt es nicht darauf an, auf seine Rechte zu pochen – und auf eine Bringschuld der Wissenschaft zu drängen. Es kommt vielmehr darauf an, „Bildung als Bürgerpflicht" aufzufassen und am Abtragen seiner Holschuld zu arbeiten. Die Umsetzung dieses Gedankens könnte man als ein „Kennedy Projekt" betreiben, wobei es heute weniger um einen Staat und mehr um den Einzelnen und die Frage geht, was er für sich und andere tun kann, zum Beispiel für seine Gesundheit und seine Bildung, die eng zusammenhängen, wie erstmals Rudolf Virchow im 19. Jahrhundert betont hat und wie heute zu lesen ist, wenn Bildung als Arzneimittel der Zukunft bezeichnet wird.

Mit einem Kennedy Projekt im Rahmen der Gesundheit wären die Zeiten vorbei, in denen Menschen die eigene Fürsorge immer mehr abgenommen wird, sie selbst keine Verantwortung mehr für ihren Zustand tragen und sich dafür voll und ganz dem Vergnügen widmen, wie viele es derzeit trotz aller Warnungen in den Tagen der Corona Pandemie tun. Man fragt, was die Gesellschaft für einen tun kann, ohne bereit zu sein, bei sich selbst Abstriche zu machen und etwas für die anderen zu tun.

Die Verantwortung des Individuums gehört mit zur Bildung. Es geht nicht mehr, alles machen oder sich liefern zu lassen, die Inhalte und die Kenntnisse der Wissenschaft zum Beispiel. „Bildung ist Bürgerrecht" konnte man vor Kurzem auf Plakaten lesen, die von Jusos geklebt worden sind – wahrscheinlich ohne zu wissen, dass der Satz als Titel eines Buches von Ralf Dahrendorf (1965) berühmt geworden ist. Unabhängig von der Quelle ist aber die Annahme Unsinn, man könne Bildung irgendwo bestellen und sich anstrengungslos einverleiben wie ein Müsli. Der Zugang zu den Bildungsmöglichkeiten sollte als Recht verstanden werden. Die Bildung selbst ist dann aber ebenso eine Verpflichtung wie Gesundheit, wobei die Verpflichtung nicht von außen (durch einen Chef), sondern von innen aus einem selbst kommt. Frage nicht, was die Schule für deine Bildung tun kann. Frage, wie du selbst deine Bildung voranbringen und die Schule besser machen kannst, das ist die Frage, die sich heute stellt.

Ein Kennedy-Konzept kann und soll auch Anwendung finden bei dem derzeitig aktuellen Thema der Nachhaltigkeit, bei dem in der Öffentlichkeit viele Wegweiser zu sehen und hören sind, die von Leuten durch die Gegend getragen werden, die nicht das Geringste am eigenen Leben ändern und von Kongress zu Kongress reisen, um entweder zu verkünden, was andere

Menschen zu tun haben, damit die Welt nachhaltig wird, oder Regierungen vorzuschlagen, welche Richtlinien und Rahmenbedingungen nötig sind, um Wege aus der Wachstumsgesellschaft zu finden. So geht es seit Jahrzehnten – spätestens seit dem ersten Gipfel 1992 in Rio de Janeiro –, während die Lage der Erde immer nur schlimmer wird – inzwischen mit wachsender Geschwindigkeit. Nachhaltigkeit gelingt nur als Kennedy-Projekt: Frage nicht, was man in Zukunft für dich tun kann, frage, was du jetzt für die Zukunft tun kannst. Und das Erste, das getan und erreicht werden muss, sollte man naturwissenschaftliche Allgemeinbildung nennen und so hoch wie möglich bewerten.

Ein Mannheimer Forum

Als in den 1960er Jahren die Allgemeinbildung an Wert verlor, während gleichzeitig überall Modelle der gesellschaftspolitisch orientierten Futurologen und Erfolge der Raumfahrt ihre öffentliche Aufmerksamkeit bekamen, in deren Vorbereitung sich NASA-Ingenieure daran machten, den digitalen Raum zu schaffen, in dem sich heute alle Handynutzer aufhalten, ohne zu wissen, wo sie sich befinden und wie sie dahin gekommen sind, während sich all dies entwickelte, waren die Sendeanstalten endlich aus ihrem Schlaf erwacht und hatten angefangen, Wissenschaftsredaktionen auf- und auszubauen, wobei das ZDF seit 1964 „Aus Forschung und Technik" berichtete und ab 1971 mit dem Moderator Hoimar von Ditfurth die Sendung „Querschnitt" produzierte. Sie lud ihre Zuschauer erstmals auf eine „Reise in die Vergangenheit" ein und erkundete später in der Pluralform der „Querschnitte" bevorzugt „Dimensionen des Lebens". Der einem Adelsgeschlecht entstammende von Ditfurth hatte seine wissenschaftlichen Erfolge auf dem Gebiet der Neuropharmakologie erzielt und das entsprechende Forschungslaboratorium bei dem Unternehmen Boehringer Mannheim geleitet, das 1997 an den Schweizer Konzern Hoffmann-LaRoche verkauft worden ist.

In der Mitte der 1960er Jahre, als man vielerorts meinte, dass die Öffentlichkeit mehr über die fortschrittliche Wissenschaft erfahren wollte, hat von Ditfurth seinen Arbeitgeber überreden oder überzeugen können, ein populäres Magazin heraus-zubringen, das n+m hieß – wieder die netten Kleinbuchstaben wie zur gleichen Zeit bei „bild der wissenschaft" –, was Naturwissenschaft und Medizin abkürzen sollte.

Zu Beginn der 1970er Jahre wandelte von Ditfurth das kleine Format von „n+m" in ein großes und groß geschriebenes Jahrbuch mit dem Titel „Mannheimer Forum" um, das ein „Panorama der Naturwissenschaften" liefern sollte. Dabei ging es dem Herausgeber genauer darum, „dem von fachlicher Pflichtlektüre überlasteten Arzt [Ärztinnen kamen in dem Text noch nicht vor] einen ‚Blick über den Zaun' zu erleichtern" und ihm die Möglichkeit zu geben, „sich über die wichtigsten und interessantesten Entwicklungen in den außerhalb seines eigenen Fachgebietes gelegenen Forschungsbereichen zu informieren", wie von Ditfurth im Geleitwort zur ersten Ausgabe geschrieben hat. Das in hoher Auflage hergestellte, grafisch aufwendig gestaltete, von Boehringer Mannheim verteilte und bei den Ärzten und Ärztinnen als Weihnachtsgeschenk sehr beliebte, freudig erwartete und gern gesammelte Jahrbuch konnte erscheinen, bis das relativ kleine Pharmaunternehmen von dem Riesen Roche vereinnahmt wurde und der neue Eigentümer anordnete, mit dem Jahrhundert auch das „Mannheimer Forum" zu beenden, von dem 1999 immerhin noch eine letzte Ausgabe erscheinen konnte.

Der eben geschilderten Geschichte wird hier nicht zuletzt deshalb etwas Raum geboten, weil der Autor dieser Zeilen in ihrem Rahmen persönlich auftreten kann. Als Abiturient hatte er einige Exemplare von „n+m" in der Praxis seines künftigen Schwiegervaters in die Hand bekommen und mit den Augen verschlungen. Als ich 1972 die erste Ausgabe des „Mannheimer Forums" zu Gesicht bekam, fand ich nicht nur Gefallen an seiner Gestaltung und seinen Absichten. Mich faszinierte auch und vor allem der Beitrag, in dem der 1969 mit dem Nobelpreis für Medizin ausgezeichnete Max Delbrück sein Bemühen vorstellte, „Anfänge der Wahrnehmung" zu verstehen, indem er zu verfolgen versuchte, wie Signale der äußeren Welt in das Innenleben eines Pilzes gelangen und dort die biologisch sinnvollen Reaktionen auslösen, die seine Existenz sichern.

Ich weiß noch, als wäre es gestern gewesen, wie ich aufgeregt in dem Band gestöbert habe, den der Arzt, mit dessen Tochter ich inzwischen verheiratet war, nach kurzem Durchblättern in sein (eher schmales) Bücherregal gestellt hatte, ohne darin zu lesen (worauf noch zurückzukommen sein wird). Wie hätte ich ahnen können, dass von diesem Moment der Lektüre im Mannheimer Forum an mein Lebensweg eine eigenwillige und damals völlig unerwartete Richtung bekommen sollte?

Zum einen suchte und fand ich eine Möglichkeit, nach Abschluss einer Diplomarbeit in Theoretischer Physik als Doktorand zu Delbrück ans California Institute of Technology (CalTech) zu gehen und 1977 unter seiner Anleitung zu promovieren. Und zum zweiten meldete sich von Ditfurth in den 1980er Jahren bei mir, um zu fragen, ob ich ihm mit einem Beitrag von Delbrück für sein Mannheimer Forum aushelfen könne. Zwar war Delbrück 1981 gestorben, aber ich hatte mit Freunden seine letzten Vorlesungen zu einem Buch mit dem Titel „Wahrheit und Wirklichkeit in der Wissenschaft" zusammengestellt, das 1985 erschienen war, und nun fragte von Ditfurth, ob sich ein oder zwei Kapitel daraus so umarbeiten ließen, dass sie in sein Jahrbuch passten. Ich sagte zu und lieferte einen Text ab, der unter Delbrücks Namen mit dem Titel „Eine Verschwörung der Natur" in die Ausgabe aufgenommen wurde, die zur Jahreswende 1985/86 erschienen ist. Der verwunderliche Ausdruck „Verschwörung" geht dabei auf Niels Bohr zurück, der einmal gemeint hat, die erforschte Natur sorge mit ihren zufälligen Quantensprüngen und relativistischen Effekten dafür, dass den Menschen eine vollständig deterministische Beschreibung physikalischer Phänomene unerreichbar bleibt – was noch mehrmals zur Sprache kommen wird und alle wissen sollten, die sich bemühen, die Möglichkeiten der Wissenschaft und ihre Auswirkungen auf ein entsprechendes Weltbild zu verstehen. Zwar ist manches berechenbar, das meiste aber eben nicht, und so bleibt die Zukunft bei aller Qualität der Wissenschaft ein Abenteuer mit offenem Ausgang.

Es wird gleich noch mehr zu der Frage einer determinierten Welt zu sagen sein, ich will aber an dieser Stelle zuerst die persönliche Kurve weiter verfolgen und erzählen, dass der Kontakt zu Hoimar von Ditfurth als nächstes dazu führte, dass mich der inzwischen auch als Autor von Bestsellern wie „Kinder des Weltalls" bekannte Mann fragte, ob ich ihn bei der Herausgabe des Mannheimer Forums unterstützen könne. Nichts lieber als das, wie ich ihm freudestrahlend verkündete, bevor mir klar wurde, dass von Ditfurth sich von seinen Pflichten wegen einer schweren Krankheit zurückziehen wollte und musste. Als er 1989 starb, fand ich mich plötzlich und überraschend in der Rolle des alleinigen Herausgebers des Mannheimer Forums wieder, eine wunderbare Aufgabe, die ich zehn Jahre lang übernehmen durfte, bis von höherer Ebene damit Schluss gemacht wurde, wovon schon die Rede war.

Ich möchte diesen Teil mit zwei Anmerkungen beenden. Die erste betrifft die Auswahl der Themen, bei denen von Ditfurth neben den traditionellen Disziplinen der Naturwissenschaft auch gerne auf Beiträge aus der Archäologie zurückgriff. Ich arbeitete damals als Wissenschaftshistoriker, und das ist jemand, der sich sowohl in der Geschichte als Teil der Geisteswissenschaft als auch in den Disziplinen der Naturwissenschaften auskennen musste, was mich dazu brachte, die damit bezeichneten und an den Universitäten getrennten zwei Kulturen unter einen Hut zu bringen und also in einem Band zu vereinen. So machte ich mich daran, die Beiträge in einem Jahrbuch unter ein Thema zu stellen, zu dem beide Kulturen beitragen konnten. Ich wählte erst „Gedächtnis und Erinnerung" (Mannheimer Forum 1997/98) und dann „Geburt und Tod" (Mannheimer Forum 1998/1999), wobei ich nicht wissen konnte, dass der zweitgenannte Titel die letzte Ausgabe werden würde und der Tod im Titel auch das seit Jahrzehnten erfolgreiche Jahrbuch selbst betraf.

Die zweite Bemerkung schließt an von Ditfurths oben zitierter Hoffnung an, dass der Arzt (und die Ärztin) gerne über ihren Zaun blicken und den Horizont erweitern wollen. Der Geschäftsführer des Unternehmens, das für das Mannheimer Forum sorgte und es bezahlte, sah dies nüchterner. Er hoffte zwar, glaubte aber nicht, dass die beschenkten Kunden tatsächlich in dem Jahresband lesen und die dort verhandelte Wissenschaft verstünden. Er selbst – ein promovierter Mediziner – habe mit den Artikeln auch seine Mühe, vor allem, wenn die Physik an die Reihe kam und ihre Quantensprünge machte.

Wichtig sei ihm etwas anderes, nämlich dass in der von Ditfurth initiierten Studienreihe des Unternehmens große Namen als Autoren erscheinen – die Herausgeber konnten den Gelehrten großzügige Honorare anbieten –, die den Eindruck erweckten, die Firma habe mit den schreibenden Nobellauraten und anderen Größen der Wissenschaft engen Kontakt und operiere auf ihrem Niveau. Mein Schwiegervater sollte das Mannheimer Forum gar nicht lesen, sondern mit ihm in der Hand das Gefühl bekommen, es mit einer vertrauenswürdigen, wissenschaftlich auf höchsten Niveau agierenden und auch auf die ästhetische Qualität ihrer Produkte achtenden Institution zu tun zu haben, die nebenbei auch ein Geschäft mit Diagnostika und Therapeutika machte.

„Haben wir das jetzt verstanden?"

Man kann das sarkastisch und abgehoben oder nüchtern und realistisch nennen und sich vielleicht insgesamt fragen, wie viele Menschen tatsächlich einen Aufsatz oder ein Buch etwa von Konrad Lorenz oder Manfred Eigen gelesen haben, um zwei Nobelpreisträger zu nennen, die als Autoren für das Mannheimer Forum gewonnen werden konnten. Und wie viel Leserinnen und Leser von dem verstehen, was ihnen die Lektüre eines Sachbuchs oder Essays an Nachdenkenswertem bietet?

Empirische Untersuchungen zu dem Thema wird man schwerlich machen und finden können, und außerdem sollte man zulassen, dass die lesenden Versuche, Verstehen zu erreichen, eine persönliche und individuelle Ausprägung bekommen und sich jede und jeder ein eigenes Bild über Quasare und die frühkindliche Entwicklung machen, die beide als Themen im ersten Mannheimer Forum behandelt wurden, wobei es im Normalfall leichter fällt, sich Gedanken über „Verhaltensbiologische Aspekte der frühkindlichen Entwicklung" als über „Das Rätsel der Quasare" zu machen, auch wenn diese aktiven Zentren von Galaxien inzwischen auf die Existenz schwarzer Löcher verweisen (von denen fast jeder gehört, aber vermutlich kaum jemand genug verstanden hat, um zwei oder drei Sätze dazu sagen zu können).

Es reizt mich an dieser Stelle, einige Aspekte der Frage des Verstehens an den beiden zitierten Aufsätzen meines Doktorvaters Delbrück zu erörtern, weil dabei etwas sichtbar gemacht werden kann, dass bei der Vermittlung von Wissenschaft vielleicht mehr beachtet werden sollte. Ich will darauf hinweisen, dass selbst ein Nobelpreisträger etwas übersehen und sein Denken und das von anderen in die falsche Richtung lenken kann, wobei zu überlegen wäre, wie man so etwas verhindern und wer dies übernehmen kann – ausgebildete und ernsthafte Wissenschaftskritiker vielleicht, die – wie gute Literaturkritiker – dafür sorgen, dass schlechte Werke auch von großen Autoren passend in der Hoffnung eingestuft werden, bald auf Besseres zu treffen.

In dem 1972 erschienenen Aufsatz über „Die Anfänge der Wahrnehmung" erläutert Delbrück zuerst, was ihn interessiert, nämlich die Frage, „wie

Organismen es fertigbringen, Reize, die von ihrer Umgebung ausgehen, zu empfangen und auf diese Reize zu reagieren". Er spricht dabei von der Wahrnehmung der Außenwelt, und es braucht niemandem erläutert zu werden, dass damit ein Ausdruck gefallen ist, der weit über das Biologische hinausgeht. Aristoteles hat in der menschlichen Wahrnehmung der Welt und ihrer Schönheit den Grund dafür gesehen, dass Menschen nach Wissen streben – organisiert in Form der Forschung –, aber Delbrück schränkt sich auf die Signalverarbeitung niederer Organismen ein (was zum Verständnis von Wissenschaft gehört).

Er hat als sein Versuchsmodell einen Pilz namens Phycomyces gewählt, „weil er aus einer einzigen Zelle" besteht, die allerdings ziemlich groß werden kann. Nachdem ich in meiner Doktorarbeit jahrelang die möglichen biochemischen Mechanismen des Lichteinfalls und die dabei bewirkten Wachstumsänderungen der Zellwand des Pilzes untersucht hatte, und nachdem eine Gruppe von Bioforschern sich einige Jahrzehnte lang um Phycomyces gekümmert haben, steht man am Ende aller Mühen eher mit leeren Händen da, wobei Delbrück kurz vor seinem Tod eingeräumt hat, er sei „sick at heart at the unsolved state of the problem", ihm breche es das Herz, dass er mit den Anfängen der Wahrnehmung nicht wirklich weit gekommen sei und er in manchen Fällen nicht einmal das Signal der Umwelt angeben könne, auf das der kleine Organismus reagiert.

Es ist leicht zu verstehen, was Delbrück wollte, es ist ebenso leicht zu verstehen, warum er seine Fragen mit einem Einzeller beantworten wollte, es sollte nur überlegt werden, warum der Weg trotzdem mehr oder weniger eine Sackgasse geworden ist, wie so manches in der Wissenschaft. Zu ihrem Verständnis gehören nicht nur zahlreiche Triumphe, sondern auch vermutlich zahlreiche und eigentlich unübersehbar große Scheiterhaufen, nur das man sie trotz ihrer Ausmaße links liegen zu lassen versucht.

Oben wurde zitiert, dass Delbrücks posthum erschienene „Verschwörung der Natur" davon sprach, dass nach den Einsichten vor allem der Quantentheorie den Menschen eine vollständig deterministische Beschreibung physikalischer Phänomene unerreichbar bleibt, und um solche Mechanismen handelt es sich auch bei der Wahrnehmung. Der tiefere Grund für die genannte Grenze – so meint man heute – scheint sich in einer Eigenschaft der Wirklichkeit zu verbergen, die in der Fachwelt den Namen Verschränkung bekommen hat und mit der Physiker die Tatsache erfassen, dass sich Objekte aus der atomaren Sphäre beeinflussen können, ohne dass zwischen ihnen eine physikalische Wechselwirkung möglich ist. Einstein sprach zu seinen Lebzeiten bei diesem metaphysischen Geschehen von einer „spukhaften Fernwirkung", und er wollte davon nichts wissen, was man verstehen kann, besser auf jeden Fall als die Verschränkung selbst. Sie wird hier deshalb angeführt, weil die Lebenswissenschaften, die sich mit Pilzen beschäftigen, den Ausdruck inzwischen für sich entdeckt haben und das Gewebe, das die längst neben den Pflanzen und Tieren als drittes Reich anerkannten Pilze in dem Lebensraum Wald stricken, ein „Wood Wide Web" nennen und mit dem „World Wide Web" der intelligenten Maschinen vergleichen. Pilze stellen Leben in verschränkter Form dar, und wenn sie dies im Ganzen der Außenwelt beherrschen, sollten sie auch in ihrem Innenleben Verschränkung können.

Mit anderen Worten, es könnte sein, dass Delbrücks Idee, einen Einzeller als Modell-Organismus zu wählen, bei allen kurzfristigen Einsichten deswegen langfristig zum Scheitern verurteilt war, weil die Qualität der Verschränkung in dem einzelligen Pilz für das sorgt, was Delbrück selbst als Verschwörung der Natur bezeichnet hat. Da gibt es einfach etwas in der Welt, dass eine vollständig deterministische Beschreibung physikalischer Phänomene für Menschen unerreichbar macht, und wenn jemand Wissenschaft zu verstehen versucht, dann heißt das, sich auch über diese natürliche Grenze Gedanken machen zu müssen.

In seine oder ihre Überlegungen einschließen könnte man auch eine Ansicht, die der Autor dieser Zeilen von der amerikanischen Biologin Barbara McClintock zu hören bekommen hat, als er die wunder-bare Gelegenheit hatte, mit der Nobelpreisträgerin über die beste Art zu sprechen, wie sich Wissenschaftlerinnen (und Wissenschaftler) dem Leben nähern sollen, das sie erkunden wollen. Man braucht auf jeden Fall „a feeling for the organism", ein Gefühl für den zu erkundenden Organismus, wie Barbara McClintock betonte, und sie hat solch ein Gefühl entwickelt, während sie in den Feldern umherspazierte und ihre Wahrnehmung auf die Maispflanzen richtete, die sie dort angelegt hatte, um ihr Erbverhalten und den Weg zu verfolgen, den ihre Gene dabei einschlagen. Sie meinte, der als Physiker ausgebildete Delbrück habe nie ein Gefühl für Phycomyces entwickelt, und so habe der kleine Pilz den großen Mann täuschen können, „he was fooled by it". Deswegen ist ihm seine Verschränkung nicht aufgefallen, und so kann man lernen, dass Wissenschaft in der täglichen Arbeit nicht nur Zahlen, sondern Gefühle braucht, gerade bei der Erkundung des wachsenden und wahrnehmenden Lebens, trifft sie doch hier auf allen Ebenen vor allem auf Geheimnisse, erst recht auf die, die man als lockend erleben kann und der täglichen Mühe im Laboratorium den Glanz des Schönen geben.

Feinde der Wissenschaft

Die Verschränkung als eine Verschwörung – das klingt nach einer ausbaufähigen Idee, die hier nur angesprochen wird, um zurück in das Jahr 1972 zu finden, als das Mannheimer Forum seinen Leserinnen und Lesern „Einblicke in „die Entwicklung des naturwissenschaftlichen Weltbildes" geben wollte, die seit den 1960er Jahren ungetrübt und nach stetigen Fortschritten aussahen. Im selben Jahr erschien der heute als legendär gefeierte Bericht eines bis dahin kaum in Erscheinung getretenen „Club of Rome“, in dem „Die Grenzen des Wachstums“ verkündet wurden, wobei das englisch geschriebene Original etwas vorsichtiger von den „Limits to Growth“ spricht, den Grenzen beim Wachstum also. Im Laufe der 1970er Jahre rückte nach diesem Anstoß ein Begriff in den Vordergrund, den die Futurologen der 1960er Jahre nicht einmal im Hinterkopf hatten. Gemeint ist die Nachhaltigkeit, die ein Wirtschaften bezeichnen will, bei dem die Menschen so mit der Natur umgehen, dass ihre Enkel – allgemein: kommende Generationen – über dieselben Möglichkeiten verfügen wie sie selbst als die gegenwärtig Lebenden.

Es gilt tatsächlich für die gesamte Menschheit, große Anstrengungen zu unternehmen, um eine nachhaltige Welt zu schaffen, und es gibt ermutigende Ansätze und Initiativen, um dieses überlebensnotwendige Ziel zu erreichen. Ein Problem mit den entsprechenden Aktivitäten besteht darin, dass sie nur mit dem geeigneten Einsatz von Wissenschaft und Technik zum Erfolg zu führen sind, während das Zutrauen in diese beiden Säulen der Gesellschaft geschrumpft ist. Diese Entwicklung hat nach dem Weckruf des Club of Rome in den 1970er Jahren begonnen, als in der Genetik das genaue Gegenteil passierte, als in dieser Disziplin 1973 eine bald als Gentechnik in Verruf kommende Methode eingeführt wurde, mit deren Hilfe der Einfluss von Menschen auf das Leben nur wachsen konnte.

Die Gentechnik erlaubte es, ein anvisiertes Stück aus dem Genmaterial einer Zelle auszuschneiden, und das dabei abgetrennte Gen, wie man es nannte, in eine andere Zelle einzuschleusen. Einige Molekularbiologen arbeiteten damals mit Krebszellen, sie hatten den Verdacht oder die Hoffnung, dass für deren pathologisches Entstehen ein einzelnes Gen zuständig war, das man isolieren und in Bakterien einbauen wollte, um hier seine Wirkung zu studieren und eventuell Wege zu finden, seine zerstörerische Wirkung in einem Gewebe zu blockieren.

Das heißt, einigen Krebsforschern wurde bei dem Gedanken mulmig, dass Bakterien Onkogene tragen sollten, wie es mit einem Ausdruck aus dem Laboratorium heißt, und sie meinten, man müsse Maßnahmen ergreifen, um sicherzustellen, dass solche Bakterien niemals ins Freie gelangten und Menschen gefährdeten. Sie forderten ihre Kollegen zum Handeln auf, was auch passierte und zu geeigneten Richtlinien geführt hat – aber nur unter dem zunehmenden Widerstand einer Öffentlichkeit, die alles erschwerte und anstatt das verantwortungsvolle Handeln der besorgten Genetiker zu loben, der gesamten Zunft unterstellte, von Anfang an nichts anderes gewollt zu haben, als die Werkzeuge zur Manipulation des Lebens in die Hände zu bekommen.

In den Debatten um die Gentechnik, die sich in den 1980er Jahren fortsetzten und die noch im Herbst 2020 bei einem (digitalen) Parteitag der Grünen eine Fortsetzung fanden, zeigte (und zeigt) sich, wie wenig die Öffentlichkeit – oder wenigstens Teile von ihr – trotz aller Bemühungen der 1960er Jahre von der Wissenschaft verstanden hat. Es war schlicht ausgeschlossen, einem oftmals aufgebracht wirkenden Publikum zu erklären, dass das erste Seminar, dass zum Thema der Gentechnik stattfinden sollte, wegen mangelnden Interesses ausgefallen ist. Dem vortragswilligen Biochemiker wurde mitgeteilt, es sei zwar alle Anerkennung wert, dass er Genmaterial durchtrennen und zerschneiden könne, aber dann sei es doch kaputt und nichts mehr wert.

Es war darüber hinaus ein Spaß für viele bösmeinende Journalisten, den Zellkern und seine Gene mit dem Atomkern und seinen Neutronen zu vergleichen und zu verkünden, die Menschheit habe sich schon einmal mit der Freisetzung der Atomenergie an einem Kern versündigt, sie solle ihre Finger von der Manipulation der Kernsäuren lassen, wie das genetische Material in der Sprechweise der Chemie heißt. Das wohlklingende Wort für die sinnvolle Tätigkeit einer „Manipulation" verwandelte sich in ein aggressiv gemeintes Schimpfwort, und vergessen war, was der schöne Ausdruck von Hause aus bedeutet, nämlich etwas in die eigenen Hände zu nehmen und sich zurechtzulegen, was früher mit Stolz unternommen wurde und von Anfang an zur menschlichen Kultur gehört.

Es würde sich lohnen, ausführlich darüber nachzudenken, wie aus der Fortschrittsgläubigkeit der 1960er Jahre die Wissenschaftsfeindlichkeit der 1970er Jahre werden konnte, wobei hier die Ansicht vertreten wird, dass der oben angesprochene Durchbruch des gesellschaftlichen Denkens dabei eine Rolle spielt. In den 1960er Jahren haben sich Sozialphilosophen wie Jürgen Habermas in Aufsätzen über den „Technischen Fortschritt und [die] soziale Lebenswelt" geäußert und Fragen wie die formuliert, „wie kann die Gewalt technischer Verfügung in den Konsensus handelnder und verhandelnder Bürger zurückgeholt werden?"

Das Verrückte ist, dass Habermas gar nicht damit rechnete, dass diese Bürgerinnen und Bürger „die wissenschaftlich erforschte Natur" kennen, denn sie „fällt aus dem sozialen Bezugssystem von erlebenden, miteinander sprechenden und handelnden Personen [...] heraus", wie er geschrieben hat, wahrscheinlich um sein Gefühl der Minderwertigkeit gegenüber den Naturwissenschaften und seine Verachtung für sie loszuwerden, was sich schon bei Philosophen im 19. Jahrhundert finden lässt. Damals hat Hegel gespürt, dass ihm die Physik und Chemie seiner Zeit uneinholbar enteilt waren, und er reagierte wie ein Duodezfürst und verkündete, „wo ich bin, ist vorne", indem er die Naturforschung für tautologisch erklärte und einzig und allein seine Metaphysik als Wissenschaft anerkannte.

So macht es auch Habermas, der den Naturwissenschaften nicht zutraut, einen Beitrag zur „Geistigen Situation der Zeit" zu liefern und ähnlich Ahnungslosen – oder sich blöd Stellenden – deshalb aus dem Herzen spricht, die sich ihm gerne anschließen, um nur ja nichts von der Wissenschaft wissen oder die Menschen verstehen zu müssen, die sie voranbringen. „Jede

Epoche zeichnet sich durch ihre eigene Ignoranz aus", wie die aus Slowenien stammende Philosophin Renata Salecl schreibt, wenn sie die „kognitive Trägheit" heutiger Gesellschaften untersucht und der westlichen Gesellschaft die Zuweisung einer „knowledge economy" verweigert und in ihr eher eine „Ignoranz Ökonomie" am Werk sieht. Die Ahnungslosigkeit des Publikums macht es auf jeden Fall leichter, die Wissenschaft zu verteufeln.

Als persönliche Erfahrung aus den 1970er und 1980er Jahren, als die heute fast konventionell gewordene Partei die Grünen gegründet wurde, die vor allem Anhänger fand, weil sie gegen die Kernenergie und die Gentechnik Front machte, kann noch erzählt werden, dass ich bei Vorträgen über Nutzen und Risiken der Gentechnik grüne und rote Kärtchen an das Publikum verteilt und die Anwesenden einzeln gebeten habe, durch Aufzeigen anzudeuten, ob sie mehr an die Risiken (rot) oder die Chancen (grün) der Gentechnik glaubten.

Das Ziel und meine Hoffnung bestanden darin, aus anfänglich vielen roten am Ender der Präsentation viele grüne Kärtchen bei der Stimmabgabe zu bekommen, doch das genaue Gegenteil trat ein, und die Begründung lautete stets gleich: Jetzt, nachdem man zum ersten Mal verstanden habe, wie wirkungsvoll mit Genscheren hantiert und das Erbgut manipuliert werden könne – immerhin dieses Wissen konnte mein Vortrag vermitteln –, jetzt bekomme man erst recht Angst vor der offenbar teuflisch guten Gentechnik.

Irgendetwas war bei der Vermittlung von Wissenschaft schief gelaufen und stecken geblieben. Irgendetwas musste unternommen werden. Und so kam am Ende des 20. Jahrhunderts die Initiative zustande, die man erst „Public Understanding of Science" nannte und dann um die Geisteswissenschaften ergänzte, die auf Englisch Humanities heißen, was es erlaubte, sich statt mit der ungeschickten Abkürzung PUS mit dem dynamisch klingenden Kurzwort (Akronym) PUSH an die Arbeit zu machen und um dafür Finanzmittel einzuwerben. Doch außer Spesen nichts gewesen, wie es eine Redewendung formuliert. Herausgekommen ist nämlich nichts, wie im folgenden Kapitel zur Sprache kommt.

Bevor es beginnt, soll zum Abschluss dieses Teils noch einmal auf den Durchbruch des gesellschaftspolitischen Denkens der 1960er Jahre hingewiesen werden, der auf jeden Fall das Loch zustande gebracht hat, in dem nicht nur die naturwissenschaftliche Bildung verschwunden ist. Die Idee der Allgemeinbildung ist damals gründlich und – in modischer Sprechweise – nachhaltig versenkt worden, und „an die Stelle von Kategorien wie Person, Geist, Idee und Kultur traten mit rigoroser Einseitigkeit die Kategorien Gesellschaft, Einkommen und soziale Gerechtigkeit", wie Manfred Fuhrmann den Wandel auf den Punkt gebracht hat, als er „Von den Ursachen des Verfalls der Allgemeinbildung" sprach.

Als 1979 der Band 1000 der edition suhrkamp – schon wieder die Kleinschreibung – erschien, sollte er in Erinnerung an den Band 1000 der Sammlung Göschen, der 1931 von Karl Jaspers verfasst worden war und „Die geistige Situation der Zeit“ beleuchtete, dieses Thema erneut aufgreifen. Jetzt sollte allerdings kein Einzelner, sondern ein Kollektiv unter Leitung von Jürgen Habermas dieses Thema behandeln, und die eingeladenen Autoren kümmerten sich um Jeans und den Nierentisch, sie analysierten neben dem Neo-Korporatismus den kommunalen Wohnungsbau und so manches mehr, und bei alle dem erwähnten sie die Naturwissenschaften mit keinem Wort, nicht einmal, als ein Aufsatz „Die drei Kulturen“ vorstellt und darunter – natürlich auf Englisch – die Beziehung von New Culture, Old Culture und Popular Culture versteht.

In dem im Anhang zu findenden „Grundschatz des wissenschaftlichen Gesamtarbeiters seit der szientistischen Wende“ – so pompös drückten sich die sozial umtriebigen Intellektuellen damals aus – kann man zwar kein Stichwort wie „Erkenntnis“ oder „fragen“, dafür aber die Einträge „Erkenntnisinteresse“ und „hinterfragen“ finden, womit im zweiten Fall kein neugieriges Erkunden und Wissenwollen, sondern ein hinterhältiges „In-Frage-Stellen“ gemeint ist. Beim Eintrag „Wissenschaft“ liegt den Autoren vor allem am Herzen, zu betonen, dass „von einem Minderwertigkeitsgefühl gegenüber den Naturwissenschaften“ bei den Humanwissenschaften keine Rede mehr sein kann, was aber heißt, dass es genau dieses Gefühl ist, das die Soziologen und andere Geisteswissenschaftler plagt. Zwar versuchen sich alle an einer Theorie der Gesellschaft, was im zitierten Grundwortschatz aber nur Bemerkungen über „Theoriemüdigkeit“ provoziert und Habermas zu dem unsinnigen Satz verführt, „Theorien sind Ordnungsschemata, die wir in einem syntaktisch verbindlichen Rahmen beliebig konstruieren. Sie erweisen sich für einen speziellen Gegenstandsbereich dann als brauchbar, wenn sich ihnen die reale Mannigfaltigkeit fügt.“ „Ach“ hätte Loriot an dieser Stelle bemerkt, die man wie folgt ins Deutsche übersetzen könnte: „Theorien sollten nicht ungrammatisch formuliert sein; ansonsten kannst Du sagen, was Du willst. Sie sind auf ein spezielles Gebiet dann anwendbar, wenn sie anwendbar sind.“ Mehr sagt Habermas nicht.

Dabei bieten Theorien in der Naturwissenschaft so viel mehr, wie der amerikanische Philosoph John Searle in seinem Buch über „Die Konstruktion der gesellschaftlichen Wirklichkeit“ festgestellt hat. Er schreibt, dass „zwei Eigenschaften unserer Auffassung der Wirklichkeit [...] nicht zur Disposition“ stehen: „Für einen gebildeten Menschen unserer Zeit ist es unabdingbar, dass er über zwei Theorien unterrichtet ist: die Atomtheorie der Materie und die Evolutionstheorie der Biologie“. Beide Theorien sind keineswegs so beliebig konstruiert, wie sich Habermas das vorstellt, weshalb sich die den Naturwissenschaften feindlich gegenüberstehenden Intellektuellen bevorzugt von dieser Anstrengung des Begriffs fernhalten. Mit der Definition von Searle werden plötzlich sehr viele von ihnen ungebildet, auch wenn sie selbst das sicher anders sehen und rasch „Die geistige Situation der Zeit" für sich beanspruchen. Es gilt trotzdem oder gerade deshalb, sich aus diesem Milieu zu befreien und vom Jargon der wissenschaftlichen Gesamtarbeiter zu lösen, um zu verstehen, was eigentlich in der Welt – nicht nur der Wissenschaft – passiert.

12. Verkörperte Energie

Energie ist sowohl ein aktuelles Thema als auch ein uralter Begriff der Philosophie, mit dem Aristoteles die Kraft beschreiben wollte, die Möglichkeiten in Wirklichkeiten verwandeln kann, die also ein potenzielles in das real erlebte Sein umzusetzen vermag, wobei sich Vorgänge dieser Art als Schöpfungsgeschichte erzählen lassen, wie es lange vor dem Aufkommen der modernen Wissenschaft geschehen ist. Als deren Begründer die dazugehörige historische Kraft der Vernunft entwickelten und die Physiker anfingen, sich um das Naturgeschehen und dessen Gesetze zu kümmern, konzentrierten sie sich zunächst auf Kräfte, wie es zum Beispiel Isaac Newton getan hat. Er erkannte etwa den Zusammenhang „Kraft gleich Masse mal Beschleunigung", mit dem aus der möglichen Bewegung eines Körpers dessen tatsächliche Bahn wird. Erst im 19. Jahrhundert begannen Newtons Nachfolger, nach der sich hinter den sichtbaren Kraftwirkungen verbergenden (unsichtbar bleibenden) Energie zu fragen, was ihnen bald erlaubte, mit dieser ursprünglich philosophischen Idee verstehen zu können, was Maschinen in Fabriken benötigen, um mechanisch Arbeiten auszuführen und Lasten zu schleppen.

Bei ihren Analysen fielen den Wissenschaftlern und Technikern viele verschiedene Formen der Energie auf – unter anderem die mechanische, thermische, die chemische, die elektrische, die magnetische, die kinetische, die potenzielle und später noch die atomare Energie, und bei alledem spürten sie deren psychische und physische Form mit den dazugehörigen Willens- und Körperkräften in sich selbst. Auffällig war, dass sich die vielen Erscheinungsweisen der Energie ineinander umwandeln konnten und können, etwa wenn eine Sternschnuppe in der Atmosphäre verglüht und ihre Bewegung (kinetische Energie) durch molekulare Reibung erst in Hitze (thermische Energie) und dann in Leuchten (Strahlenenergie) transformiert wird, oder wenn ein Mensch sein Tagespensum erledigt und die Kalorien, die aus der Nahrung stammen, über seinen Stoffwechsel (!) in die Muskeltätigkeit, das Zellwachstum und die Aufrechterhaltung von Gehirnströmen umgesetzt werden, um einige Beispiele des körperlichen Einsatzes der Energie und ihrer Verwandlungen zu nennen. Leben gelingt, solange Energie ihre Erscheinungsform in einem Körper wechseln und von einer Rolle in eine andere schlüpfen kann, wenn zum Beispiel die chemische zur mechanischen, die wiederum erst zur thermischen, dann zur kinetischen Energie wird, und so geht der Reigen weiter im Dasein aller Dinge.

Wer unter diesem Aspekt nicht nur Menschen, sondern allgemein Lebewesen mit Maschinen – nicht zuletzt mit Robotern – vergleicht, wird sofort einen Unterschied feststellen. Die biologischen Organismen kommen nach ihrer Nahrungsaufnahme ohne äußere Energiequelle aus – bei mechanisch oder elektronisch funktionierenden Maschinen dient dazu meistens eine Batterie –, und sie führen stattdessen die aristotelische Wirkkraft in ihrem Gewebe mit sich. Bei Menschen und anderen Geschöpfen aus der biologischen Sphäre kann man keinen Stecker ziehen oder eine Batterie herausnehmen. Sie besitzen und verwenden das, was in der Wissenschaft „verkörperte Energie" – „Embodied Energy" – heißt, und in Zukunft möchte man deren Potenzial nutzen, um Roboter ebenso autonom (ohne angeschlossene Energiequelle) tätig werden zu lassen wie Menschen. Was in solch einer Maschine bislang nur mechanische Arbeiten übernimmt oder für strukturelle Aufgaben vorgesehen ist, soll in Zukunft auch Energie speichern und den zur Funktionserfüllung benötigten Teilen bei Bedarf zuführen können, wie es Menschen etwa mit ihrem Fettgewebe gelingt. Die Speicherung von Energie soll zu deren Verkörperung in den Strukturen führen, für deren Einsatz man die Maschine ursprünglich gebaut hat.

Die Rede ist von einem „neuen Paradigma für autonome Roboter", das kurz und bündig „Embodied Energy" mit zwei großen E genannt wird und einen besonderen Blick verdient. Das heißt, es geht an dieser Stelle nicht um die ausgefeilte Kunst der Ingenieure, die sich auf den Weg „Towards enduring autonomous robots via Embodied Energy" gemacht haben, wie der zitierte Aufsatz in dem Magazin „Nature" überschrieben ist, in dem zum Beispiel ausgeführt wird, wie konkret die als Wärme oder in Magnetfeldern gespeicherte Energie in Bewegung umgesetzt werden kann. Es geht hier nicht um die zahlreichen technischen Raffinessen, von denen im dem zitierten Aufsatz zu lesen ist. Es geht in diesen Zeilen allgemeiner um das Konzept des Verkörperns, das in einen größeren Kontext mit seinem historischen Hintergrund gestellt und mit dem dazugehörigen Verständnis für die unzerstörbare Energie erörtert werden soll.

Embodied Kognition

Die Idee des Verkörperns hat sich seit einiger Zeit bewährt, und von „Embodiment" wird in Kreisen der Wissenschaft schon länger gesprochen, zuletzt unter anderem bei dem Bemühen, die Entwicklung der Kognition – also der Wahrnehmungs- und der Erkenntnisfähigkeit von Menschen – besser zu verstehen, indem man umfassend auf das eingeht, was geschieht, wenn aus fröhlichen Kindern erst pubertierende Rotznasen und dann (hoffentlich) seriöse Erwachsene werden. Was immer sich dabei in einer Person im Laufe der Zeit als Bewusstsein, Weltverständnis oder Menschenkenntnis entwickelt, braucht einen Körper, in dem Geistiges (Mentales) entsteht und zum Ausdruck kommt und mit dem die Phantasie loslegt und sich austoben kann. Wenn Psychologen diese analysierbare „embodied cognition" erforschen, erkunden sie im Detail, wie körperliche Zustände das Denken beeinflussen und wie das jeweilige Handeln und Verhalten davon betroffen und beeinflusst wird. Auf diese Weise stellt sich fast von selbst eine Brücke zwischen den beiden Sphären her, die gewöhnlich als Geist und Materie – oder als Leib und Seele – unterschieden werden und im Abendland als getrennt betrachtet und behandelt wurden, und zwar seit dem 17. Jahrhundert, als René Descartes die „res cogitans" von der „res extensa" trennte und den vor den Menschen ausgebreiteten trotz aller Begreifbarkeit Dingen keinerlei Geist zutraute.

Das konnte zu seiner Zeit noch angehen, aber wer sich auf die Physik des 20. Jahrhunderts mit ihrer Quantenmechanik einlässt und sie ernst nimmt, hat schon länger merken können, dass die Materie keineswegs so geistlos oder geistfrei ist, wie der französische Philosoph meinte und wie es das Wort nahezulegen scheint. Materielle Stoffe können schon lange nicht mehr durch einen billigen Klotzmaterialismus verstanden werden, der die Dinge aus kleinen Klötzchen in der Art von Legobausteinen zusammensetzen will. Die Materie, auch wenn sie etwa in Form eines Holzscheits oder eines Blechstücks noch so krude wirkt, besteht in ihrem Kern nicht aus geistlosen Stückchen, sie enthält in ihrem Innersten vielmehr Beiträge der dort suchenden Menschen, wie sich am einfachsten mit dem schönen und zutreffenden Satz verstehen lässt, dass die Bahn eines Elektrons in einem Atom erst dadurch entsteht, dass sie jemand beschreibt. Atome werden erst durch den Zugriff eines Beobachters bestimmt.

Die Materie bildet zwar so etwas wie eine Wirklichkeit, aber sie liefert dabei noch keine konkrete Realität, wie die deutsche Sprache zu unterscheiden erlaubt, in der „Realität" von dem lateinischen Wort „res" abstammt, das auch Descartes benutzte und das eine Sache meint, an der man sich letztlich den Kopf stoßen kann. Im Innersten der Welt findet man keine Sachen mehr, man trifft stattdessen auf Ur-Sachen, wenn diese Wortumdeutung erlaubt ist, um mehr als Kausalität zu meinen und etwas zu erörtern, das vor den Dingen da ist und aus dem sie hervorgehen. Sachen entstehen aus Ursachen, die ihr Dasein wiederum dem Geist des Menschen verdanken, der erst den Atomen und dann der Materie ihre Form gibt.

Auf diese Weise verschwindet im Weltinnenraum jede dümmliche Dinglichkeit, und Physiker wissen inzwischen, dass selbst die Masse eines Atomkerns von der Natur erst geschaffen werden muss, und zwar durch die Energie, die dort als Bewegung von immateriellen Feldern zu finden ist, wie sie sagen. Aus deren Energie mit ihren dynamischen Wandlungen kann die materielle Welt hervortreten. Darin steckt die tiefste Bedeutung der Äquivalenz, die Albert Einstein 1905 bemerkt hat und die durch die Formel E=mc2 weltberühmt geworden ist. Die Materie und ihre Masse entstehen aus der Energie, wobei die Physik diesen Gedanken deshalb erlaubt, weil mit der Energie alles anfangen kann. Sie muss immer schon – seit dem Anfang der Zeit – existiert haben, wie die Wissenschaft seit dem 19. Jahrhundert weiß und wie gleich noch näher erläutert werden soll. Wenn die Energie – wie gerade geschehen – Feldern zugewiesen wird, dann will dieses Wort besagen, dass es in den Atomen keine Klötzchen gibt und die Energie dort nicht punktuell zu fassen ist. Man muss sie sich vielmehr räumlich verteilt denken, was die Wissenschaft dadurch ausdrückt, dass sie von einem Feld spricht, in dem die Energie steckt und zu finden ist. Das Wort „Feld" ist den Menschen aus dem Alltag vertraut, in dem man Magnet- und Gravitationsfelder und deren Anziehungskräfte findet, die sich einer Feldenergie verdanken, wobei die politische Sprache das gerne übernimmt, wenn sie davon redet, man befinde sich in einem Spannungsfeld etwa zwischen Wirtschaftswachstum und Energieeinsparung oder zwischen Freiheit und Sicherheit.

Materie als verkörperte Energie

Mit Hilfe der Physik lässt sich sagen: Materie ist verkörperte Energie, Embodied Energy. Dies gilt von allem Anfang an und nicht erst in den Lebewesen – und bald vielleicht auch in Robotern –, für deren Fähigkeiten und Qualitäten sie sorgt. Verkörperte Energie tritt bereits am Grunde aller Existenz in Erscheinung und ermöglicht von dort aus im dynamischen Wandel den Weltenbau bis in dessen feinsten Verästelungen hinein. So platt das Wort „Materie" klingt und so verächtlich es manchen Menschen über die Lippen kommt, die ihre eigene Spiritualität betonen, während sie anderen materialistisches Denken vorwerfen, aber in der äußerlich grob wirkenden Materie steckt innen das kreative Potenzial sowohl der Dinge als auch der Menschen, weshalb es überaus passend ist, dass sich der moderne Terminus aus dem von Cicero eingeführten Wort „materia" ableitet, das der römische Philosoph aus „mater" (Mutter) gebildet hat, was er leider eher abwertend klingen lassen wollte. Die Mutter lieferte in der Sicht der alten Männer, die sich philosophisch äußerten, nur das (bis heute als wertlos eingestufte) Materielle, während sie selbst die (als wertvoll angesehene) Ideen für die Formgebung (bei der Fortpflanzung) lieferten, wofür von Aristoteles das griechische Wort „eidos" benutzt wurde, das Cicero nicht ins Lateinische übertragen hat.

Der abschätzige Umgang mit dem Mütterlichen hat sich bis heute gehalten, da das Wort „Material" in vielen sich intellektuell präsentierenden Kreisen immer noch kein Ansehen gefunden hat und knochentrockene Materialisten meinen, mit ihrer Geistlosigkeit eine weltanschauliche Qualität zu zeigen, um die sich keine Geisteswissenschaft kümmert. Man merkt nicht, dass die uralte philosophische Frage, ob Geist aus Materie hervorgehen kann, durch jede Frau beantwortet wird, die als „Mater" ein Kind zur Welt bringt (auch wenn dessen Kognition in den ersten Jahren noch die dazugehörende Verkörperung erfahren muss). Es sollte möglich sein, Materie als eine Mater zu verstehen, die Menschen die Möglichkeit gibt, den Geist Wirklichkeit werden zu lassen, der in ihr steckt. Die Mutter Materie sorgt für die Form, mit der die Energie in die Welt tritt, wie es mit einem Kind geschieht, das von einer Mutter geboren wird. Die Verkörperung der Energie beginnt beim Atom und wiederholt sich bei jeder Geburt. Nur mit ihr wird Leben möglich, vielleicht auch bald das von Robotern.

Eine verkörperte Idee

Embodied Energy – verkörperte Energie findet sich also am Anfang der Dinge und am Beginn des Lebens, was den eingangs erwähnten Versuchen der Ingenieure, sie auch bei der Fortentwicklung der elektromechanischen Apparate zu nutzen, einen historischen Ort zuweist. Bevor er betreten wird, soll und muss eine weitere Verwendung der Verkörperung vorgestellt werden. Gemeint ist der Vorschlag des amerikanischen Physikers Frank Wilczek, der Goethes faustische Frage nach dem, „Was die Welt im Innersten zusammenhält?“, mit dem technisch korrekten Hinweis beantwortet, dass er und seine Kollegen dort auf einen Brei treffen, den sie Plasma nennen, wobei dieses weich wirkende Wort auch in der Medizin auftaucht, wenn von Blutplasma die Rede ist.

Das geladene und Gemisch voller Dynamik in den Bauteilen der Atomkerne nennen die Physiker ein Quark-Gluonen-Plasma, und wenn man sie fragt, was dieses zähe und energiereiche Fluidum tatsächlich ist, lautet die Antwort: Ein Quark-Gluonen-Plasma ist die Lösung einer Gleichung, die ein Quark-Gluonen-Plasma beschreibt. Wer diese Auskunft beim ersten Lesen unbefriedigend findet, wird beim zweiten Zur-Kenntnis-nehmen darauf umso erfreuter merken, dass man das Quark-Gluonen-Plasma als eine „verkörperte Idee“, „an embodied idea“ bezeichnen kann, wobei einem in den Sinn kommt, dass die Energie ja auch mehr eine Idee und weniger eine Sache ist.

Wie oben angedeutet, kann die Masse der Atome und größerer Dinge allein aus Energie entstehen, die man sich auch als verkörperte Idee in Form des erwähnten Feldes vorstellen kann. Steckt in diesem Konzept der Verkörperung der Schlüssel zur Entstehung der Welt? Tatsächlich kann alles als Verwandlung und damit als unterschiedliche Verkörperung von Energie verstanden werden, wobei dafür die Physik schon im 19. Jahrhundert die entscheidende Voraussetzung geliefert hat. Damals konnte sie nämlich zeigen, dass die Energie als physikalische Größe immer schon da war und sich nur noch geeignet wandeln muss, wie der tätige Gott, der in der Bibel nur noch die passenden Worte auszusprechen hatte.

Während die Welt noch auf Aristoteles warten musste, um das Wort Energie und die dazugehörige Vorstellung kennenzulernen, hatte sich Platon im Jahrhundert davor bereits an dem Konzept einer verkörperten Idee versucht. In seinem Dialog „Timaios“ meinte der Philosoph, die kleinsten Teile im Weltinneren könnten aus rechtwinkligen Dreiecken gebildet sein, die man so gesehen als „embodied ideas“ der Antike bezeichnen kann, auch wenn sich die Physiker des 20. Jahrhunderts diesem absurd wirkenden Gedanken erst auf ihre eigene Weise nähern mussten. Wer danach fragt, wie sich der Übergang von Idealen (von den Ideen) zum Realen (zu den Körpern) vollziehen soll und vollziehen kann, könnte erneut nach der Energie greifen, wobei Platon dieser Terminus noch nicht zur Verfügung stand. Er griff dafür auf eine Ursubstanz zurück, die er „Ousia" nannte. In der deutschen Sprache könnte man versuchen – wie oben schon einmal vorgeschlagen –, dafür Ur-sache mit einer Trennung nach der ersten Silbe zu sagen, weil es nicht um Kausalität, sondern um den Übergang von Bewusstsein zum Sein geht.

Die Ur-sache darf noch keine Sache sein, muss aber für sie sorgen, was Aristoteles in seinem Jahrhundert nach Platon so ausgedrückt hätte, dass in den Ur-sachen die Möglichkeiten stecken, die zu den von Menschen erfahrenen Gegebenheiten des Daseins führen, und zwar dank der Energie, die in diesem Sinne als die zugleich tiefste und allgegenwärtige Ur-sache verstanden werden kann. Die Existenz, das Dasein, kann man als verkörperte Energie verstehen, was die zitierten Bemühungen der Designer von Robotern erfreuen wird. Sie arbeiten wahrlich an einem Menschheitsprojekt, dem aber noch eine Dimension fehlt, die jetzt hinzugefügt werden soll.

Freie Energie

Als die Physiker – wie oben erwähnt – die verschiedenen Formen von Energie auseinanderzuhalten lernten, stellten sie darüber hinaus fest, dass bei allem Wandel von deren einzelnen Erscheinungen die Energie insgesamt konstant bleiben kann, was sie als unzerstörbare Erhaltungsgröße im ganzen Universum ausweist. Das bedeutet, dass es keine Welt (Wirklichkeit) ohne Energie geben kann und alles Geschehen als deren Verwandlung beschrieben werden muss. Wenn es gestattet ist, kann man die Finsternis, die in der Genesis über die Urflut liegt, als ein kosmisches und raumerfüllendes Energiefeld beschreiben, ohne dessen Existenz dem menschlichen Denken kein Anfang möglich ist. Was dann im Laufe der Zeit im Kosmos geschieht, kann im Verständnis der Menschen auf dem gegenwärtig noch bewohnbaren Planeten namens Erde als Wechsel der Verkörperung verstanden werden, die eine unzerstörbare Energie erfährt. Das Weltgeschehen ist in diesem Sinne nichts als die Folge von immer neuen Formen von verkörperter Energie.

In der Tat: Die Schöpfung ist nichts anderes als Verkörperung von Energie, wie ein dramatisch klingender Satz formuliert werden könnte, bei dem einem Wissenschaftshistoriker sofort etwas auffällt. Als die Physiker im 19. Jahrhundert den Satz von der Konstanz der Energie formulierten und feierten, zeigte sich, dass sie mit dessen Hilfe trotz aller Universalität nicht vollständig zu erklären vermochten, was mit Maschinen geschah, die etwa in Fabriken mechanische Arbeiten verrichteten oder als Lokomotiven Transporte von Gütern vornahmen. Wie sich zeigte, konnte nicht die gesamte den technischen Konstruktionen zugeführte Energie in Arbeit umgesetzt werden, was die Physiker veranlasste, sich auf den Teil der Energie zu konzentrieren, der frei gesetzt werden konnte und eben deshalb so genannt wurde – freie Energie. Um ihre Besonderheit zu verstehen, wurde sie von der Gesamtenergie durch eine Größe unterschieden, die den Namen Entropie bekam, was dem Klang nach an den aristotelischen Terminus Energie erinnern sollte, wobei die beiden ähnlich lautenden Konzepte zudem vereint, dass die einfach zu formulierende Frage: „Was ist das?“ in beiden Fällen erstaunlich viel Mühe bereitet, wenn man eine Antwort geben will.

Immerhin gelang es den Physikern im 19. Jahrhundert, neben dem Hauptsatz für die Energie, der von deren Unzerstörbarkeit kündet, auch einen für die Entropie aufzustellen. Dieser berühmte „Zweite Hauptsatz der Thermodynamik“ besagt, dass die Entropie im Laufe von natürlichen Prozessen nur zunehmen kann und das solange tut, bis sie ein Maximum erreicht hat. Damit wurde zum ersten Mal eine Richtung der Zeit in die Naturgesetze eingeführt, und sie erlaubt nur den Blick in die Zukunft, auf die jede Bewegung der Welt zuläuft. Die Erscheinung der Zeit ist enger mit der Energie verbandelt, als es bislang den Anschein gehabt hat, wie noch zur Sprache kommt. Jetzt steht die Entropie im Blickpunkt, die besser verstanden werden konnte, als man nach den Wahrscheinlichkeiten von Verteilungen fragte, die Moleküle etwa in einem Gefäß annehmen können – Tintenmoleküle im Wasserglas zum Beispiel –, und zeigen konnte, dass sich die Entropie damit berechnen ließ, wobei die Vorwärtsrichtung der Zeit dadurch ins Spiel kommt, dass Verteilungen mit geringer Wahrscheinlichkeit – alle Tintenmoleküle in einem Tropfen – in Verteilungen mit höherer Wahrscheinlichkeit übergehen – die Tintenmoleküle breiten sich im Glas aus.

Anschaulich darf man sich diese Größe Entropie als ein Maß für die Unordnung vorstellen, die in einem umschlossenen Gebiet herrscht, und wenn man jetzt an ein Kinderzimmer denkt, versteht man, warum die Entropie im Laufe der Zeit nur zunehmen kann – auf jeden Fall solange wie niemand für Ordnung sorgt. Wer sich um das Aufräumen bemüht, sollte wissen, was wohin gehört und wo es Platz findet, und mit diesem Hinweis leuchtet ein, dass die vielen Menschen unvertraut bleibende Entropie mit der aus dem Alltag vertrauten Information zu tun hat, die als physikalische Größe erst im 20. Jahrhundert aufgetaucht ist. Seitdem kann man Entropie als Informationsdichte eines Zeichensystems deuten, wie es die IT-Branche nutzt und wie es ihr gefällt, während Biologen damit beschäftigt sind, den Widerspruch zwischen dem Zweiten Hauptsatz der Thermodynamik und der Evolution zu klären. Der so bezeichnete Wandel der Arten durch Selektion konstatiert eine Höherentwicklung – zunehmende Komplexität – des Lebens und bemerkt, dass diese offenkundige Zunahme an Information zugleich unvermeidlich eine Abnahme an Entropie bedeutet, was nicht mit dem Zweiten

Hauptsatz vereinbar ist. Es scheint, als ob im Leben dauernd jemand ausmistet und Ordnung schafft, um bei dem Bild des Aufräumens zu bleiben, und diese Aufgabe weist die Wissenschaft den Genen zu, die über biologischen Informationen verfügen, die sie bei der Vererbung nicht nur weitergeben und damit bewahren können, mit deren Hilfe sie sogar in der Lage sind, im Verlauf der Evolution mehr genetische gespeicherte Komplexität zu erwerben. Die dazugehörenden trickreichen Vorgänge kann man prinzipiell verstehen, wenn man Lebewesen als offene Systeme betrachtet – offen für Energiezufuhr –, die sich unter Zulassung von Fehlern (Mutationen) replizieren können. Unter diesen Vorgaben lässt sich in den betrachteten Systemen eine Umsatzgröße ausfindig machen (definieren), die einem Maximum zustrebt, und diese kann man als Information identifizieren.

Man kann die Gene und also den Stoff namens DNA, aus dem sie, chemisch gesehen, aufgebaut sind, als verkörperte Information verstehen, und damit lässt sich der Satz „Schöpfung ist Verkörperung von Energie" erneut aufnehmen, denn ihr erstes Embodiment als Licht kommt zustande, nachdem jemand der unvermeidlich vorhandenen Energie die Richtung ihres Wandels gewiesen und ihr gesagt – sie informiert – hat, dass sie Licht werden soll. Die Energie nimmt damit eine brauchbare Form an, was man als die erste Information der Schöpfung bezeichnen kann, und auf diesen Schritt folgen weitere. Nach dem urtümlichen oder ursächlichen „Es werde Licht!" folgt in mehreren Tagen die in der Bibel erzählte Genesis, deren Verlauf und Fortbestehen die Verbindung mit der Zeit erkennen lässt, die oben angedeutet worden ist.

Da die geschaffene Welt als verkörperte Energie zu erfassen ist, kann sich das Wirkliche nur in wandelnden und wimmelnden Formen zeigen, was in der Sprache der Wissenschaft allgemein als Bewegung oder Veränderung oder eben Evolution bezeichnet wird. Verkörperte Energie bringt per definitionem eine Evolution mit sich, der im Laufe der Naturgeschichte die verkörperte Information in Form des genetischen Materials hinzugefügt wird. Sie wandelt die planlose Evolution durch Energie in eine planvolle Entwicklung mit Information um, in deren Verlauf die Zeit eine immer größere Rolle spielt. Mit der zunehmenden Rolle der Information nimmt die Bedeutung zu, die der Richtung der Zeit zukommt, was dazu führt, dass deren Kognition ihr eigenes Embodiment erfährt.

Konkret ausgedrückt, fängt das sich entwickelnde Leben an, sich ein Organ (Körperteil) – bekannt als Gehirn – zuzulegen, das in die Zeitrichtung – also nach vorne – schauen und sich Ziele vornehmen kann. Menschen mit ihrer verkörperten Energie wissen nun, dass sie eine Zukunft haben, die sie mit Sinn füllen können, und das ist es, was der künstlichen Intelligenz bislang fehlt. Sie operiert nur im Jetzt. Wenn sich jetzt Ingenieure daran machen, den Robotern mit Embodied Energy auf die Beine zu helfen, könnte sich dies ändern. Dann kann man sie auch nicht mehr stoppen, wenn man ihnen den Stecker zieht. Sie brauchen ihn nicht mehr und können weiter nach vorne. Wenn man nur wüsste, was sie da wollen. Oder haben sie gar keinen Willen?

Die Rolle der Zeit

Es braucht nicht betont zu werden, dass nicht nur die Energie ein zugleich erfolgreiches und schwieriges Konzept ist, sondern dass ihr die Zeit darin nicht viel nachsteht. Weniger bekannt ist vielleicht, dass die beiden Größen Entropie und Energie eng mit der Zeit verbunden sind, wobei schon erwähnt wurde, dass die Zeit durch die Entropie eine Richtung bekommen hat, was den Menschen im Alltag durch die Unterscheidung von Vergangenheit und Zukunft vertraut ist. Leben ist mit einem Pfeil der Zeit verbunden, der nur in eine Richtung fliegt, die man „nach vorne" nennt, was in die Zukunft weist. Ob er sich dabei schneller oder langsamer bewegt, soll hier nur gefragt werden, um zur Energie zu kommen, deren Konstanz nicht nur durch physikalische Messungen gesichert ist.

Die Tatsache, dass die Energie als eine Erhaltungsgröße zu verstehen ist, verdankt die Menschheit einem Theorem der Mathematikerin Emmy Noether, die im 20. Jahrhundert zeigen konnte, dass dann, wenn sich in Naturgesetzen Symmetrien zu zeigen vermochten, man daraus schließen könne, dass es in der Welt etwas Konstantes, Unzerstörbares gebe. Der Zeit kommt die Eigenschaft der Symmetrie deshalb zu, weil das Ergebnis einer Messung nicht von der Uhrzeit abhängen kann, zu der sie ausgeführt worden ist. Man sagt, die den Menschen zugängliche Natur ist bezüglich der Zeit „translationsinvariant", und aus dieser Symmetrie – definiert als Invarianz im Verlauf einer Operation wie der Translation –folge, dass die Energie eine Erhaltungsgröße ist.

So wunderbar dieses Ergebnis von Emmy Noether ist, so gibt es doch Anlass zu zwei Bemerkungen. Zum einen darf man sich über die enge Beziehung von Energie und Zeit wundern, die sich auch darin zeigt, dass die Notwendigkeit, Atome mit Hilfe einer Quantenmechanik zu verstehen, entstanden ist, weil es das Produkt aus Energie und Zeit ist – Physiker bezeichnen es als Wirkung –, das sich nicht kontinuierlich ändern und nur diskrete Werte annehmen kann, zwischen denen die berühmten Quantensprünge ausgeführt werden müssen. Zum zweiten bilden die Energie und die Zeit eines der Paare, das einer Unbestimmtheit in dem Sinne unterliegt, dass dann, wenn eine der beiden Größen in einer Messung bestimmt wird, die andere sich diesem Zugriff entzieht. Man kann nicht wissen, welche Energie ein System zu einem gegebenen Zeitpunkt hat. Das Paar behindert sich gegenseitig, wie es vielleicht in manchen Ehen passiert.

Die zweite Anmerkung zum Noether-Theorem betrifft die Tatsache, dass die Mathematikerin zeigt, wie eine Idee, in dem Fall die der Symmetrie, sich in der Wirklichkeit auswirkt. Die Wirklichkeit kann man insofern als verkörperte Idee verstehen, was sich ja schon im Innersten der Welt bewährt hat, als die in den Atomkernen nachweisbare Gegebenheit, das Quark-Gluonen-Plasma, als „embodied idea“ verstanden wurde. Die Mathematik ist die Sprache, mit der die beiden Sphären des Idealen und des Realen verbunden werden, was schon Platon gesehen hat und was dem Satz von Galileo Galilei, das Buch der Natur sei in der Sprache der Mathematik geschrieben, eine neue Deutung öffnet. Es ist nicht die Wissenschaft, die ihre Kenntnisse mit der Mathematik ausdrückt. Es ist die Natur, die mit dieser Vorgabe weiß, wie sie die Verkörperungen einrichten soll, aus denen die Welt nicht besteht, sondern immer neu geformt werden kann. Am Anfang wurde die allgegenwärtige Energie als Materie verkörpert, und in Zukunft wird die Energie in der Materie verkörpert.

Der Kreis der Schöpfung

Eine Schöpfung aus dem Nichts braucht niemand zu erklären und niemandem erklärt zu werden, da es auf jeden Fall und zu allen Zeiten die unzerstörbare Energie gegeben haben muss, auch als die Erde noch wüst und leer war. Der Geist Gottes konnte sich jetzt – was immer das heißen mag – und unter diesen Umständen vornehmen, dieser Energie eine Form zu geben, sie also zu verkörpern, wobei er dazu die Dimensionen benötigte, die Menschen als Raum und Zeit kennen. Die Energie füllte den Raum als Feld aus, und die Zeit gestattete ihren Wandel, und damit bekommt das Ganze von Gottes Welt eine den Menschen angemessene Form. In und mit ihr kommt die Bewegung zustande, von der Romantiker sagen, sie sei alles, was die Welt ausmache. Es gibt nur Bewegung, wie die zentrale Einsicht dieser revolutionären Epoche lautet, in der auch der Satz von der Erhaltung der Energie gefunden werden konnte, und die erste Bewegung könnte die der Schöpfung als Verkörperung von Energie gewesen sein.

Die Welt beginnt als Prozess, der sich als dynamischer Wandel fortsetzt, was den Gedanken erlaubt, dass alles Sein Werden ist – Sein und Zeit ist Werden – und eine offene Zukunft benötigt. Auch das Werden muss werden, und der sich wandelnden Energie gesellt sich im Laufe der Zeit die Information hinzu, wobei in diesem Wort die „Bildung“ steckt, mit dem ein geistiges Werden bezeichnet wird, das stets weitergeht und das Leben und in ihm sich selbst in Bewegung hält.

Wenn man alles mit der Verkörperung der omnipräsenten Energie im All beginnen lässt und den Weg der kosmischen Entwicklung bis zu ihrem Embodiment in Robotern verfolgt, könnte man auf die Idee kommen, damit den Kreis der Schöpfung durchlaufen zu haben. Menschen sind zuerst aus verkörperter Energie hervorgegangen und geben sie zuletzt an ihre eigenen Geschöpfe weiter. Was sie empfangen haben, stammt vom Himmel. Was sie dabei schaffen, kann zur Hölle werden, wobei es gefällt, dass dies bereits

Goethe in seinem Faustdrama furchtlos und freudevoll angekündigt hat. In dessen Vorspiel werden die Theaterleute aufgefordert, „So schreitet in dem Bretterhaus/ Den ganzen Kreis der Schöpfung aus/, und wandelt mit bedächt'ger Schnelle/ Vom Himmel durch die Welt zur Hölle."

Die Worte richten sich an alle Menschen, denn sie sind die Bewohner des Bretterhauses. Schließlich ist „die ganze Welt eine Bühne", wie Shakespeare meinte, auf der Menschen spielen und von der sie wieder abtreten. Der Dichter hat sie auch aufgefordert, sich für ihr Lebensstück die Rolle zu wählen, die ihnen am meisten Freude bereitet. Verkörperte Energie wird verkörperte Freude wird verkörperte Energie. Das ist der Kreis der Schöpfung, den man Menschen überlassen kann.

13. Exponentiell

Viele Menschen werden das Wort „Expo“ kennen, das „Exposition“ abkürzt und eine Ausstellung meint. Es geht darum, etwas zu exponieren und also aus- oder heraus- oder hochzustellen, und in dieser Bedeutung kommt der Exponent in die Mathematik, nämlich als Hochzahl. Berühmt ist die 2 als Hochzahl in Einsteins Gleichung $E = mc^2$, wo man sie als „Quadrat“ liest.

Dieser Ausdruck kommt daher, dass eine Fläche mit vier Seiten der gleichen Länge L als Quadrat bezeichnet wird und man ihren Flächeninhalt mit L mal L, also durch L2 berechnen kann, wofür man „L hoch 2“ oder „L zum Quadrat“ sagt. Wenn man aus geometrischen Gebilden einen Würfel macht, kann man sein Volumen leicht als L3 berechnen, also durch mit L hoch 3 (L mal L mal L). Neben den ganzen Hochzahlen kann man auch Brüche als Exponenten nutzen und zum Beispiel die Wurzel aus 2 als 21/2 schreiben, wobei das Standardsymbol dafür als √ geschrieben wird, so dass in dem Falle gilt √2=21/2. Es sollte kein Problem machen, eine Schreibweise wie L3/4 oder L1/4 zu verstehen, wenn es auch im konkreten Einzelfall nicht leicht ist, die dazugehörigen Zahlen auszurechnen und etwa zu sagen, was 103/2 oder 21/3 genau ist.

Mathematiker lieben es, wenn die Exponenten (Hochzahlen) keine festen Werte haben – gleich ob es sich um ganze oder gebrochene Zahlen handelt – und stattdessen als Variable auftreten. Der Lieblingsbuchstabe dafür lautet x, und so finden Mathematiker es spannend, wenn ihnen eine Größe wie Lx oder gar so etwas wie xx vor die Augen kommt. Dann sprechen sie von Exponentialen oder Exponentialfunktionen, und unter diesen Gebilden kennen sie einen Liebling, der mit der Zahl e geschrieben wird, also als ex. Dabei passt das e zwar schön zum Begriff des Exponenten, der kleine Buchstabe leitet sich aber von dem großen E des aus Basel stammenden Mathematikers Euler ab, der im 18. Jahrhundert die Bedeutung der trickreich definierten Zahl e erkannt hat.

Man bekommt e durch den Grenzwert, den man erhält, wenn man erst die Summe (1+1/n) bildet (mit n als einer natürlichen Zahl, die von 1 bis unendlich gehen kann), dann diese Summe mit dem entsprechenden Exponenten n versieht, also (1+1/n)n ausrechnet, und zuletzt den Grenzübergang von n nach unendlich vollzieht. Für n=1 ergibt (1+1/n)n die Zahl 2, für n=2 ergibt (1+1/n)n die Zahl 2,25, und wenn n unendlich wird, kommt eine irrationale Zahl heraus, für die gilt, e = 2, 71828 …, wobei hier nur die ersten Dezimalstellen von letztlich unendlich vielen notiert worden sind.

So nett das klingt und so unschuldig das kleine e wirkt, wenn man die Funktion ex betrachtet, passiert etwas Merkwürdiges. Mathematiker fragen oftmals nach dem, was sie die Ableitung einer Funktion nennen und womit sie die Änderung meinen, die eine Funktion – meist dargestellt als Kurve – an einer Stelle erfährt. Das Besondere an der Funktion ex besteht nun darin, wie Euler zu seiner Freude und Überraschung feststellen konnte, dass sie gleich ihrer Ableitung ist. Je größer ex wird, desto schneller steigt die dazugehörige Kurve an, und mit dieser Qualität kann man das Geschehen in der realen Welt erfassen, das als „exponentielles Wachstum" bezeichnet wird und das es zu verstehen gilt.

In den Medien kann man diesen Ausdruck ab und zu zwar hören oder lesen, aber wer immer von einem „exponentiellen Wachstum" spricht, meint meist nur so etwas wie ein äußerst schnelles oder erstaunlich rapides Wachstum, ohne die Essenz des Exponentiellen zu erfassen. Exponentielles Wachstum ist nämlich dadurch charakterisiert, dass die Zeit, die etwas Werdendes braucht, um seine Größe zu verdoppeln, konstant bleibt. Das klingt zwar harmlos, bedeutet aber für ein exponentielles Wachsen der Erdbevölkerung, dass es ebenso lange dauert, die Zahl der Menschen von einer Millionen auf zwei zu erhöhen, was in vorsintflutlichen Zeiten der Fall war, wie es braucht, um ihre Zahl von einer auf zwei Milliarden zu bringen, was seit dem 19. Jahrhundert passiert.

Übrigens – was das Wachsen der Erdbevölkerung angeht, so scheint es sogar so, dass es noch schneller vor sich geht, als eine Exponentialfunktion ausdrücken kann – also superexponentiell –, was eine unausweichliche Folge mit sich bringt, die gleich zur Sprache kommt. Unabhängig davon leben die sich superexponentiell vermehrenden Menschen in einem Universum, das nicht nur expandiert, sondern das exponentiell expandiert, und sie leben sogar noch in einem zweiten exponentiell expandierenden Kosmos, nämlich dem sozioökonomischen der Städte, die sie selbst hervorbringen. Der Planet Erde wird exponentiell urbanisiert, wie der verfügbaren Datenlage zu entnehmen ist, weshalb der amerikanische Theoretiker Geoffrey West in seinem Buch „Scale" (New York 2017) vorschlägt, nicht von einem Anthropozän, sondern von einem Urbanozän („urbanocene") zu sprechen, um die erlebte Gegenwart adäquat zu kennzeichnen.

Wenn West in seinem Buch erwähnt, dass sich im Zuge der Verstädterung des Planeten auch der Klimawandel ereignet, dann will er vor allem darauf aufmerksam machen, dass die Abhängigkeit der Menschen von der unübersehbar steigenden Temperatur der Erde keinen linearen, sondern einen exponentiellen Verlauf nimmt. Der Grund dafür steckt in der schlichten Tatsache, dass die Geschwindigkeiten (Raten), mit denen chemische Reaktionen – auch in den Zellen der Körper – ablaufen, exponentiell von der Temperatur abhängen. Stoffwechselraten, die Verfügbarkeit von Energie für eine Zelle, alle wesentlichen Abläufe im Leben hängen exponentiell von der Temperatur ab. Auch die Vorgänge, die das Wetter bestimmen, oder das Wachsen von Pflanzen sind auf exponentielle Weise mit kleinen Änderungen in der Temperatur verknüpft, und wenn man dies in Zahlen ausdrückt, lässt sich feststellen, dass ein Anstieg der Erdtemperatur um 2°C eine Zunahme der Stoffwechselraten und anderer Parameter um 20% zur Folge hat, was man erst einmal verdauen muss. Die Dynamik dieser exponentiellen Abhängigkeit zu verstehen, könnte zu einer Wissenschaft der Nachhaltigkeit führen, die sich zum Beispiel der Frage der Entropie widmet, die unweigerlich mit dem Einsatz von Energie ansteigt und im Laufe der Erdgeschichte produziert wird, auch wenn das noch niemanden zu beunruhigen scheint. Entropie erfasst so etwas wie die Umwandlung der (lebenden und nicht-lebenden) Dinge, die sie zuletzt tötet oder auflöst, und Anton Tschechow hat verstanden, worin das Problem dieser Größe besteht, als er feststellte, „nur die Entropie ist leicht zu haben." Übrigens – der Vater des Informationszeitalters, das amerikanische Multitalent Claude Shannon, hat einmal vermutet, dass die Maschinen die Menschen deswegen eines Tages ablösen, weil die biologischen Wesen die Entropie vermehren, während die Maschinen vor allem die Energie erhalten.

Unabhängig davon vermehren sich die Menschen derzeit schneller als ein exponentielles Wachsen vorhersagen und berechnen würde, und diese superexponentielle Vermehrung bringt unweigerlich eine Folge mit sich, die in der Wissenschaft „finite time singularity" heißt, was eine Singularität meint, die in endlicher Zeit auftritt. Singularitäten erfassen Verhalten von Funktionen, in denen sie aus dem (endlichen) Normalverlauf ausreißen und unendlich groß werden oder sich als undefinierbar erweisen. Exponentialfunktionen können auch unendlich werden, aber nur nach unendlich langen Zeiten. Die Zunahme der Erdbevölkerung geht über das Exponentielle hinaus und lässt eine Singularität erkennen, was natürlich nicht bedeutet, dass es bald unendlich viele Menschen geben wird, sondern nur erkennen lässt, dass das Erdsystem überfordert ist und eines Tages kollabieren wird.

Wer die Frage stellt, was die Menschen vor dieser Katastrophe bewahren kann, könnte bei einem Blick in die Geschichte fündig werden. In ihrem Verlauf „ist es immer noch gut gegangen", wie man früher gerne sagte, weil die Menschen ständig mit neuen Ideen (Innovationen) den Kollaps vermeiden konnten. Vielleicht klappt das ja auch in Zukunft. „Et kütt, wie et kütt", sagt man in Köln. Nur muss man sich immer schneller etwas einfallen lassen. Auf geht's. Nur Mut.

14. Naturwissenschaft als Geisteswissenschaft – Ketzerische Gedanken eines Biophysikers

Die Naturwissenschaften sind ein weites Feld, vielleicht ein zu weites Feld, wie der alte Briest am Ende eines berühmten Romans seiner Luise hätte sagen können, wenn er über den damaligen Stand von Physik, Chemie, Biologie und anderen Disziplinen informiert gewesen wäre. Sie konnten dank ihrer enormen Fortschritte im Verlauf des 19. Jahrhunderts für „Die Verwandlung der Welt" sorgen, die Historiker in dieser Zeit ausgemacht und beschrieben haben. Theodor Fontanes Roman über Leben und Leiden von „Effi Briest" ist vor der Wende zum 20. Jahrhundert erschienen, als eine energiereiche und durchdringende Art von Strahlung beobachtet werden konnte, mit der die medizinische Diagnostik eine neue Qualität bekam, als Physiker auf die Radioaktivität von Elementen aufmerksam wurden und sich daran machten, die dabei austretende Energie zu nutzen, und als es erstmals gelang, Elektronen aus Atomen zu befreien, die damit nicht mehr so unteilbar waren, wie Philosophen seit der Antike meinten.

Ich nehme nun an, dass viele Menschen im Publikum von dem erwähnten Roman und seinem Autor gehört und vielleicht auch einiges von Fontane gelesen haben, es würde mich aber wundern, wenn sie ebenso viel von den Ideen des Physikers wüssten, dessen Namen sie als Verb benutzen, wenn sie sich röntgen lassen, und ich befürchte, dass die meisten lieber weghören, wenn von radioaktiver Strahlung oder Elektronen die Rede ist. Sie verpassen auf diese Weise den historischen Augenblick am Ende des 19. Jahrhunderts, in dem die Physiker das Tor öffnen konnten, das den Weg zu den Atomen freigab. Jetzt durften Menschen erstmals hoffen, das uralte faustische Verlangen, „dass ich erkenne, was die Welt im Innersten zusammenhält", befriedigen zu können, ohne sich der Magie zu ergeben und gezwungen zu sein, mit dem Teufel zu paktieren.

Als sich Goethes Faust am Beginn des 19. Jahrhunderts in tiefer Nacht beklagte, er „sehe, dass wir nichts wissen können", hätte ihm das Publikum im Theater noch zugestimmt, es würde sich aber zu Fontanes Zeiten darüber wundern, wie es der „Mensch in seinem dunklen Drange" nicht nur geschafft hatte, an sein Ziel zu kommen, sondern sich dabei auch die ganze Zeit „des rechten Weges wohl bewusst" war, wie Goethe den Herrn sagen lässt. Gemeint ist der rechte Weg, der die Physik unweigerlich in die Sphäre der Atome geführt hat und an dessen Ende die wissenschaftlichen Wanderer nicht mehr aus dem Staunen herauskamen, was auch damit zu tun hat, dass sie sich im Innersten der Welt von den Philosophen im Stich gelassen fühlten und deren Aufgaben zur Deutung der dort angetroffenen Wirklichkeit mit übernehmen mussten. Wer die im 20. Jahrhundert erfolgreich unternommene Abenteuerreise in die Welt der Atome verstehen möchte und die Überraschung der mutigen Eindringlinge nachvollziehen will, als sie dort drinnen plötzlich einer Wahrheit gegenüberstanden, die ihnen Interpretationen abverlangte, muss die Geschichte der Naturwissenschaften studieren und bei deren Nachvollzug eine Menge Geisteswissenschaft treiben. Es reicht nicht, eine Chronik der Ereignisse anzufertigen und die dazugehörige Liste der technischen Innovationen und experimentellen Fortschritte aufzustellen. Man muss sich auch auf das kreative und von einem historischen Willen angetriebene Vorgehen der Teilnehmerinnen und Teilnehmer an dieser Expedition in die geheimnisvolle Tiefe einlassen, denn „Wissenschaft wird von Menschen gemacht".

So schreibt Werner Heisenberg im ersten Satz seiner Autobiografie „Der Teil und das Ganze", in der ein junger Physiker als Goethe Bewunderer, Schubert Verehrer und Platon Kenner von seinen „Gesprächen im Umkreis der Atomphysik" berichtet. Die in den Dialogen zu Wort kommenden Forscherinnen und Forscher haben zusammen mit ihrer Wissenschaft auch die politische und ökonomische Geschichte der Menschheit geformt und ihr Sozialeben maßgeblich beeinflusst, auch wenn dieses Wissen kein Allgemeingut ist. Einige Stichworte dazu heißen Halbleiter, Transistoren, Digitalisierung und iPhones.

Die Geschichte der Wissenschaft gehört somit zu den „Humanities", wie die Geisteswissenschaften im Englischen heißen, und wer die ungemein mächtigen Einflüsse der „scientifischen" Disziplinen auf das humane und historische Dasein erkunden will, muss sich auch auf die Antriebe und das Seelenleben der zu ihnen beitragenden Menschen einlassen und den historischen Ort kennen, an dem sie tätig werden, und sich auf die dazugehörige Zeit einlassen, etwa die Jahre der Weimarer Republik.

Nur in diesem Kontext lässt sich verstehen, wie Menschen die Natur mit ihren Theorien erklären konnten, wie überwältigt sich die beteiligten Personen nach deren Bestätigung fühlten und wie sie sich anschließend mit ihrem Wissen an ihre eigentliche Aufgabe machten, nämlich zur Erleichterung und vielleicht zur Verbesserung der menschlichen Existenz beizutragen.

Übrigens, das ungewohnt klingende Attribut „scientifisch" lässt sich bereits bei dem Dichter Novalis finden, der 1798/99 ein Arbeitsheft, ein „Allgemeines Brouillon", angelegt hat, um seine „historische und philosophische Sehnsucht befriedigen" zu können. Das wäre eine Aufgabe für die Moderne, Naturwissenschaft als Erfüllung einer Sehnsucht betreiben, die zum einen darin besteht, die Bedingungen der menschlichen Existenz zu erleichtern, wie man nicht oft genug sagen kann und deutlich betonen sollte, und die zum zweiten etwas Absolutes finden möchte. Gesucht danach hat zum Beispiel der große Max Planck, der sich auch nicht scheute, Feinde der

Wissenschaft auszumachen und anzugreifen. Ich hoffe, diese Sehnsucht und Leidenschaft in Ihnen wecken zu können. Die Naturwissenschaften lohnen den geisteswissenschaftlichen Blick, denn sie romantisieren die Welt, auch wenn sie spürbarer die vielen technischen Entwicklungen ermöglichen, die Menschen mit Entzücken nutzen. Oder gibt es jemandem im Saal, der ohne iPhone und ohne Auto durch sein Leben kommt und auch auf einen Kühlschrank oder einen Kaffee im Flugzeug verzichtet?

Wie dem auch sei: Die Wissenschaft versucht die Welt zu erklären, und der Wissenschaftshistoriker versucht zu verstehen, wie dies gelingen oder wie man dabei scheitern kann. Verstehen und erklären – das sind die beiden Schlüsselworte, die der Philosoph Wilhelm Dilthey verwendet hat, als er sich im späten 19. Jahrhundert daran machte, eine große Kultur in zwei kleinere zu spalten und die eher ungeliebten Naturwissenschaften von den verehrten Geisteswissenschaften zu trennen. Dilthey tat dies zu einer Zeit, als Robert Koch die Ursache der Cholera entdeckte und Heinrich Hertz sich daran machte, die elektromagnetischen Wellen zu erkunden, und beide Arbeiten und ihre folgenden Anwendungen brachten massive Auswirkungen für das menschliche Dasein mit sich, was es nicht bloß zu erklären, sondern vor allem umfassend zu verstehen gilt.

Dilthey hat dies nicht bekümmert. Er wollte die Naturwissenschaften mit ihren Bakterien und Batterien zweitrangig erscheinen lassen, und deshalb gestand er ihren Vertretern lediglich zu, die Dinge zu beobachten und zu erklären, ohne dabei etwas von den historischen Prozessen mit ihren kreativen Komponenten zu verstehen, was dafür die Geisteswissenschaften vermochten, wie Dilthey meinte. Vielleicht hatte er Novalis im Kopf, der einmal geschrieben hat, „Der Poët versteht die Natur besser, wie der wissenschaftliche Kopf", wobei der romantische Dichter anders als Dilthey sehr wohl wusste, dass man dies erst tun kann, wenn man „selbst eine ausgebildete Welt im Kopf" hat. Und sie verdankt ein Mensch seiner Lust am Wissenschaftlichen, wie Novalis sie praktiziert hat.

Der junge Poet arbeitete an der erwähnten „scientifischen Bibel", die er „Allgemeines Brouillon" nannte und in der er bereits im 18. Jahrhundert sich über Halbleiter Gedanken machte hatte, von denen die meisten Menschen bis heute nichts wissen, obwohl es ihre iPhones ohne diese „nährenden Mittel" gar nicht geben könnte, wie Novalis sie genannt hat. Man redet heute mehr über Halbgötter in Weiß als über Halbleiter in Handys, was ich nicht einmal als Halbbildung akzeptieren und nur als Kulturlosigkeit und Dummheit in Diltheys Gefolge bedauern kann, die sich unerträglich in den Feuilletons und Medien ausbreitet.

Übrigens – die Verachtung der Naturwissenschaften setzt meiner Ansicht nach mit Hegels Philosophie ein, wenn er eine „Phänomenologie des Geistes" entwirft und dabei versucht, das Werden des Wissens und das Wachsen der

Einsichten darzustellen. Hegel musste im frühen 19. Jahrhundert zu seinem Ärger feststellen, dass dieses Wissen zunehmend und fast ausschließlich aus den Naturwissenschaften kam, die zum Beispiel in der Chemie Wahlverwandtschaften erkunden und aus anorganischen Stoffen organische Verbindungen herstellen konnte, um nur die Fortschritte zu nennen, die Goethe beeindruckt und beeinflusst haben, der sich zudem von den Erscheinungen des Magnetismus beeindruckt zeigte. Hegel kam da nicht mehr mit, und so reagierte der Herr des Geistes mit der Verachtung der Naturwissenschaften, die bis heute nachwirkt. Es ist auch so bequem, die Augen an diesen Stellen zu verschließen. Die Apparate funktionieren ja auch, wenn ich ihre Entwickler verachte und von ihrer wissenschaftlichen Grundlage nichts wissen will.

Ein Erlebnis in der Schule

An dieser Stelle sei mir ein Bekenntnis gestattet. Diltheys und Hegels hilflose Haltungen sind bis heute in der geisteswissenschaftlichen Zunft verbreitet. Noch 1969 hat zum Beispiel der Schriftsteller Peter Bamm in seinem Buch „Adam und der Affe“ verkündet, dass es ein Merkmal humanistischer Bildung sei, „Naturwissenschaft als eine Angelegenheit zweiten Ranges zu betrachten“.

Ich hasse dieses überhebliche Denken seit meiner in Wuppertal verbrachten Schulzeit. Ich kann mich sogar noch an den Augenblick erinnern, als der entsprechende Zorn und die Wut in mir aufstiegen. Ich wurde vom Direktor meines Gymnasiums 1967 bei der Abiturfeier in der Aula auf die Bühne gerufen, und ich rechnete damit, neben meinem Zeugnis den Dank der Schule zu empfangen, für die ich mich jahrelang in der Schülermitverwaltung engagiert und auch Diskussionsabende (ein „Oberstufenforum“ mit politischen Themen) organisiert hatte, bei denen nicht zuletzt der Oberbürgermeister der Stadt aufgetreten ist, der es später bis zum Bundespräsidenten gebracht hat.

Bei meinem Treiben hatte es einige Querelen mit dem Schulleiter, einem promovierten Philosophen, gegeben, der nun in der Zeugnisverteilung die Gelegenheit sah, mich öffentlich zurechtzustutzen. „Es ist ja schön“, so hörte ich ihn sagen, „wenn man gute Noten in den Naturwissenschaften bekommt, [die hatte ich], aber ob jemand reif ist, das sieht man an seiner Deutschnote.“ Ich war mit einem „Mangelhaft“ in diesem Fach einmal sitzen geblieben, hatte aber zum Abitur hin ein knappes „Befriedigend“ erreicht und war mit mir zufrieden. Nun musste ich die Worte des Direktors anhören, und auf einmal schien mir, dass nicht ich, sondern er keine Reife erkennen ließ. Ich drehte mich um, ging von der Bühne, verließ die Aula und fuhr nach Köln, wo ich mit dem Studium der Physik beginnen konnte.

Ein paar Semester später bin vor Stolz geplatzt, als mir ein Zeugnis ausgehändigt wurde, auf dem „Diplom Physiker“ stand. Die Physik war so spannend mit ihren Quantensprüngen in den Atomen und den Relativitätstheorien von Raum und Zeit, mit ihren elektrischen und magnetischen Feldern und ihren technischen Anwendungen etwa als Laserlicht oder Supraleitung, und von anderen Naturwissenschaften wie der Chemie mit ihren Wirkstoffen, der Biologie mit ihren Genen und der Physiologie mit ihrem Blutkreislauf war noch gar nicht die Rede. Ich hatte das Gefühl, ich könnte alles erklären und verstehen, was die Welt am Laufen hielt, und ich begann zu schweben, als man mir sagte, meine Diplomarbeit habe das Interesse von Max Delbrück geweckt.

Der aus Berlin stammende Biophysiker war 1969 auf dem Weg von Los Angeles nach Stockholm, um hier den Nobelpreis für Medizin entgegen zu nehmen. Delbrück legte in Köln einen Stopp ein, es kam zu einem Treffen, und der Sohn des Historikers Hans Delbrück lud mich ein, bei ihm zu promovieren. So fand ich mich Anfang der 1970er Jahre am California Institute of Technology in Pasadena wieder, wo ich versuchen sollte, mit biophysikalischen Mitteln die Reaktionen zu verstehen, mit denen ein kleiner Pilz auf Licht oder andere Umweltreize reagiert. Es ging darum, mit seiner Hilfe die Anfänge von Wahrnehmung – griechisch „aisthesis“, das Ästhetische – zu verstehen, und ich wiederhole an dieser Stelle das von Dilthey für die Geisteswissenschaften reklamierte Wort „verstehen“, weil es bei Delbrück und vielen anderen Wissenschaftlern letztlich um diese Aufgabe ging.

Natürlich galt es zunächst, Schritt für Schritt zu klären und erklären, wie das Licht oder ein anderes Signal es fertigbringt, im Pilzgewebe aufgenommen und weitergeleitet zu werden, um den Ort zu finden, an dem es das Wachstum beeinflussen und dem Pilz helfen kann, auf seine Umwelt zu reagieren. Aber darüber hinaus stand zur Debatte, wie der Organismus mit diesem Vermögen seine Überlebenschancen erhöht, das heißt, es galt zu verstehen, wie welche Reaktion ihm einen evolutionären Vorteil verschafft und wie er den erwerben, bewahren und vererben konnte. Delbrück hatte als gebildeter Mann die Achte Elegie von Rilke im Hinterkopf, in der es heißt, „Mit allen Augen sucht die Kreatur das Offene“. Delbrück wollte verstehen, wie dies konkret in einem Organismus geschieht und wie zum Beispiel ein kleiner Pilz den Weg in dieses Offene mit seinem lebensnotwendigen Licht findet, wie er ins Freie gelangt, um hier seine Sporen auszustreuen und mit ihrer Hilfe Nachfahren zu erzeugen und in ihnen weiterleben zu können.

Bevor jetzt jemand sagt, dass dies deshalb nicht zu den geisteswissenschaftlichen Themen gehören könne, weil Pilze kein Gehirn und damit keinen Geist haben, sollte er oder sie noch einmal zögern und sich vor Augen führen, wie zum Beispiel Pflanzen ohne solch ein Denkorgan geistreich ihr Überleben in Gärten und Parks gesichert haben und es ihnen gelungen ist, viele Menschen von morgens bis abends für sich schaffen zu lassen, um den Pflanzen ein angenehmes Leben zu ermöglichen. Es gibt offenbar Geist ohne Gehirn, und die Geisteswissenschaft sollte darüber jubeln und sich fragen, ob und wo man schon einmal das Umgekehrte, nämlich Gehirne ohne Geist angetroffen hat.

Da fallen wahrscheinlich vielen Menschen rasch viele Beispiele ein, wobei Anwesende natürlich ausgeschlossen sind.

Der Wille zum Leben

In der Biologie und beim Leben geht es nie nur um mechanische Erklärungen, sondern immer auch um ein sinnvolles Verstehen der organischen Formen und des zellulären Vermögens, auf Reize zu reagieren und sich zu teilen. Viele mögen denken, dass Bakterien oder Zellen, die in einem Laboratorium mit Nährlösungen versorgt und in Zellkulturen gehalten werden – schöne Worte für harte Arbeit –, bestenfalls unangenehm riechendes Rohmaterial für Experimente darstellen.

Aber wer jemals die ungeheure Dynamik erlebt hat, mit welcher sich die Bakterien und Zellen mit ihren Erbanlagen teilen, dabei massiv vermehren und ihren Lebensraum aus- und erfüllen, will diese Prozesse nicht nur oberflächlich erklären – durch Aufzählung der beteiligten Moleküle zum Beispiel –, er oder sie will in aller Tiefe verstehen, was sich da vor den beobachtenden Augen abspielt, und wenn jemand an dieser Stelle zu der Ansicht kommt, „Es sieht so aus, als ob die Zellen den Willen hätten, sich zu teilen", dann kann man dem nur zustimmen.

Der französische Molekularbiologe und Nobelpreisträger François Jacob hat einmal geschrieben, es sei offenbar der Traum einer jeden Zelle, zwei Zellen zu werden, und ich denke, dass solche Formulierungen näher an die dynamische Wahrheit des Lebens herankommen, als jede auch noch so umfangreiche Zusammenstellung der molekularen Abläufe im Zellinneren es vermag. Sie muss natürlich erkunden, wer Menschen praktisch helfen will, mit Krebsgeschwulste umzugehen, aber neben dieser anwendungsorientierten Seite, die ihre eigene Moral entfaltet, sollte man nie die humane, also geisteswissenschaftliche Dimension übersehen, die in jeder Forschung steckt. Denn „Wissenschaft wird von Menschen gemacht", wie man sich nicht oft genug in Erinnerung rufen sollte, und mir bleibt unbegreiflich, wie eine Gesellschaft, die von den Erträgen der Forschung lebt, dies vergessen oder die hier tätigen Menschen fast komplett ignorieren kann.

Wer in Buchhandlungen unter Biografien sucht, findet leicht Hegel, Schopenhauer, Voltaire, Karl Marx, Richard Wagner und Friedrich Nietzsche, während es Mühe macht, entsprechende Werke über Heinrich Hertz, August Weismann, Hermann von Helmholtz, Robert Koch, Josef von Fraunhofer, Max Planck, Niels Bohr und andere Naturwissenschaftler zu finden, um ein paar Namen anzuführen. Über das populäre Trio „Marx, Wagner, Nietzsche" hat der Historiker Herfried Münkler kürzlich ein Buch vorgelegt, in dem er bei aller Unterschiedlichkeit seiner Helden einen gemeinsamen Punkt ausgemacht hat. Marx, Wagner und Nietzsche – sie alle drei verachteten den Philister, den man auch als Spießbürger bezeichnen kann und dem Arthur

Schopenhauer bescheinigt hat, „ohne geistige Bedürfnisse“ zu existieren und daher auch „ohne geistige Genüsse“ zu bleiben. Wenn selbst Marx, Wagner und Nietzsche sich über solche Leute beklagen, was sollen dann erst Max Planck und Albert Einstein sagen?

Ich nehme einmal an, dass hier im Publikum keine Philister zu finden sind, befürchte aber, dass die damit gemeinten Spießbürger in den sozialen Medien mit ihrer Dummheit die Bildungsmisere befördern, unter der das Land leidet. Philister wissen wenig und meinen viel, und sie verbreiten gerne den Vorwurf, die Wissenschaft verstecke sich in einem Elfenbeinturm. Darauf kann man genüsslich mit einem erklärten Gegner der Dummheit, dem französischen Romancier Gustave Flaubert, antworten: „Ich habe immer versucht, in einem Elfenbeinturm zu leben, aber ein Meer von Scheiße schlägt an seine Mauern, genug, um ihn zum Einsturz zu bringen.“ Es könnte den Spießbürgern bald gelingen. Sie halten genug Dreck in ihren Händen bereit, den sie spielend leicht in den sozialen Medien loswerden können.

Über Dummheit aufregen konnte sich auch Arthur Schopenhauer, der seinen Zorn über die unnötig komplizierte Ausdrucksweise eines (oben erwähnten) Kollegen in Form eines Beweises fasste, der den Gemeinten als „geistlosen, unwissenden, Unsinn schmierenden, die Köpfe durch hohlen Wortkram degenerierenden Philosophaster“ entlarven sollte . Schopenhauer hatte geärgert, dass sein Werk über „Die Welt als Wille und Vorstellung“ nicht die Aufmerksamkeit auf sich zog, die es seiner Ansicht nach verdient hätte. Es ist gut, wenn solch ein Zorn sprachlich Spaß bereitet, aber es wäre besser, Schopenhauers Ideen für die Lebenswissenschaften aufzugreifen, was jetzt unternommen werden soll. Der Philosoph hat in dem zitierten Buch das Thema angesprochen, das bereits im Zusammenhang mit Zellen erwähnt worden ist.

Wer den Titel „Die Welt als Wille und Vorstellung“ liest, denkt vermutlich, der Autor habe mit dem Willen das persönlich ausgeprägte Wollen von Individuen gemeint, aber dem ist nicht so. Auch bei Tieren und Pflanzen findet Schopenhauer einen Willen, und er meint einen Willen zum Dasein, wie ihn heutige Augen selbst bei Bakterien und anderen Zellen zu sehen bekommen. Als „Die Welt als Wille und Vorstellung“ 1818 erschienen ist, konnte Schopenhauer die 1838 erstmals formulierte Zelltheorie des Lebens noch nicht kennen, aber ich bin sicher, er hätte den Bausteinen der Organismen auch solch einen Willen zum Dasein zugestanden, der sich inzwischen in ihrer unvorstellbaren Teilungsdynamik zu erkennen gibt.

In dem Willen zum Leben sieht der Philosoph nicht nur „das verbindende Band“ zwischen den Organismen. Schopenhauer hält die dazugehörige Triebkraft sogar für den „Ursprung der Welt“. Der Wille erscheint überall als wirkendes Prinzip, mit dessen Hilfe die Möglichkeiten des Daseins in die dazugehörige Realität verwandelt werden . Wer sich in der Philosophiegeschichte auskennt, wird bemerken, dass Schopenhauers Wille genau das ist, was Aristoteles einmal Energie genannt hat, nämlich die Wirkkraft, die aus dem potenziellen das aktuelle Sein hervorbringt. Der Wille wird so gesehen zur kosmischen Energie und die Welt zu seiner Erscheinungsform, wie Schopenhauer vorschlägt, und man braucht nur dem wilden Lebenswillen von Zellen in den Kulturen eines Laboratoriums zuzuschauen, um diese Wahrheit mit eigenen Augen zu sehen und mit ihr das organische Treiben zu verstehen. Naturwissenschaft als Geisteswissenschaft! Was denn sonst?

Die Energie und die Urpflanze

Ich möchte an zwei weiteren Beispielen zeigen, wie das geistige Leben von Menschen mit dem Materiellen in der Natur verknüpft ist und wie diese Verbindung helfen kann, die Geistesgeschichte der Naturwissenschaften zu verstehen – und damit die Geschichte der Menschen überhaupt. Zum einen geht es um die Energie, von der heute so viele Leute reden, dass man den Eindruck bekommt, jeder weiß, was damit gemeint ist. Dabei ist das Wesen der Energie ein Geheimnis, was sich an ihrer Dualität zeigt, die den Romantikern gefallen hätte. Auf der einen Seite kennt die Physik den Satz von der Erhaltung der Energie, und auf der anderen Seite kann Energie nur dadurch erfasst und verstanden werden, dass sie sich unentwegt wandelt. Zudem gibt es die innere Energie der Seele ebenso wie die äußere Energie einer Maschine, wobei beide unsichtbar bleiben.

Vor 1800 haben Physiker von wirkenden Kräften gesprochen, um sich danach der unzerstörbaren Energie zuzuwenden, die Sigmund Freud 100 Jahre später als psychische Kraft deutete. Da war ihm Novalis zuvorgekommen, der in den „Klagen eines Jünglings“ die Schicksalsgöttin bittet, „O! so nimm, was Tausende begehrten, /was mir üppig Milde lieh, /gieb mir Sorgen, Elend und Beschwerden, /Und dafür dem Geiste Energie.“

Modern ausgedrückt, denkt sich Novalis den Menschen als Verkörperung von Energie, und ich denke, dass hier eine große Aufgabe der Naturwissenschaften liegt, die sich bemüht, die Masse (Schwere) der materiellen Dinge als Verkörperung einer immateriellen Energie zu verstehen, wobei sich nebenbei die tiefe Bedeutung von Einsteins Formel E=mc2 zeigt, die nicht von Atombomben handelt, sondern von der Verkörperung der Energie, die dem Leben vermutlich am besten gelungen ist.

Zum zweiten soll es um die Urpflanze gehen, von der viele Menschen gehört haben, die Goethe auf seiner Italienischen Reise gesucht hat und gesehen haben will. Goethe wollte die Bildung aller Gestalten und Formen der Natur aus einem Grundplan heraus verstehen, also „durch die mannigfaltigste Wiederholung des ursprünglichen Bildungstypus“, wie er es nannte, und damit begründete Goethe „die Notwendigkeit der genetischen Methode für alle Naturwissenschaft“. Ich bitte zu beachten: „Genetisch“ stammt von Goethe, nicht von Genen. Hinter Goethes genetischem Gedanken steckt die (romantische) Vorstellung, dass jede Bildung als Teilung und in Gegensätzen erfolgt.

Dieser Vorgang steckt schon im Wort „Bildung" selbst, das doppeldeutig ist und nicht nur das bezeichnet, was hervorgebracht wird, sondern auch das Hervorbringen selbst. In der (romantischen?) Naturphilosophie der Goethezeit hat man stets nach der Einheit gesucht, die ihr Gegenstück – ihren Gegensatz – herstellt, die also zugleich Form und Formprinzip ist. Goethe hat es nicht bei der individuellen (besonderen) Beschreibung der Gestaltbildung belassen, sondern versucht, ein allgemeines Gesetz zu formulieren, mit dem die Bildung und Umbildung der Lebensformen zu erklären oder zu verstehen ist. „Verstehen" bedeutete zu Beginn des 19. Jahrhunderts, das zu erklärende Geschehen auf ein einfaches, einheitliches Prinzip zurückzuführen. Man sprach von einem „Urphänomen".

Das Wunderbare der modernen Genetik besteht darin, konkret ein Molekül gefunden zu haben, das die Teilung in zwei beherrscht und dessen Modell sich als die Urpflanze verstehen lässt, deren Finden Goethe ersehnt hat. Der Stoff heißt DNA und liegt in Form der bekannten Doppelhelix vor, die nur darauf zu warten scheint, sich in zwei zu teilen. Von dieser eleganten Spirale geht die Gestaltungskraft für den Bau eines Organismus aus. Die DNA ist erschaffene und erschaffende Natur zugleich. Sie liefert das Urphänomen im Zentrum des Lebens, und entsprechend ist das Gen das Urgebilde, das sich selbst hervorbringt, das immer zugleich etwas ist und sein Gegenstück werden lässt.

Mit einem so verstandenen Gen könnte man tatsächlich von der „genetischen Methode der Wissenschaft" und die Doppelhelix als die Urpflanze bezeichnen, auch wenn man sie nicht direkt im Leben sehen kann und erst ein Modell bauen muss. Als seine Schöpfer oder Entdecker es vor Augen hatten, meinten sie, das Geheimnis des Lebens gelöst zu haben. Die Doppelhelix ist ihnen auf jeden Fall als Urpflanze erschienen, und die wissenschaftliche Welt sah dies auch so und kam aus dem Staunen nicht mehr heraus. Die Doppelhelix kann viel erklären. Verstehen lässt sie sich nur als Urpflanze in molekularen Dimensionen.

Verstehen verstehen

Übrigens – als die Physiker in den 1920er Jahren das Tor zum Innersten der Welt aufgestoßen hatten, mussten sie feststellen, dass sie die Stabilität der Atome, also die Existenzmöglichkeit des materiellen Seins, nur erklären konnten, wenn sie bereits der anorganischen Natur die Tendenz unterstellten, bestimmte Formen zu bilden, wobei man die oben erwähnte Beobachtung der Radioaktivität nutzten konnte, um zu erkennen, dass Atome sich nach einer Umwandlung nicht auflösten, sondern wieder Atome wurden und in diesem Anderssein ihre Grundform bewahrten. Als beim weiteren Nachforschen auffiel, dass sich die innere Struktur der Materie bei diesen Prozessen einer anschaulichen Beschreibung entzog, fragte der junge Physiker Werner Heisenberg seinen Lehrer Niels Bohr, „Werden wir Atome überhaupt jemals verstehen?" Der Gefragte zögerte, bevor er meinte: „Doch. Aber wir werden dabei gleichzeitig erst lernen, was das Wort ‚verstehen' bedeutet." Dilthey würde das nicht verstehen und sich wundern oder abwenden.

Als „Die Stunde der Physiker" schlug, wie ich sie in einem Buch mit diesem Titel beschrieben habe, wurde auf jeden Fall Naturwissenschaft als Geisteswissenschaft betrieben, wie gerade angedeutet, wobei mir insgesamt scheint, dass man ohne Rückgriff auf zumindest einen geisteswissenschaftlichen Begriff den historischen Erfolg der Theoretiker der Atome und des Lichts nicht verstehen kann (erklären kann man ihn erst recht nicht). Ich meine das Romantisieren der Welt, das Novalis zufolge unter anderem bedeutet, dem Bekannten die Würde des Unbekannten und dem Gewöhnlichen ein geheimnisvolles Aussehen zu geben.

Zum ersten Punkt: Bekannt ist, dass Materie stabil ist, und erklärt wird diese Stabilität nicht nur mit dem Formwillen der Atome, wie oben gesagt, sondern auch durch die Tatsache, dass sich Atome nur durch Quantensprünge ändern können, die aber nur eintreten, wenn ausreichend Energie verfügbar ist, was ebenso geheimnisvoll bleibt wie der Formwille. Zum zweiten Punkt: Gewöhnlich ist das Licht, das aus verschiedenen Quellen kommt, aber bei den Versuchen, seine Eigenschaften zu erklären, stellte sich heraus, dass es sowohl als Welle als auch als Teilchen agieren kann, und genau das macht es geheimnisvoll. Die Frage, „Was ist Licht?", kann nicht mehr eindeutig beantwortet werden, und selbst Einstein hat nach fünfzigjährigem Nachsinnen über die Natur des Lichts das Handtuch geworfen und gemeint, er könne nicht sagen, was Licht ist.

Es wurde gesagt, dass die Physiker damals den Zugang zum Weg in das Innerste der Welt gefunden hatten, und wenn sie sich und andere gefragt hätten, „Wo gehen wir denn hin?", wäre ihnen vielleicht die Antwort des Novalis in den Sinn gekommen, „Immer nach Hause." Ich meine das wörtlich und ernst, denn als der erste Physiker dort angekommen war, wo Goethes Faust hinwollte, stellte er fest, dass er dort keiner Sache mehr entgegentrat, sondern sich selbst begegnete. Er traf auf seine Zeichen und Spuren, so wie es Novalis in seinem Roman „Heinrich von Ofterdingen" schildert, als der Wanderer sich in ein Bergwerk vorwagt und dort einem Eremiten begegnet, der über ein Buch verfügt, in dem Heinrich sich selbst und seine Geschichte findet.

Im Innersten der Welt trifft der Mensch sich selbst, er kommt nach Hause, er findet seine Heimat und sein Geheimnis. Und hier bewahrheitet sich, was ich so laut wie möglich verkünden möchte. Die Naturwissenschaft hebt bei ihrem Vorgehen kein Geheimnis auf. Sie vertieft dafür das Gefühl für das Geheimnisvolle, das zum Menschen selbst gehört und ihn sogar ausmacht. Wie Novalis gemeint hat, als die Lehrlinge zu Sais den Schleier über der

Wahrheit lüften konnten und darunter sich selbst erblickten– das Wunder des Wunders, wie der romantische Dichter schreibt, oder das „Geheimnis der Geheimnisse", wie Charles Darwin im 19. Jahrhundert den Gedanken an eine Evolution des organischen Werdens und damit die Entstehung des Menschen benannt hat.

„Besser scheitern"

Wenn man mit anderen und etwas hart klingenden Worten ausdrücken will, dass die Naturwissenschaften die Wahrheit nur so ausdrücken können, dass sie ihr Geheimnis behält, kann man sagen, dass Darwin am Leben und Einstein am Licht gescheitert sind, aber die beiden sind natürlich nicht die Einzigen, der diese Erfahrung machen mussten. Scheitern im großen Stil gehört zur Geschichte der Naturwissenschaft und könnte den Geisteswissenschaftlern ein Fest sein – wenn sie sich nur um die Physik, die Biologie und die anderen Disziplinen mit ihrer Geschichte angemessen kümmern würden. Scheitern ist eine Grunderfahrung kleiner und großer Forschung, über die sich nachzugrübeln lohnt, wobei ich nach den genannten großen Lichtern mit der kleinen Forschung meine Doktorarbeit meine, die zwar abgeschlossen werden konnte und mir als Biophysiker auch einen Dr. rer. nat. verschafft hat, die aber nicht wirklich zufriedenstellend irgendein Verhalten des untersuchten Pilzes mit dem Namen Phycomyces erklären konnte.

Delbrück selbst ist mit vielen Fragen an dem Organismus gescheitert, aber er hat sich mit seinem Lieblingsdichter Samuel Beckett getröstet, der übrigens im gleichen Jahr (1969) wie er den Nobelpreis bekommen hat. Bei Beckett kann man lesen: „Immer versucht. Immer gescheitert. Einerlei. Wieder versuchen. Wieder scheitern. Besser scheitern", was mich ermutigt, an dieser Stelle zu fragen, wie ein besseres Scheitern in meinem kleinen Fall hätte aussehen können. Es gibt hierauf in der Tat eine lohnende Antwort, wie mir scheinen will, weil sie den Blick auf einen historischen Wechsel freigibt, der Philosophen und Wissenschaftstheoretiker entzücken müsste und der sich auch bei dem Scheitern der Großen als nützlich erweisen könnte. Wenn jemand noch schnell wissen will, welche Geheimnisse Darwin und Einstein mit ins Grab genommen haben, kann man mit dem Hinweis antworten, dass beide nicht die Antworten, sondern die Fragen liebten. Das Schönste, was ein Mensch erleben kann, ist das Gefühl für das Geheimnisvolle, wie Einstein einmal geschrieben hat. Es liefert die Quelle der Kreativität, die sich in Kunst und Wissenschaft zeigt.

Bleiben wir in Delbrücks Laboratorium, in dem ich mich abmühte und in dem alle physiologischen, biochemischen, physikalischen Experimente unter dem Eindruck des Erfolges stattfanden, den die Molekularbiologie seit den 1950er Jahren feiern konnte. Dazu kann ich mir eine Nebenbemerkung nicht verkneifen: Die Idee einer Molekularbiologie und der Begriff sind schon in den 1930er Jahren aufgekommen, und sie sollten nicht der Genetik dienen, sondern helfen, soziale Probleme wie hohe Scheidungsraten oder zunehmendes Analphabetentum naturwissenschaftlich exakt zu klären, was die deutsche Zunft der Geisteswissenschaft, Abteilung Soziologie, zu meinem Bedauern bis heute nicht zur Kenntnis nimmt.

Das Konzept hatte Erfolg, und so kam es, dass in den 1970er Jahren alle Lebenswissenschaften als Molekularbiologie betrieben wurden, was zur Folge hatte, dass es in den Experimenten galt, die Moleküle in den Zellen zu finden, die Umweltreize in Reaktionen des Organismus verwandelten. Heute – ein halbes Jahrhundert später – denkt man völlig anders, und inzwischen ist die Rede davon, dass Pilze ein „entangled life", ein verwobenes Leben führen, und zwar innen in ihren Zellen wie außen als Geflechte, und diesem organischen Gewebe kann man nicht mehr mit den ursprünglich eingesetzten Methoden auf die Spur kommen.

Ein kundiger Philosoph könnte hier eine Dialektik der aufklärenden Wissenschaft ausmachen, die sich in jüngster Zeit darin zeigt, dass es Genforscherinnen und Genforschern im frühen 21. Jahrhundert zwar gelungen ist, das genetische Material eines Menschen – das humane Genom – offenzulegen, dass die Datenfülle aber das zur Folge hat, was bereits Robert Musil „als unermessliche Undurchdringlichkeit" beschrieben hat. Es ist, wie Karl Kraus es gesagt hat: Je länger man ein Wort anschaut, desto fremder schaut es zurück. Je genauer man das Genom anschaut, desto fremder kommt es einem vor.

Zurück zu Delbrück und seinem Doktoranden, die in den 1970er Jahren nach Signalketten suchten, während sie heute sie nach Vernetzungen fragen würden, und eine lohnende kritisch-historische Aufgabe läge darin, zu verstehen, wie sich dieser historische Wechsel vollziehen konnte, und zwar nicht allein aufgrund der Tatsache, dass das molekulare Paradigma gescheitert ist, sondern auch wegen der zunehmenden Komplexität nicht nur in der Welt, sondern auch oder gerade in den Zellen, wodurch man auf das trifft, was Robert Musil bereits in seinem „Mann ohne Eigenschaften" als „unermessliche Undurchdringlichkeit" bezeichnet hat. Eine weitere konkrete Frage an die Wissenschaftsphilosophen würde jetzt lauten, wie die Forschung im Angesicht solcher „unermesslicher Undurchdringlichkeiten" ihren Optimismus bewahrt und unerschrocken weitermacht und welche Rolle die Digitalisierung mit der besseren Handhabbarkeit von ständig wachsenden Datenmengen dabei spielt. Welche Natur des Menschen zeigt sich hier und wie kann man die leidenschaftliche Neugierde erklären und verstehen, die den Wissenschaftsbetrieb antreibt?

Die zwei Kulturen

Ich habe Rilke, Musil und Beckett zitiert, die alle der literarischen Intelligenz zuzurechnen sind, wobei dieser Ausdruck benutzt worden ist, weil im Jahre 1959 der britische Physiker und Romancier Charles Percy Snow einen bis heute nachwirkenden Vortrag über die „Literarische und naturwissenschaftliche Intelligenz" gehalten hat, dem er den Titel „Die zwei Kulturen" gegeben hat. Ihn wurmte die Spaltung in die zwei Welten der Geisteswissenschaft und Literatur auf der einen und der Naturwissenschaften und Technik auf der anderen Seite. Snow ärgerte sich über Snobs, nämlich die Intellektuellen an der Universität Cambridge, an der sein Vortrag stattgefunden hat, die es zwar für wichtig hielten, Shakespeares Sonette und andere Werke des englischen Dichters zu kennen, die aber auf die Frage, ob sie schon einmal vom Zweiten Hauptsatz der Thermodynamik gehört hätten, nur mit den Achseln zuckten und „so what?" fragten. „So wird also das großartige Gebäude der modernen Physik errichtet", stellte Snow fest, „und die Mehrzahl der gescheitesten Leute in der westlichen Welt versteht ungefähr genau so viel wie ihre Vorfahren in der Jungsteinzeit."

In den frühen 1960er Jahren hat der Historiker Jacques Barzun in einem Essay eine vergleichbare Einschätzung von sich gegeben, als er geschrieben hat: „Die westliche Gesellschaft beherbergt gegenwärtig die Wissenschaft wie einen fremden, mächtigen und geheimnisvollen Gott. Unser Leben wird von seinen Werken verändert; aber die Bevölkerung des Westens ist von einem Verständnis dieser seltsamen Macht wohl ebenso weit entfernt, wie ein Bauer in einem abgelegenen mittelalterlichen Dorf es von einem Verständnis der Theologie des Thomas von Aquin gewesen ist."

Barzun ging dann sogar noch einen Schritt weiter, als er schrieb: „Die Lücke ist heute [1968] sichtlich größer, als sie vor hundert Jahren war, zu einer Zeit, als jeder gebildete Mensch sich die Hauptergebnisse und die einfachen Prinzipien, die damals Physik, Chemie und Biologie ausmachten, aneignen konnte. Die Schwierigkeit heute besteht nicht darin, dass die Wissenschaft mehr Tatsachen entdeckt hat, als sich in einem Kopf zusammenhalten lassen, sie besteht vielmehr darin, dass die Wissenschaft – selbst für die Wissenschaftler – aufgehört hat, eine prinzipielle Einheit und ein Gegenstand der Kontemplation zu sein." Wer den Wert und die Größe der Wissenschaft „als stupende Leistung des menschlichen Geistes" vorstellen und verstehen will, so Barzun, muss die Schritte ihres Werdens unter Beobachtung der gesellschaftlichen Begleitumstände zusammenstellen, die Naturwissenschaften also kritisch und historisch darstellen, und das ist eine geisteswissenschaftliche Aufgabe, an der die Gegenwart kläglich scheitert.

Barzun schreibt: „Zu erkennen, was die Wissenschaft ist, was sie tut, und welchen Einfluss sie auf andere Manifestationen des Geistes hat: das ist die Aufgabe für jemanden, der zugleich Kritiker, Historiker und Philosoph und außerdem in einem Wissenschaftszweig und in Mathematik ausgebildet ist". Wo findet und wie bekommt man solch einen Menschen? Welche Universität bildet ihn oder sie für diese Aufgabe aus? Ich will im Folgenden versuchen, die Palette der Aufgaben eines kritischen Wissenschaftsvermittlers mit Niveau an einem historischen Beispiel vorzustellen.

Die genetische Dimension

Mein Doktorvater Delbrück hat den Nobelpreis 1969 für seine Forschungen aus den Jahren des Zweiten Weltkriegs bekommen. In diesem Zeitraum ist es ihm gelungen, der modernen Molekularbiologie den Weg zum Erbgut – ein schönes Wort – oder zu den Erbanlagen zu bereiten. Am Anfang stand Delbrücks Idee, Gene als einen Atomverband zu verstehen, um die Erbsubstanz des Lebens auf diese Weise der Physik zugänglich zu machen, und am Ende konnte man den Stoff mit Namen DNA in die Hand nehmen, der oben als Urpflanze eingeführt worden ist, und seinen molekularen Aufbau analysieren, was erneut vor allem Physiker hinbekommen haben, die kein Auge für Urpflanzen hatten und dafür nach Informationen suchten. Sie haben sie in den Genen gefunden, die als Ketten gebaut sind, deren Glieder sich chemisch charakterisieren lassen, wobei vier Basen die Hauptrolle spielen.

In ihrer Reihenfolge (Sequenz) steckt die genetische Information einer Zelle, wie man sagt, wobei schon erwähnt wurde, dass das vertraut wirkenden Attribut „genetisch" es in sich hat und älter als das Substantiv „Gen" ist. Das „Gen" einer Zelle hat seinen Namen erst im frühen 20. Jahrhundert bekommen, während das „genetische" bereits am Ende des 18. Jahrhunderts benutzt worden ist, und zwar 1796 durch Goethe, als er die Wissenschaft der Morphologie begründen wollte und dabei „die Notwendigkeit der genetischen Methode für alle Naturwissenschaft betonte. Was dabei zuletzt und allgemein angestrebt wird, könnte man eine Theorie des Werdens nennen, von der man derzeit nur erste Anfangsgründe erblicken kann, die schon ziemlich vertrackt sind und womit die Quantenmechanik gemeint ist, was als Anmerkung genügen und neugierig machen soll.

Hier geht es konkret um die die Wirkung des Erbguts: Wie agieren Gene? Wie bringen sich die Organismen mit ihrer Hilfe hervor und sorgen für die geprägte Form, die lebend sich entwickelt? Dies sind zentrale Fragen, und sie stellen sich bis heute. Zu ihrer Beantwortung reicht die Wissenschaft längst nicht mehr aus, die sich aus der Physik entwickelt hat, heute im Gewand der Genetik erscheint und mit dem Vornamen „Molekular" angeredet wird. Um sagen zu können, wie die Gene ihre Wirkungen erzielen, muss über das Naturwissenschaftliche hinausgedacht und anders argumentiert werden, als es die exakten Wissenschaften in traditioneller Weise tun, wenn sie sich an der Physik orientieren – wobei dies oft aus gutem Grund und mit großem Erfolg geschehen ist.

Als Kronzeuge für diese physikalische Sackgasse kann der legendäre Sydney Brenner zitiert werden, der seit den achtziger Jahren darauf hingewiesen hat, dass die Entwicklung des Lebens nicht durch die traditionellen molekularen Mechanismen verstanden werden kann, denn dafür seien sie trotz aller genetischen Kontrolleinrichtungen zu langweilig. Viele Molekularbiologen werden an dieser Stelle widersprechen, weil sie denken, die Wissenschaft könne die Frage, „Wie Gene die Entwicklung steuern", doch längst beantworten, schließlich gibt es ein Buch mit genau diesem Titel, „Wie Gene die Entwicklung steuern".

Es stammt von Walter Gehring und erzählt die Geschichte einer Entdeckung namens Homöobox. Mit diesem merkwürdig klingenden Begriff ist ein gar nicht besonders langes Stück Erbsubstanz DNA gemeint – ein genetisches Kästchen –, das die Evolution unter ihren Kindern erstens weit verbreitet und zweites gut konserviert hat. Es findet sich in Genen, die dafür sorgen, dass Körpersegmente an die richtige Stelle kommen. Diese Gene heißen zwar wie der Kasten, der in ihnen steckt, nämlich Homöogene, aber bei anderen Genetikern haben diese Funktionseinheiten interessantere Namen bekommen, und zwar unter anderem „Identitätsgene" oder „Interpretationsgene", und wer diese Namen hört und sich Gedanken über Identität und Interpretation machen will, wird bald merken, dass er oder sie jetzt die Hilfe der Geisteswissenschaften erbitten sollte. Wenn es um Interpretationen geht, ist die Literaturwissenschaft zuständig, und die Physik sollte auf sie hören, auch wenn sie Genetik genannt wird.

Die „Homöogene" mit ihrer Homöobox haben ihren Namen nach dem griechischen Wort für „ähnlich" – „homoios" bekommen. Die Silben sind aus der eher unglücklichen Homöopathie bekannt, deren Grundidee in einem „ähnlichen Erleiden" des Kranken liegt und die ihm daher Heilmittel verordnet, die dem Erreger ähnlich sind. Die genetische Homoiosis (oder Homöosis) entstammt der Beobachtung, dass es in der Natur Lebensformen geben kann, bei denen sich an falschen Orten Strukturen bilden, die denen ähnlich sind, die man sonst von anderer Stelle kennt. Konkret gemeint sind Beine, die bei Fliegen da wachsen, wo sonst Fühler sind, oder Antennen, die sich bei Krebsen da zeigen, wo sonst Augen sind. Monster dieser Art sind schon im 19. Jahrhundert in der Natur beobachtet worden und keinesfalls Züchtungen aus Laboratorien.

An solchen merkwürdig berührenden Umbauten sind homeotische Gene beteiligt, wie man sagt, und so liegt der Schluss nahe, dass in ihnen oder in ihrem homeotischen Kästchen so etwas wie der Bauplan des Lebens steckt. Doch so aufregend dieser konkrete Gedanke ist, so langweilig bleibt das allgemeine Konzept, mit dem die Genetiker die biologische Entwicklung insgesamt erklären wollen. Das Zauberwort, mit dem an dieser Stelle hantiert wird, das Kaninchen, das die genetischen Künstler aus ihren Reagenzgläsern hervorziehen, heißt „das genetische Programm." Gehring ist zum Beispiel fest davon überzeugt, dass die Gesamtheit der menschlichen Gene „ein genaues Programm enthält, nach welchem wir uns entwickeln".

Diese programmatische Idee ist zusammen mit den ersten Computern und ihren Rechenkünsten entstanden, also in den sechziger und siebziger Jahren des 20. Jahrhunderts. Das deutlichste Bekenntnis zu dieser Beschreibungsweise des Lebens hat der bereits erwähnte François Jacob abgegeben, als er 1972 in seiner „Logik des Lebendigen" feststellte, „das Programm stellt das genetische Material im Ei dem magnetischen Band eines Computers gleich. Es bedingt eine Reihe durchzuführender Operationen, die Starrheit ihres zeitlichen Ablaufs und den ihnen zugrunde liegenden Zweck."

Die Vokabel und die Vorstellung eines genetischen Programms – und damit ein Maschinenbild des Lebendigen – sind derart weit verbreitet sowohl in der Literatur als auch in den Köpfen von Experten und Laien –, dass mit Unverständnis rechnen muss, wer darauf hinweist, dass das Konzept nichts taugt. Und die Sache ist noch schlimmer. Das Reden vom genetischen Programm als Basis des sich entwickelnden Lebens verhindert geradezu, dass man versteht, was im Leben abläuft und bei seiner Entwicklung passiert. Es verhindert vor allem, sich darüber Gedanken zu machen, was man an seine Stelle setzen muss, damit die Rolle der vielen entdeckten Homeoboxen verstanden werden kann.

Das Ende des genetischen Programms

Wie Begriffe das Denken tatsächlich zu blockieren in der Lage sind, können die Naturwissenschaftler von Geisteswissenschaftlern lernen, die schon oft Erfahrungen dieser Art gemacht haben. Als Beispiel sei auf die Gespräche hingewiesen, in denen der Philosoph und Ideenhistoriker Raymond Klibansky seine „Erinnerungen an ein Jahrhundert" schildert. Dabei kritisiert er die Soziologen, die nach dem großen Max Weber kamen. So fortschrittlich dessen Gedanken über die Wissenschaft als Beruf und so faszinierend die von ihm (leider unzutreffend) diagnostizierte Entzauberung der Welt durch ihre rationale Erklärung waren, so fest blieben Webers Nachfolger bei den Vorgaben ihres Lehrers stehen. Für sie – so Klibansky – bestand die Aufgabe ihrer Wissenschaft schlicht und einfach darin, „die Geschichte im Lichte bestimmter Begriffe zu bemeistern". Wenn einer von ihnen „einen bestimmten Begriff benennen konnte, der die Phänomene zu erfassen schien, glaubte [die Zunft] schon, sie zu begreifen."

Genau so ergeht es den Biologen mit dem genetischen Programm, da sie nicht einsehen wollen, dass es sinnlos bleibt, bei den Zellen und ihren Genen von programmatischen Abläufen zu reden, während ein Embryo heranwächst und seine Zellen sich teilen, wandeln und ihrer Spezialisierung entgegengehen. Die Genetiker scheinen zu denken, dass alle regelmässigen

Abläufe programmatisch sein müssten. Dies ist aber nicht der Fall, wie man sich am Beispiel eines Theaterabends klar machen kann. Hierbei lassen sich zwei Bereiche unterscheiden, und zwar das, was auf der Bühne passiert, von dem, was im Zuschauerraum vor sich geht. Für das, was die Schauspieler auf der Bühne tun, gibt es einen Text, der festlegt, was sie tun, und insofern lässt sich sagen, dass ihre Handlungen programmatisch ablaufen (die ein Regisseur oder Dramaturg sogar nach seinen Wünschen und Vorstellungen neu regeln – also umprogrammieren – kann). Es gibt aber daneben noch das, was sich im Parkett abspielt. Zwar gibt es für vieles von dem, was die Zuschauer tun, Regeln, Etikette und andere gesellschaftlich bedingte Vorgaben, es gibt aber keinen Text dazu. Zwar spielen sich jeden Abend in den Logen, auf dem Rang oder im Foyer etwa die gleichen Szenen ab – jemand hustet, jemand lacht, jemand schläft ein, jemand trinkt etwas in der Pause –, aber die sich hier zeigende hohe und daher eher langweilige Regelmäßigkeit ist auf keinen Fall programmiert.

Man sollte nur dann von einem programmatischen Geschehen reden, wenn es neben dem anvisierten und zu erklärenden Geschehen noch ein zweites Ding gibt, das dazu genau passt (das dazu isomorph ist, wie es technisch genauer heißt) und seinen zeitlichen Ablauf regelt – eben das Programm, das sich in der Frühphase der Computer als langer Lochstreifen zeigte, der entfernt an die DNA-Fäden einer Zelle erinnern konnte. Wer nun mit dieser Vorgabe das molekulare Leben einer Zelle (genauer: der Kenntnis davon) betrachtet, kann einen Ablauf erkennen, der programmatisch vor sich geht. Gemeint ist der erste Schritt bei der Herstellung der Genprodukte, die als Proteine die letztlich die ungeheuer aufwendige biochemische Arbeit in einer Zelle übernehmen. Wie die Gene sind auch die Proteine als Ketten gebaut, und der erste Schritt, den eine Zelle bei der Synthese eines Proteins tut, besteht in der Umwandlung der dafür zuständigen Gensequenz in die Folge der Bausteine, aus denen das Protein besteht. Dieser Schritt, die Herstellung der so genannten Primärstruktur, verläuft offenkundig programmatisch. Denn für das, was wir in einem Genprodukt finden, gibt es den genetischen Text. Doch weiter reichen seine Anweisungen nicht. Nach diesem ersten (programmatischen) Schritt gibt es keinen Platz mehr für die Verwendung der beliebten Vokabel. Mit der Reihenfolge der Proteinbausteine endet das Programm in der Zelle, die sich nun auf andere Formen der Naturgesetzlichkeit (Algorithmen) einlässt, von deren Verständnis vor allem diejenigen Biologen weit entfernt bleiben, die unentwegt von genetischen Programmen reden und meinen, es dabei bewenden lassen zu können.

Doch es gilt, noch einen Schritt weiter zu gehen, denn die entscheidende Frage heißt ja nicht, wie Zellen funktionieren, sondern wie Organismen entstehen. Und hier funktioniert erst recht kein genetisches Programm, denn die maßgebliche Beobachtung bei dem Werden des Lebens mit seinen Formen besteht darin, daß die Organismen dies alleine und aus sich heraus machen. Das Leben mit seinen Genen kann also genau das, was Computer mit ihrem Programm nicht können – sich selbst hervorbringen. Organismen agieren anders als Maschinen, und sie entstehen anders als sie, nämlich nicht durch Pläne und Maßnahmen von außen, sondern durch und aus sich selbst, und dabei laufen Vorgänge ab, bei denen Plan und Ausführung zusammengehören und gerade nicht so getrennt werden, wie dies in einer Fabrik und bei mechanischen Herstellungen oder in Computern der Fall ist.

Kreativität im Leben

Das Zusammengehören von Plan und Ausführung ist nun nichts Neues für eine Geisteswissenschaft, nämlich die Kunstgeschichte, die dies vom Entstehen eines Kunstwerkes her kennt, und die Tatsache, dass kaum ein moderner Genetiker auf diese Verbindung aufmerksam wird, kann als Beleg für eine zu wenig ernst genommene Beobachtung von Gregory Bateson dienen. Der britische Anthropologe hat in seinem Buch über „Geist und Natur" den „Verlust des Sinnes für ästhetische Einheit" in unserer Zeit beklagt, und er sieht hierin einen „erkenntnistheoretischen Fehler". Ihn begeht die moderne Genetik, wenn sie nur nach materiellen Einheiten schielt und meint, allein rational-analytisch das Gen als Kausalfaktor verstehen zu können, während es doch auch ein Formfaktor ist.

Diese ästhetische Komponente des Gens zeigt sich durch den Begriff der organischen Form, mit dem sich sagen lässt, dass sowohl die Gene die Natur gestalten als auch umgekehrt die Natur die Gene. Gene bringen Menschen hervor, und Menschen bringen Gene hervor, und zwar nicht in einem Reagenzglas, sondern bereits in dem Sinn, den Immanuel Kant formuliert hat, als er darauf hinwies, dass wir die Gesetze der Natur nicht in ihr finden, sondern ihr vorschreiben. In diesem letztlich romantischen Konzept lässt sich die Natur nur verstehen, wenn ihr Forscher eine Form oder Gestalt geben und damit so agieren, wie Künstler es tun. Und mir scheint zum einen, dass dieser kreative Schritt schon auf der Ebene der Gene anfängt, denn Gene bilden und werden gebildet. Mir scheint aber auch zum zweiten, dass diese ästhetische Einheit der Bildung oder des Bildens als Grundlage für ein eleganteres Verständnis der Vorgänge dienen könnte, mit denen das Leben sich selbst hervorbringt (eben bildet), und dieser Gedanke soll im Folgenden abschließend näher ausgeführt werden, wobei ich mich vielleicht zu kurz in der Darstellung der Ergebnisse der Genetik fassen muss.

Es kommt auf den Grundgedanken an, und an ihm führt in meinen Augen kein Weg vorbei: Kein Leben – vor allem kein menschliches Leben – wird so nach Plan angefertigt, wie es bei einem Industrieprodukt geschieht, etwa bei einem Auto oder einer Waschmaschine. Das hierfür angewandte mechanische Vorgehen ist doch auch nur möglich, wenn schon vorher jemand existiert, der die Instruktionen lesen und umsetzen kann. Für ihn, den Umsetzer, muss es auch einen Plan gegeben haben, und zwar bevor er tätig wurde. Und genau dies kann in dem Rahmen einer Zelle nicht gelingen.

Das Konzept der Programmierung stiftet nur Verwirrung, weil man bei diesem Vorgang Plan und Ausführung trennen will. Dabei gehören beide eng zusammen, wie die jüngsten Einsichten der Entwicklungsbiologen zeigen, die im Chor der Programmierer leicht überhört und nicht adäquat gedeutet werden. Die Gene und ihre Auswirkungen gehören sogar so eng zusammen, dass man an Stelle des Maschinenbildes etwas viel Schöneres setzen kann, wie bereits angedeutet worden ist. Das neue Bild von der Entfaltung des Lebens zeigt kein Programm, das abläuft, wenn Menschen und andere Lebewesen entstehen. Es zeigt vielmehr so etwas wie einen Schöpfungsvorgang, wobei nicht die Kreativität eines Gottes, sondern die eines Künstlers gemeint ist. Vielleicht entstehen Menschen (und andere Lebensformen) dank der Gene so, wie die Werke eines Malers entstehen, und in diesem Fall kämen endgültig die Geisteswissenschaften zu Wort, denn eine künstlerische Produktion verstehen die Naturwissenschaften ganz sicher nicht ohne Rückfragen in der anderen Fakultät.

Ich schließe mich damit ein, und mein einziges Argument, mich trotzdem auf die Kunst und den Weg zu einem Kunstwerk einzulassen, besteht darin, durch die eigene Bedürftigkeit den Beistand der anderen Kultur zu erbitten. Unter dieser Vorgabe soll jetzt versucht werden, zu erläutern, warum die genetischen Formen der Natur so entstehen wie die artistischen Formen der Menschen.

Wenn ich nicht völlig daneben liege, fängt beim Malen der Prozess des Hervorbringens mit einer Vorstellung im Kopf des Künstlers oder der Künstlerin an. Seine Fortführung hängt von den Ergebnissen ab, die im Laufe der Bildentstehung auf der Leinwand sichtbar werden. Und was die Embryonalentwicklung angeht, so fängt der Prozess mit Vorgaben im Kern der Zelle an, und seine Fortführung hängt von den Bildungen ab, die im Laufe der Zeit entstehen und von der Umwelt registriert werden und auf das sich bildende und gebildete Leben zurückwirken, und es ist zwar längst klar, wird aber nicht ernst genug genommen, dass das Erbgut nicht nur Informationen liefert, sondern sie auch empfängt, um zu wissen, an welcher Stelle des werdenden Lebens es seine Aufgaben erfüllen muss, und die Stelle ist räumlich wie zeitlich gemeint.

Die Details können hier keine Rolle spielen. Wichtig ist ein zentraler Punkt, der sich wie folgt formulieren lässt: Wer die Entstehung eines Bildes beschreibt und dabei den Machenden vom Gemachten trennt, geht an der Sache vorbei. Und genau dies gilt für die biologische Entwicklung. Bei ihrer Beschreibung sollte man nicht versuchen, das Bildende von dem Gebildeten zu trennen, weil die Gene und ihre Produkte in kontinuierlicher

Wechselwirkung stehen. (Es ist meiner Ansicht nach dieses Zusammenspiel, das empfindlich gestört wird, wenn es zum Beispiel an das Klonieren geht, vor dem alle Angst haben. Der Menschenklon muss ohne all die Kreativität auskommen, die das Leben im Verlauf der Evolution erwerben musste, um zu lernen, sich selbst hervorzubringen. Mit dem Klonieren fällt die Wissenschaft hinter die Geschichte des Lebens zurück, weshalb aus diesen Gründen dringend von allen Experimenten in diese Richtung abgeraten werden sollte.)

Wenn man alles auf einen Begriff bringen will: Gene spulen keine Programme ab, Gene agieren vielmehr kreativ. Die Gesamtheit der Gene – also das, was heute Genom heißt – verfügt über Kreativität. Es ist riskant, den Begriff der Kreativität in die Biologie einzuführen, aber es gibt an dieser Stelle sehr gute Gründe, dies zu tun. Sie stecken vor allem in den Formen, die Gene wirksam hervorbringen, denn sie gefallen den Menschen und lassen sie von Schönheit sprechen – der Schönheit der Natur nämlich. Wenn Organismen sich selbst genetisch hervorbringen, entstehen nicht organische Reaktionsbehälter, die funktionieren, sondern lebendige Formen, die Menschen gefallen.

Natürlich erwartet man Kreativität weniger bei Genen und mehr bei Dichtern, zum Beispiel bei Vladimir Nabokov, der hier genannt wird, weil er helfen kann. Der Vater von „Lolita" hat einmal erzählt, dass nicht nur er selbst, sondern seine ganze Familie Farben hören kann, und zwar mit einem besonderen Twist. Während der Buchstabe M für Nabokov selbst rosa und für seine Frau blau ist, erscheint dem Sohn dabei die Farbe Lila, also genau die Mischung, die sich beim Malen mit den elterlichen Farbtönen ergeben würde. Eine Tatsache, die Nabokov mit den wunderbaren Worten kommentiert hat, „So als ob die Gene Aquarellisten wären."

Es wird hier vorgeschlagen, diese spielerisch klingende Idee ernst zu nehmen und sich vorzustellen, dass Gene malen und Farben produzieren können. Und sie tun dies, wenn es lebendigen Organismen gelingt, sich selbst als gestaltende und gestaltete Wesen hervor-zubringen. Um diese künstlerische Vorstellung an die naturwissenschaftlichen Kenntnisse anzuschließen, wird daran erinnert, dass Gene es einer Zelle erlauben, Proteine herzustellen. Die Vielfalt der Aufgaben, die diese Moleküle übernehmen, kann kaum überschätzt werden. Proteine transportieren Sauerstoff, sie empfangen Licht, sie bewegen Muskeln, sie zerlegen die Nahrung und vieles mehr. Eine besondere Klasse von Proteinen hat die Eigenschaft, direkt mit den Genen selbst in Kontakt treten und ihre Aktivität regulieren zu können. Sie sollen Master-Proteine heißen, und zwar einfach deshalb, weil die Herstellung anderer Proteine von ihnen abhängt.

Wenn zum Beispiel eine Pflanze heranwächst, lassen sich in den Zellen unterschiedliche Aktivitätsmuster von Master-Proteinen finden. Mit Hilfe dieser – dem Auge ursprünglich nicht zugedachten, dank technischer Hilfe ihm inzwischen aber doch zugänglichen – Muster lässt sich zum Beispiel identifizieren, von welcher Stelle eines frühen und zunächst noch unförmigen Zellverbands später ein Frucht- oder ein Blütenblatt herauswächst, und entsprechendes gilt für tierische Lebensformen wie zum Beispiel Fliegen, bei denen sich mit entsprechenden Mustern identifizieren lässt, welche Positionen in einem zunächst gestaltlosen Zellhaufen im Laufe der Entwicklung zu einem Auge oder einem Bein umgeformt werden.

Tatsächlich haben die Entwicklungsbiologen in den letzten Jahrzehnten mit Hilfe gentechnisch vorbereiteter Methoden zweierlei bemerkt: Zum einen verfügen sämtliche Organismen über einen Vorrat an Master-Proteinen (und den dazugehörigen Genen), die in der frühen Phase der Entwicklung in Erscheinung treten und durch ihr Aktivitätsmuster festlegen, was aus diesen so bestimmten Zellen wird. Bei diesem Schritt könnte man von einer Interpretation reden, um an dieses schon erwähnte Konzept zu erinnern. Eine Interpretation ist allgemein gesprochen ein Vorgang, bei dem in einem gegebenen Rahmen unter mehreren Möglichkeiten eine Wahl getroffen werden kann, wobei die Entscheidung oder die Auswahl durch Informationen bedingt ist, die historisch zustande gekommen sind – im Fall der Biologie ist damit die evolutionäre Geschichte gemeint.

Und zum zweiten lässt sich mit dem Vorrat an Master-Proteinen ein Muster bilden, das man auch ein Gewebe nennen könnte und dessen Form im Verlauf des weiteren Wachsens nach und nach verfeinert und ausgearbeitet wird – genau so, wie es beim Malen eines Bildes passiert. Deshalb hat der britische Biologe Enrico Coen den Vorschlag gemacht, sich die Master-Proteine als verborgene (innere) Farben vorzustellen, mit denen das Gemälde des Lebens seinen Anfang nimmt.

Der entscheidende Punkt, der den Vergleich zwischen dem Malen und dem Wachsen ermöglicht, steckt in der Wechselwirkung. Die Farben kommen von Genen und beeinflussen Gene. Entsprechend gilt, dass die Farben auf der Leinwand von einem Maler stammen und auf ihn zurückwirken. Kreativität steckt unter anderem in der Fähigkeit, auf Dinge zu reagieren, die zuvor geschehen sind. Und in beiden Fällen agieren die Akteure nicht beliebig, sondern unter historischen Vorgaben. Der Maler ist durch seine Zeit und Kultur geformt, und die Gene führen ihre evolutionäre Geschichte mit sich.

Nach diesem phantastischen Aufstieg können die molekularen Aspekte der Homöogene näher in den Blick genommen werden. Ihre Entdeckung hat gezeigt, dass das eben in aller Kürze vorgestellte Konzept der Farbmuster weit mehr als die bloss bildhafte Beschreibung eines komplexen biologischen Geschehens ist. Vielmehr hat sich gezeigt, dass Insekten, Wirbeltiere und Pflanzen solch eine „Farbkarte“ gemeinsam zu kommt, und inzwischen lässt sich sagen, dass diese Einheit des Bauplans seit über 100 Millionen Jahren vorliegt und erhalten geblieben ist. Von den Genen, die dazu beitragen, sind einige Abschnitte besonders stabil, nämlich die oben erwähnten Homöoboxen, die es unter anderem in Fliegen, Mäusen und Menschen gibt. Sie bilden einen Teil der Gene, die für die Master-Proteine verantwortlich sind. Genauer gesagt liefern sie das Stück, mit dem sie ihre Aufgabe konkret ausführen können, nämlich das Erkennen und Regulieren anderer Gene.

Natürlich zögert man bei dem Gedanken, die Tätigkeit eines Malers und das Treiben der Gene zu vergleichen, und meine knappen Ausführungen an dieser Stelle konnten bestenfalls die Richtung andeuten, die zu gehen ist, um den Zusammenhang ernsthaft herzustellen. Doch kann mit dem Konzept des Malstils deutlich gemacht werden, dass der kreative Künstler zum Beispiel nicht jede Freiheit verfügbar hat und ähnlich gebunden wie Gene ist. Leonardo da Vinci war sicher ein kreativer Mensch, aber er hatte seinen Stil und von dem kam er nicht ohne weiteres los. Bei seiner Arbeit an der Staffelei ist immer ein „da Vinci" und nie ein „Raffael" oder gar ein „Picasso" entstanden. Dem Malstil entsprechen die verborgenen Farben der Master-Proteine. Sie sorgen auf ihre Weise dafür, dass aus einem Schwanenei immer nur ein Schwan und niemals eine Ente heraustritt.

Ich bin davon überzeugt, dass Menschen das Leben verschenken, wenn sie versuchen, es wie eine Maschine zu verstehen. Da läuft kein Programm ab, wenn Organismen sich selbst hervorbringen. Vielmehr agieren die Gene kreativ, um die Kunstwerke des Lebens zu schaffen, die Menschen gefallen und von ihnen begehrt werden. Es gilt sowohl zu verstehen, wie die Gene etwas verursachen, als auch, wie sie etwas formen. Allein mit physikalischer Hilfe lässt sich weder begreifen, wie die Formen des Lebens geschaffen, noch kann man begründen, warum sie zuletzt immer auch ästhetische Qualitäten haben und Menschen gefallen. In all diesen Fragen können die Geisteswissenschaften helfen. Wie Nabokov gesagt hat: Es ist wirklich so, als ob die Gene Aquarellisten wären, und zwar sehr geschickte und gute. Könnte es nicht sein, dass von dem Augenblick an, in dem wir Menschen beginnen, sie so zu verstehen, jeder Einzelne von uns anfängt, sinnvoller mit dem Erbgut umgehen? Die Ästhetik ist die Mutter der Ethik. Wer denn sonst?

***

Ein Nachtrag: Der 1906 in Berlin geborene Max Delbrück ist am Ende der 1970er Jahren schwer erkrankt und im März 1981 in Pasadena gestorben. Kurz vor seinem Tod hat er mich gebeten, seine Biografie zu schreiben, die mich zum Wissenschaftshistoriker hat werden lassen und 1985 unter dem Titel „Licht und Leben" im Konstanzer Universitätsverlag erschienen ist. Darin erzähle ich auch von einem Vortrag, den Delbrück 1949 gehalten hat, als eine Akademie in Connecticut ihn gebeten hatte, sich zum Verhältnis von

Kunst und Wissenschaft zu äußern. Delbrück nannte seinen Beitrag „Die Pipette ist meine Klarinette“ und stellte darin fest, dass bei dem Symposium zwar die Naturwissenschaftler den Geisteswissenschaftlern zuhörten, umgekehrt aber wenig Interesse zu spüren war, was er bedauerte und bis heute traurig stimmt. Dabei haben Künstler und Wissenschaftler Delbrück zufolge etwas gemeinsam: Beide finden keine bessere Möglichkeit, sich von der Welt zurückzuziehen und gleichzeitig mit ihr verbunden und für sie da zu sein, als in ihrer kreativen Arbeit.

15. Halbbildung, Halbgötter und Halbleiter – Über Bildung und die Unmöglichkeit eines richtigen Denkens im falschen Kopf

„Theorie der Halbbildung". So heißt ein Aufsatz, den einer der philosophischen Halbgötter, der längst legendäre Theodor W. Adorno, im Jahre 1959 vorgelegt hat, und zwar in einem Band mit dem Titel „Soziologie und moderne Gesellschaft", in dem die „Verhandlungen des 14. Deutschen Soziologentages" nachzulesen sind, der im Mai 1959 in Bremen veranstaltet worden war. „Theorie der Halbbildung", das klingt wegen des ersten Wortes für diejenigen vielversprechend, die zum Beispiel Albert Einsteins Theorien des Kosmos und die Quantentheorie des Lichts studiert haben und von beiden physikalischen Ansätzen entzückt sind.

Aber man soll sich bei sozialwissenschaftlichen Texten nicht zu früh auf sprachliche oder auf eindringliche Qualität freuen. Schließlich heißt es etwa bei dem noch unter den Menschen weilenden Halbgott Jürgen Habermas vorsorglich, „Theorien sind Ordnungsschemata, die wir in einem syntaktisch verbindlichen Rahmen beliebig konstruieren", was dem eher bescheiden auftretenden Philosophen Karl Popper zufolge nichts weiter meint als, „Theorien sollten nicht ungrammatisch formuliert werden, ansonsten kannst du sagen, was du willst". Dies tun dann Habermas und andere Halbgötter ihrer Zunft auch fleißig. Und so schreibt Adorno in seiner „Theorie der Halbbildung" einfach hin, was ihm so gerade einfällt, und das bedeutet unter anderem, dass der Soziologe zum Beispiel behauptet, so etwas wie „gesellschaftliche Bewegungsgesetze" zu kennen – was nichts als den Newton Neid seiner Wissenschaft offenlegt –, und darüber hinaus beklagt Adorno eine „ungeformte Natur" und „deren Rohheit", was er als „das alte Unwahre" abtut, das er zu kennen vorgibt.

Der Erfinder der Halbbildung kritisiert dann weiter nicht die halb, sondern „die ganz angepasste Gesellschaft" – angepasst woran? –, die ihm aber „bloße darwinistische Naturgeschichte" zu sein und „das survival of the fittest" zu demonstrieren scheint. Dabei ist Adorno peinlicherweise entgangen, dass das zitierte Überleben des Tüchtigsten nicht von Charles Darwin stammt und vielmehr als tautologische Aussage von einem Sozialwissenschaftler der Idee eines evolutionären Werden des Lebens aufgepfropft worden ist, wobei das angeführte Schlagwort die Kenner des Biologischen kalt lässt, die mehr auf Mechanismen der Selektion achten.

Vom Standpunkt eines Naturwissenschaftlers aus erweist sich Adorno auf diese Weise nicht als halb-, sondern als ungebildet, was unter seinen Kollegen aber nicht weiter auffällt. Das heißt, man könnte ihm trotz seiner

Wissenslücke eine Halbbildung zugestehen, wenn man sich auf „Die zwei Kulturen“ einlässt, die erstmals im gleichen Jahr 1959 unterschieden worden sind, und zwar durch den britischen Physiker und Romancier Charles Percy Snow, der damit die sich gegenseitig eher unverständlich begegnenden und lieber aus den Weg gehenden Bereiche der Kunst – vor allem der Literatur – und der Naturwissenschaften meint. Snow beklagt sich in dem dazugehörigen Aufsatz über die snobistischen Intellektuellen in Cambridge, die zwar von Shakespeares Sonetten schwärmen, aber nichts vom Zweiten Hauptsatz der Thermodynamik wissen wollen. Sie kommen nicht einmal mit den einfachsten Begriffen der Naturwissenschaften wie denen der Kraft und der Masse zurecht, für die eine „Industrieproduktion genauso geheimnisvoll wie Gesundbeten“ ist, wie Snow sichtlich verärgert über den Hochmut der Ahnungslosen schreibt. Den deutschen Denker Adorno interessiert wie alle seine geisteswissenschaftlichen Kollegen ebenfalls nur eine Hälfte der Kultur, nämlich „jene Sphäre, auf welche der Begriff der Bildung primär zielt“, wie er sich zu behaupten erdreistet, und das sind für ihn „Philosophie und Kunst“, und damit Basta, wie ein ehemaliger Kanzler formulieren würde, der sicher viel von Adorno gehalten hat (auch wenn es unwahrscheinlich ist, dass ihm jemals ausführlich dessen Schriften vor die Augen gekommen sind).

Menschen am Radio

Mit seiner „Theorie der Halbbildung“ will der auch als Musikphilosoph bestaunte Adorno aber weniger die beiden genannten Kulturen gegeneinander ausspielen (von denen er sowieso nur eine anerkennt oder überhaupt kennt). Er will vielmehr die Menschen abfällig bedenken oder gar kränken, die sich bei dem bedienen, was der großbürgerliche und beamtete Denker als Massenmedien gerne gering schätzt und abwertet, und er meint damit in den 1950er Jahren das Radio und das Fernsehen, die das Volk „durch zahllose Kanäle mit Bildungsgütern beliefern“, wie Adorno verächtlich schreibt. Im Anschluss daran zitiert er eine amerikanische Studie, die besagt, „dass von zwei Vergleichsgruppen, die sogenannte ernste Musik hörten und von denen die eine diese Musik durch lebendige Aufführungen, die andere nur vom Radio her kannte, die Radiogruppe flacher und verständnisloser reagierte als die erste.“

Solche abschätzigen Bemerkungen sind deshalb ärgerlich, weil in den Jahren, von denen Adorno spricht, meine Eltern gar nicht in der Lage waren, sich Konzertkarten zu leisten, und ihnen die Musik Mozarts und Beethovens nur durch das Radio oder mit Hilfe einer Schallplatte zu Ohren kommen konnte. Deshalb empfinde ich es schlicht als unverschämt, wie der saturierte Professor Adorno da herumfeixt und fleißige Menschen von seinem höheren sozialen Status aus kaltschnäuzig abweist und verachtet. Er wettert gegen die Kulturindustrie, die seine persönliche Position und elitäre Einschätzung bedroht, und er spürt und bemerkt nicht, dass sie in den 1950er Jahren des Wiederaufbaus dank der damaligen Medien die einzige Hoffnung der kleinen Leute sein konnte, am Bildungsgeschehen teilzunehmen, und zu diesen hoffnungsfrohen Menschen zählten meine Eltern und eines ihrer Kinder, das sich schon bald über den akademischen Hochmut ärgerte, mit dem Adorno und seine Kollegen aus ihrem Gelehrtenhimmel auf ihn herabsahen, um unter sich bleiben und ihre Urteile fällen zu können.

Wenn ich damals groß genug gewesen und dem Philosophen der Halbbildung begegnet wäre, hätte ich ihn gerne gefragt, ob er erstens auch nur die geringste Ahnung von der Physik habe, mit der der Rundfunk funktioniert, und ob er zweitens etwas über die handlichen Transistoren sagen könne, die seit den 1950er Jahren als Radiogeräte mit gutem Empfang zu einem erschwinglichen Preis zu kaufen waren, und ob er drittens gelesen oder gehört habe, was Einstein 1930 zur Eröffnung einer Funkausstellung in Berlin gesagt hat.

Nachdem Einstein bei seinem Vortrag erst einmal von den großen Physikern geschwärmt hat, denen die Menschheit die Erkundung und Erzeugung von Licht- und Radiowellen zu verdanken hat – Adorno kennt sicherlich keinen Gedanken der von Einstein genannten Forscher, zu denen unter anderem Michael Faraday, James C. Maxwell und Heinrich Hertz gehören –, nachdem also Einstein seine großen Kollegen aus dem 19. Jahrhundert aufgezählt und ihre Leistungen dem Publikum als Bildungsgut empfohlen hat, spricht er die von ihm begrüßten „An- und Abwesenden" direkt mit einer Mahnung an:

„Sollen sich alle schämen, die sich der Wunder von Wissenschaft und Technik bedienen und geistig nicht mehr davon verstehen als die Kuh von der Botanik der Pflanzen, die sie mit Wohlbehagen frisst."

Adorno müsste sich mit dieser Vorgabe ganz sicher schämen, und zwar erst recht in den 1950er Jahren, als die Radios durch technische Entwicklungen viel besser geworden waren und mittels höchst raffinierter Verstärkerschaltungen einen immer besseren und rauschärmeren Klang hervorbrachten und die Menschen entzückten. Die fabrizierten Wunderwerke hießen Transistoren und gaben den Empfängern ihren damals gebräuchlichen Namen.

Ursprünglich – und heute schließlich wieder – meint Transistor ein elektronisches Bauelement, das um 1947 entwickelt worden war und mit Hilfe von Materialen funktioniert, die Halbleiter heißen, womit endlich der dritte Begriff aus der Überschrift auftaucht, der allein deshalb Aufmerksamkeit verdient, weil es heute in jedem der weltweit milliardenfach verbreiteten iPhones viele Milliarden (!) von Transistoren gibt, was den Gedanken nahe legen könnte, dass es sich lohnt, mehr von diesen wahrlich weltverändernden winzigen Wunderwerken zu wissen, wenn man nicht im Zustand der blöden Kuh verharren will, von der Einstein einst in Berlin gesprochen hat. Wer nichts von Halbleitern weiß, dem kann bestenfalls eine Halbbildung zugestanden werden, und wahrscheinlich nicht einmal das. Er oder sie sollten sich auf jeden Fall schämen, wie Einstein gesagt hat, vor allem, wenn er oder sie immer noch meint, lässig auf dieses wissenschaftliche Wissen verzichten zu können, um es nicht als Bildungsgut anerkennen zu müssen.

Halbleiter

Hier soll nun eine winzig kleine Hinführung zur möglichen Schambefreiung geboten werden: Seit dem 18. Jahrhundert versuchen Physiker elektrische Phänomene systematisch zu erkunden, was im 19. Jahrhundert zu einer Elektrifizierung der Haushalte führte. Als Giambattista Vico in der Epoche der Aufklärung seine „Scienzia nuova" vorstellte, also „Die neue Wissenschaft", haben Forscher erstmals zwischen Materialien unterscheiden können, die Strom entweder leiteten oder sein Fließen aufhielten. Ich habe diesbezüglich auf der Schule noch das Ohmsche Gesetz erläutert bekommen, das seit dem frühen 19. Jahrhundert den Zusammenhang zwischen einer Spannung und dem Stromfluss in einem Draht angeben kann und dafür die Größe des elektrischen Widerstands eingeführt hat. Er galt als unveränderlich für eine bestimmte Materialsorte, und bei Leitern wie Kupferdrähten war der Widerstand sehr niedrig, während er bei Nichtleitern (Isolatoren) wie Keramik oder Glas extrem hoch lag.

Zwar fiel irgendwann einigen Physikern auf, dass es zwischen den beiden genannten Polen noch etwas Drittes gab, das sie folglich Halbleiter nannten, aber sie legten diese Stoffe zunächst achtlos beiseite, ohne weiter oder genauer zu fragen, was denn dafür sorgte, dass anfangs ungewohnte Materialien wie Silizium, Bor, Selen oder Germanium ihre Leitfähigkeit änderten, wenn man etwa die Temperatur erhöhte oder ihnen Energie in einer anderen Form zuführte. Man suchte damals vor allem entweder möglichst gut leitfähiges oder zuverlässig isolierendes Material, da beide Stoffe für frühe technische Anwendungen gebraucht wurden, und was sollte man dabei mit Halbleitern anfangen, die den Betrieb nur zu stören schienen?

Das Interesse an diesen Stoffen nahm aber plötzlich zu, als der spätere Nobelpreisträger Karl Ferdinand Braun 1874 bei seinen Versuchen bemerkte, dass sich der Widerstand von Halbleitern mit der Intensität und Richtung des Stromes ändern kann, der durch sie fließt. Die bislang eher verpönten Stoffe konnten deshalb als Schalter verwendet werden und auch die Aufgabe von Gleichrichtern übernehmen, da sie sich in der Lage zeigten, aus einer Wechselspannung, wie sie heute an den Steckdosen abzugreifen ist, die Gleichspannung zu machen, mit denen man bevorzugt einige Haushaltsgeräte betreiben möchte.

Insgesamt verbirgt sich hier eine lohnenswerte Geschichte der frühen Elektronik, die mit der Konstruktion von Dioden und ihren Plus- und Minuspolen begonnen hatte, die Strom nur in eine Richtung passieren ließen, und bald Trioden hervorbrachte, bei der einer Diode als drittes Bauelement zwischen die beiden Pole ein Gitter hinzugefügt wurde, an das man eine Spannung anlegen konnte, mit dessen Hilfe sich dann einlaufende elektrische Signale verstärken oder allgemein steuern ließen. Vermutlich kommt das halbgebildeten Halbgöttern im Soziologenhimmel belanglos vor, aber die Geschichte geht immer weiter, weil Menschen neugierig sind, Wanderer bleiben und immer nach dem Besseren suchen, was bald nötig wurde.

Die eben erwähnten Bauelemente von Stromkreisen bestanden anfänglich aus evakuierten Glashüllen – sogenannten Vakuumröhren –, in denen man im Fall der Triode zwischen das übliche Paar aus (negativer) Kathode und (positiver) Anode ein Gitter angebracht hatte. Die funktionierte zwar wunschgemäß, erwies sich aber als höchst anfällig und damit letztlich unbrauchbar. Es galt somit im 20. Jahrhundert, ein verlässlicheres Verstärker- oder Steuerelement zu finden, und nach dem Zweiten Weltkrieg konnten die Physiker gut genug mit Kristallen aus Halbleitern umgehen, um die empfindlichen Röhren durch robustere Bauelemente aus Festkörpern zu ersetzen. Das heißt, im Jahre 1947 konnte die wissenschaftliche Welt den ersten Transistor bewundern, der seinen Konstrukteuren John Bardeen, Walter Brattain und William Shockley 1956 den Nobelpreis für Physik eintrug, wobei der verwendete Kunstbegriff ein Kofferwort ist, das die englischen Ausdrücke „transfer" und „resistor" vereinigt. Die Bezeichnung „Transistor" lässt erkennen, dass in der dazugehörigen Konstruktion durch geeignete Kombination von Bauteilen ein elektrischer Widerstand übertragen und damit gesteuert werden kann.

Die höchst raffinierte Vorgabe der heute milliardenfach in Milliarden elektronischen Geräten zuverlässig eingesetzten Transistoren besteht darin, dass sich Halbleiter unterschiedlich dotieren lassen, wie man sagt. Dies bedeutet konkret, dass man etwa in einen Kristall aus Silizium Phosphor- oder Boratome einbringen und den Halbleiter auf diese Weise punktuell variieren – eben dotieren – kann, wobei im ersten Fall an den entsprechenden Gitterplätzen ein Elektron zu viel vorhanden ist und im zweiten Fall eins zu wenig vorliegt, da Siliziumatome außen in ihrer Elektronenhülle vier Ladungsträger aufweisen, während es bei Phosphor fünf und bei Bor drei sind.

Wenn an einem Platz in einem Kristall vornehmlich aus Silizium ein (negativ) geladenes Elektron fehlt, spürt der Stoff das Loch als eine positive Ladung – er ist p-dotiert, wie die Fachwelt sagt –, und wenn es in dem Festkörper ein Element mit einem Elektron zu viel gibt, liegt ein n-dotiertes Material vor, wie es heißt. Und wie so oft in der Wissenschaft – auch wenn sich etwas beim ersten Hören und beim Anfertigen höchst schlicht anhört, kann es doch durch geeignete Kombination zu raffinierten Ergebnissen und eleganten Möglichkeiten führen, und so kam im Dezember 1947 der erste (noch klobig wirkende) Transistor zustande, dem damals kaum jemand angesehen hat, wieviel kleiner die Schaltung werden konnte, um zuletzt schließlich die Welt zu verändern.

Noch eine historische Anmerkung: Was eben über das Verständnis von Elektronen und Kristallen und die Konstruktion von Transistoren gesagt worden ist, wäre ohne die Quantenmechanik der Atome sowohl verborgen als auch unmöglich geblieben. Diese Quantentheorie der Materie ist von Physikern wie Max Planck, Albert Einstein, Niels Bohr, Werner Heisenberg und anderen erstmals in den 1920er Jahren entwickelt worden, und sie gar nicht genug bestaunt werden, auch wenn die Sozialphilosophen hierzu kein Wort zu sagen wissen und Habermas mit ihrer Hilfe lernen könnte, welche Ansprüche eine gute Theorie tatsächlich zu erfüllen in der Lage ist. Diese verbreitete (und von vielen Geistesarbeitern unbeeindruckt eingestandene) Ignoranz könnte als Ausgangspunkt für eine „Theorie der Unbildung" in den entsprechenden Kreisen dienen, unter der die öffentliche Debatte der Bedeutung von Wissenschaft allgemein leidet und die das Ziel, das man – auch in Deutschland – als „public understanding of science" propagiert hat, aktuell illusorisch werden lässt.

Die neuen Radios

Zurück zum Transistor: Bereits 1953 kamen erste Transistorradios auf den Markt, womit in den Geschäften Geräte zum Empfang von Rundfunksendungen gemeint sind, bei denen ausschließlich Transistoren als aktive Bauelemente zur Verstärkung von elektrischen Signalen eingesetzt wurden, was die Apparate schön kompakt und wenig reparaturanfällig werden ließ. Erwähnt werden sollte, dass es bald japanische Firmen waren, die den Elektronikmarkt mit eleganten Geräten aufmischten, wobei es vor allem ein Unternehmen mit dem Namen SONY war, das unter der Leitung von Masaru Ibuka und Akio Morita ab 1958 zum Weltführer aufstieg. Ich stelle mir vor, wie Adorno mit einem SONY Transistor am Schreibtisch sitzt und sich vielleicht wundert, wie dieses Klangwunder musikalischen Genuss auch dann möglich macht, wenn man keine teure Konzertkarte erworben hat und sich nun auf seinem Platz über das hustende Publikum ärgert.

Das genannte Jahr 1958 führt zu der Zeit zurück, in der Adorno die Hörer am Radio verunglimpft, da sie nicht in ein Konzert gehen können und vor den Lautmaschinen hocken bleiben. Man fragt sich, was er heute angesichts einer „Theorie der Unbildung" sagen würde, in dem Kulturpublizist Konrad Paul Liessmann verkündet, dass unter Bildung längst nur noch nützliche Informationen verstanden werden, während in soziologischen Texten die gute alte Bildung durch eine flotte Kompetenz ersetzt wird, was lustigerweise dazu geführt hat, dass Philosophen eine „Inkompetenzkompensationskompetenz" bei viele Kollegen diagnostizieren, auch wenn die das nicht zur Kenntnis nehmen. Mit diesem Ausdruck hat Odo Marquard 1973 das Herumhampeln bezeichnet, das Menschen an der Universität exerzieren, wenn sie vor den zu untersuchenden Phänomenen und ihrer Wissenschaft so stehen wie ein Ochse vor der frisch gestrichenen Stalltüre.

Kompensationssimulationskompetenz

Bekanntlich beklagt sich Goethes gelehrter Faust, „Denn eben, wo Begriffe fehlen, da stellt ein Wort zur rechten Zeit sich ein", und auf diese Weise bekommt die aktuelle Sau, die in der Bildungsdebatte durch das inzwischen digitale Dorf getrieben wird, immer wieder einen neuen Namen. Als man mit der Bildung nicht recht weiterkam – und die Allgemeinbildung nicht nur an den Rand, sondern darüber hinausgedrängt und abgeschafft hatte –, tauchte wie von Zauberhand die „Kompetenz" auf, um die es von nun an gehen sollte und die gleich mindestens in Handlungs-, Methoden- und Fachkompetenz zerlegt wurde, um jeder und jedem die Möglichkeit zu geben, sich als kompetent zu begreifen. Vielleicht gibt es auch längst eine Kompensationssimulationskompetenz, wie der Konstanzer Hochschullehrer Volker Friedrich meint konstatieren zu können, um danach nur noch zu resignieren.

Wie gesagt, „Denn eben, wo Begriffe fehlen, da stellt ein Wort zur rechten Zeit sich ein", und so wurde aus der Bildung die Kompetenz, aus der Vermittlung von Wissenschaft deren Kommunikation und aus den souveränen Theorien der Physik das belanglose Geschwafel von Sozialwissenschaftlern darüber, wie es Habermas so gerne von sich gibt. Für den in deutscher Republik massenhaft geehrten Halbgott fällt „die wissenschaftlich erforschte Natur aus dem sozialen Bezugssystem von erlebenden, miteinander sprechenden und handelnden Personen heraus", wie er schreiben kann, ohne dass jemand aufschreit. Für Habermas bleiben „die Erkenntnisse der Atomphysik [...] für sich genommen, ohne Folgen für die Interpretation unserer Lebenswelt", wie er meint, um daraus den Schluss zu ziehen, dass die Kluft zwischen den beiden Kulturen „unvermeidlich" bleibt. Das hätte Habermas zwar gerne, aber die Lebenswelt tut ihm den Gefallen schon lange nicht mehr, und so verwendet sie lustig und fidel Ausdrücke wie den unternehmerischen Quantensprung, mit dem man allerdings auch in einem Schwarzen Loch verschwinden kann, wenn man nicht vorher der Kälte der sozialen Entropie zum Opfer gefallen ist oder in einem Spannungsfeld zerrissen worden ist.

Warum sollen es Menschen eigentlich nicht genießen können, sich über das zu unterhalten, was an der Natur erforscht werden kann – die Quantensprünge zum Beispiel und die mit ihr mögliche Verschränkung der Wirklichkeit, die ihnen ein Ganzes ohne Teile beschert? Dabei hat der amerikanische Philosoph John Searle in seinem Buch über „Die Konstruktion der gesellschaftlichen Wirklichkeit" längst festgestellt, dass „zwei Eigenschaften unserer Auffassung der Wirklichkeit nicht zur Disposition" stehen: „Für einen gebildeten Menschen unserer Zeit ist es unabdingbar, dass er über zwei Theorien unterrichtet ist: die Atomtheorie der Materie und die Evolutionstheorie der Biologie". Beide sind natürlich keineswegs so beliebig konstruiert, wie sich Habermas und Adorno das vorstellen, weshalb sich ja die naturwissenschaftsfeindlichen Intellektuellen von dieser Anstrengung fernhalten, die zudem eine Herausforderung für den Common Sense ist, der da schon länger nicht mitkommt. Auf jeden Fall werden mit der Feststellung von Searle plötzlich sehr viele Menschen ungebildet, auch wenn sie sich anders sehen, und einige kritische Philosophen und ihrer Anhänger zählen unweigerlich dazu – auf jeden Fall bis zum Beweis des Gegenteils.

Bildung hat doch mit der Bereitschaft zum Dialog zu tun. Wer sie verwirft, erreicht nicht einmal die Halbbildung, die Adorno verachtet. Die Sozialphilosophen möchten nicht mit den Naturwissenschaften reden, sondern über sie richten und für sie entscheiden. Aber das wird nicht gehen. Ohne gegenseitige Anerkennung kann es keine Freiheit geben, wie die Herren wissen sollten. Bevor Adorno in seinen „Minima Moralia" den berühmten Satz „Es gibt kein richtiges Leben im falschen" zu Papier bringt, spricht er von „einer lieblosen Nichtbeachtung für die Dinge, die notwendig auch gegen die Menschen sich kehrt". Merkt dann niemand, dass der Theoretiker der Halbbildung genau das praktiziert, nämlich eine lieblose Nichtbeachtung der Dinge, die wie die Halbleiter für die Menschen gemacht worden sind? Naturwissenschaften wird von und für Menschen gemacht, und wer deren Einsichten und Möglichkeiten so verachtet wie die soziologischen Halbgötter es tun, der zeigt nur, dass es kein richtiges Denken im falschen gibt. Würden die Halbgebildeten mehr über Halbleiter wissen und die Vorzüge des Umschaltens kennen, das sie so wertvoll macht, könnte die Welt so gut werden, wie es sich die Menschen erträumt haben, denen die Geburt der modernen Wissenschaft im 17. Jahrhundert zu verdanken ist. Das „Asyl für Obdachlose", von dem in den Minima Moralia die Rede ist, könnte dann zu einer Heimat für die wissenschaftliche Bildung ausgebaut werden. Dafür müssten die Halbgötter so werden wie Halbleiter. Wer von ihnen fängt mit diesem Bildungsauftrag an?

16. Wissenschaft als Geschichte – Die unterlassene Aufklärung in einer technikverwöhnten Gesellschaft und eine Aufgabe für ihre Zukunft

„Wissenschaft als Beruf." So lautet der Titel einer berühmt gewordenen Vorlesung, die der vielfach verehrte sozialwissenschaftliche Klassiker Max Weber 1917 gehalten hat und die zwei Jahre später in einem Band mit dem Titel „Geistige Arbeit als Beruf" in gedruckter Form erschienen ist. In dem Text findet sich die später von Webers zahlreichen Nachdenkern übernommene und gerne wiederholte Formulierung von der „Entzauberung der Welt". Mit ihr wollte Weber den ihm erkennbaren Tatbestand auf den Begriff bringen, dass man im frühen 20. Jahrhundert meinte, „alle Dinge – im Prinzip durch Berechnen beherrschen" zu können, dass es „also prinzipiell keine geheimnisvollen unberechenbaren Mächte gebe", wie Weber sagte. Der moderne Mensch – so der Gelehrte – muss „nicht mehr, wie der Wilde" „zu magischen Mitteln greifen, um die Geister zu beherrschen oder zu erbitten." Dies leisten inzwischen vielmehr die technischen Mittel der Neuzeit und die Möglichkeit der Berechnung, die von der Wissenschaft zur Verfügung gestellt wird, wobei Weber den gesamten sozialen Wandel in diese technische Richtung als „intellektualistische Rationalisierung" kennzeichnet oder allgemeiner das Wirken der Wissenschaft mit den Worten „Intellektualisierung als solche" charakterisiert, was wohl ohne Leidenschaft abgeht und eher Langeweile verbreitet.

„Wissenschaft als Beruf" – mit dieser Formel erfasste der Sozialwissenschaftler vor rund 100 Jahren zum ersten Mal die gesellschaftlichen Folgen der im Laufe des 19. Jahrhunderts massiv einsetzenden und historisch werdenden Bewegung namens Industrialisierung, die es Chemikern, Physikern, Pharmazeuten und anderen Forschern tatsächlich erlaubte, ihre Tätigkeit nicht mehr bloß in privaten Zirkeln oder elitären Vereinigungen wie der Gesellschaft Deutscher Naturforscher und Ärzte oder der Royal Society in London auszuführen, sondern ihr Können und Bemühen auch als Angestellte in Unternehmen wie der Bayer AG oder den Farbwerken Hoechst auszuführen und damit den Lebensunterhalt für ihre Familie zu verdienen. Wissenschaft wurde von einer höheren Berufung zum niederen Beruf und begann, zunehmend ihr akademisches Umfeld zu verlassen und in den Alltag einzugreifen, etwa indem Medikamente immer weniger den Händen von Kräuterweiblein entstammten, sondern zunehmend eine industrielle Zubereitung erfuhren und zum Beispiel in Flaschen abgefüllt als Tropfen über den Markt und auf ärztlichen Rat zum Patienten kamen.

Keine Frage, diese pharmakologisch unterfütterte Medizin leitete eine breite Rationalisierung der Krankenversorgung ein, was dazu führte, dass die

Gesundheit im Verlauf des 19. Jahrhunderts zu einer technischen Größe werden konnte, der man mit immer besser berechenbaren Daten näherkommen wollte. Wer die heutige Form der Genmedizin betrachtet, kann feststellen, dass dabei ein alter Trend fortgesetzt wird, auch wenn er sich die Beteiligten inzwischen zu neuen Höhen aufzuschwingen scheinen, und damit sind nicht die unvorstellbaren Datenmengen dieser Tage gemeint. Denn während künftige Eltern früher zu Gott gebetet und ihn angefleht haben, ihnen ein gesundes Kind zu schenken, verlassen sich schwangere Frauen heute mehr auf DNA-Analysen und Gentests, auch wenn die Ergebnisse nicht ganz einfach zu verstehen und noch schwieriger zu deuten sind.

Natürlich wird ihnen kaum jemand verdenken, dass sie der Diagnose mehr zutrauen als einem Gebet, aber spätestens an dieser Stelle ist die Frage erlaubt, ob es sich bei diesem der Wissenschaft zugeneigten Verhalten tatsächlich und spürbar um eine Entzauberung der Welt handelt, wie Weber behauptet. Ist es nicht eher wunderbar und für die erwartungsvollen Eltern sogar zauberhaft, wenn sie eine zuverlässige Auskunft über das heranwachsende Kind bekommen und eventuell auftretenden Schwierigkeiten nicht völlig hilflos gegenüberstehen, wie es Charles Darwin noch erleben musste, als eine seiner Töchter einem Fieberschub erlag? Heute verabreicht man einem Kind ein Antibiotikum, und die Infektion verschwindet wie von Zauberhand. Hat die Gegenwart wirklich vergessen, wie die Situation zu Beginn des 20. Jahrhunderts aussah, als Weber sein Märchen von der Entzauberung erzählte und die Spanische Grippe Millionen von Menschenleben forderte? Hätte der Soziologe nicht mehr Wissen von den Forschern fordern müssen, statt es seinem Publikum zu verbieten?

Das Programm der Aufklärung

Die Erwähnung Gottes erlaubt die Anmerkung, dass Max Weber keinesfalls Originalität zukommt, wenn er von der Entzauberung der Welt spricht. Der Philosoph Rémi Brague nennt in seinem Buch „Weisheit des Westens" Webers Ansicht vielmehr eine „reichlich abgedroschene Auffassung", da der Gedanke und das Wort bereits seit der ersten Hälfte des 19. Jahrhunderts zirkulierten und so etwas wie die Neutralisierung des Kosmos oder eben die Verneinung Gottes und seine (vergeblich versuchte) Vertreibung aus dem Universum meinten. In diesem Zusammenhang könnte man historisch argumentieren und meinen, dass die Idee der Entzauberung als Folge der Aufklärung aus dem 18. Jahrhundert eingetreten ist, und genau so kann man es in dem Buch „Dialektik der Aufklärung" von Max Horkheimer und Theodor W. Adorno lesen. Dort findet sich ganz vorne der Satz, „Das Programm der Aufklärung ist die Entzauberung der Welt", wobei an dieser Stelle hinzugefügt werden soll, dass kaum etwas weiter von der Wahrheit entfernt sein könnte als diese tollkühne These der beiden Halbgebildeten, wie gleich zu zeigen ist.

Unabhängig davon – die Tatsache, dass die Wissenschaft im Verlauf des 19. Jahrhunderts zum Beruf geworden war, sollte man ebenso zur Kenntnis nehmen wie die anschließende Entwicklung der Forschung selbst. Wer sich darauf einlässt und sieht, wie sich die Wissenschaft nach Webers Auftritt und nach seinen Lebzeiten entfaltete, kann nur staunen. Die Wissenschaft blieb nämlich keineswegs dabei stehen, vielen Menschen Berufe zu geben. Sie übernahm darüber hinaus anfänglich noch unbemerkt und unauffällig, spätestens nach dem Zweiten Weltkrieg aber immer massiver und tiefgreifender die Gestaltung der Geschichte, was einem fast logisch erscheint. Denn wenn seit dem 19. Jahrhundert bekannt ist, dass Geschichte allgemein von Menschen vorangetrieben wird, dann sollte diese Dynamik speziell von denjenigen Personen ausgehen, die die Wissenschaft zu ihrem Beruf gemacht haben und all die technischen Möglichkeiten in die Welt setzen, deren praktische Umsetzungen die Existenzbedingungen verbessern, die dazugehörigen Konsumenten fröhlich stimmen und ihren Weg in die Gegenwart ausrichten. Dieser Gedanke wird noch einmal zur Sprache kommen.

Wissenschaft als Gegenwart

Um dies vorzubereiten, soll zunächst ein Blick auf die Medien geworfen werden, weil er zeigen kann, wie unübersehbar die geschichtsbildende Qualität der Wissenschaft inzwischen geworden ist. An dem Tag (30.11.22), an dem dieser Text entsteht, berichtet die FAZ nicht nur über den Krieg in der Ukraine und Streit in der Ampel-Koalition, sondern zum Beispiel in ihrem Wirtschaftsteil über Lithium-Ionen-Akkus und den Kampf um die dazugehörigen Batterierohstoffe, die alle für die Elektromobilität benötigt werden. Es geht weiter um Flüssiggas, das Nukleararsenal und Klimadaten aus Regenwurmkot, und die Seiten „Technik und Motor“ und „Wissen“ wurden noch gar nicht aufgeschlagen, wobei auf der letzteren viel von Krebs und Fettleibigkeit zu lesen ist.

Währenddessen zeigt sich das Feuilleton mit Hackern, Schimmelgefahr und Erkältungsviren auf Kinderstationen beschäftigt. Bei den „Finanzen“ werden Kohlendioxid-Emissionen von Elektrogeräten verhandelt, die rund 300 kWh verbrauchen, während es daneben um die Kerntechnologie der Blockchain geht, an der IT-Entwickler arbeiten, um mit digitalem Geld (Bitcoins) zu handeln. Die „Die Vermögensfrage“ will wissen, ob „Rendite ohne Kernkraft und Gentechnik“ noch möglich ist, ob man „mit Nachhaltigkeit an den Börsen gut verdienen“ kann und der „Gesellschaft“ wird mitgeteilt, warum Geburten schwieriger und was mit der Isolationspflicht von Corona-Infizierten ist.

Jede und jeder kann diese Aufzählung mit eigenen Beispielen fortsetzen, wenn er oder sie sich für pandemische Viren und mRNA-Impfstoffe interessiert und Namen wie Google, Facebook, Microsoft und Apple schon einmal gehört hat und nicht nur über deren Aktien, sondern auch über deren

Produkten informiert sein will und etwa ein iPhone in der Tasche mit sich herum trägt (wahrscheinlich ohne sich jemals zu wundern, a) wie das empfangene Signal den Weg dorthin findet, b) woraus dieses Signal eigentlich besteht, c), wie eigentlich Milliarden Transistoren darin Platz finden und d) wozu man über all diese Halbleiterbauelemente braucht?

Wohlgemerkt – es geht in dieser Berichterstattung nicht um Wissenschaft und Technik in fernen Laboratorien, sondern um die Dinge, die Menschen in ihren Händen halten, und den aktuellen Alltag, den Wirtschaft und Politik für ihre Kunden und Wähler gestalten. Und dabei zeigt sich, dass die öffentlichen Macher keinen Tag lang mehr ohne die Wissenschaft und ihre ubiquitären technischen Folgen auskommen, was auf der einen Seite zwar niemanden mehr verwundert, was aber auf der anderen Seite doch ziemlich verstören kann. Denn eines lässt sich sicher sagen: Von den Mitgliedern im Deutschen Bundestag oder im Europaparlament versteht bestenfalls eine verschwindende Minderheit, wie eine Blockchain oder eine Batterie operiert, und von den Transistoren oder Halbleitern in den Handys soll lieber ganz geschwiegen werden. Und diese parlamentarischen Vertreter des Volkes müssen sich zudem um Atomkraft, Automatisierung, Digitalisierung, Genomprojekte, Gigabytes, Nanotechnologie, erneuerbare Energien und andere Folgen der Wissenschaft kümmern, von denen sie wohl kaum eine Ahnung haben.

Wenn sie ihre politische Aufgabe ernst nehmen, werden sie rasch merken, dass sich die wenigsten Dinge „im Prinzip durch Berechnen beherrschen" lassen, wie Weber irrtümlich noch lässig verkündet hatte, und dass die beängstigenden „geheimnisvollen unberechenbaren Mächte" keineswegs verschwunden sind, wie der Sozialwissenschaftler vor mehr als 100 Jahren meinte. Sie haben nur einen neuen Platz gefunden haben – und zwar nicht mehr außen in der Welt irgendwo über den Dingen, sondern tief im Inneren der wundersamen Maschinen, von denen das alltägliche Leben immer stärker abhängt und bestimmt wird. Die sich gerne aufgeklärt gebende Gesellschaft vertraut immer weniger dem menschlichen Verstand und dafür umso mehr einer maschinellen Software, selbst wenn sie die bestenfalls im Halbdunkel erfassen und kaum noch verstehen kann.

Zwar nehmen viele Menschen die schicken Angebote einer technikverwöhnten Gesellschaft wahr, und sie kaufen auch die nötigen Apparate. Sie behandeln die vielen bald unersetzlichen Geräte dann aber wie einen Mohr, der nach Knopfdruck seine Schuldigkeit getan hat und im Jackett oder in der Handtasche verschwindet. Solch ein Unwissen sollte verboten und überlegt werden, wie die umfassend und ausreichend mit Schulbildung versorgten und von den Medien ausführlich informierten Menschen im 21. Jahrhundert mit ihrer eigentlich für sie bedrückend wirkenden wissenschaftlichen Ahnungslosigkeit umgehen. Eigentlich müssten sich Sozialpsychologen hier zu Wort melden, aber solange sie nichts sagen, werden an dieser Stelle andere

Antworten versucht, und zwar zwei Stück. Zum ersten gehört das technisch-wissenschaftliche Wissen im Land der Dichter und Denker immer noch nicht zur Bildung, wie sich spielend leicht mit Zitaten von Sozialforschern zeigen lässt, die nach Weber kamen und etwa wie Jürgen Habermas der Meinung sind, dass eine wissenschaftlich erforschte Natur keinen Gesprächsstoff für gebildete Menschen wie ihn und seine Kollegen abgibt. Und zum zweiten war es der große Mann aus Heidelberg selbst, der 1917 dem Publikum auf merkwürdige Weise die Absolution erteilte und ihnen ihre Ahnungslosigkeit selbst bei den einfachsten Beispielen verzieh, wie nach ein paar allgemeinen Sätzen gleich zu lesen ist, die nötig sind, um das Ungeheuerliche an Webers Ansicht zu verdeutlichen.

Das Ende der Aufklärung

Es geht um Aufklärung, und die hat bekanntlich mit Unmündigkeit zu tun und stellt die mutige und richtige philosophische Aufforderung an die Menschen dar, sich durch eigene Denkanstrengungen aus diesem elenden Zustand zu befreien und sich auf keinen Fall der Leitung eines anderen Verstandes zu unterwerfen. Genau dazu forderte Max Weber seine Mitmenschen aber auf, als er über „Wissenschaft als Beruf" redete, auch wenn das nicht sofort ins Auge springt. An einer Stelle seines Vortrags fragt Weber seine Zuhörer scheinbar harmlos, wer von ihnen „eine größere Kenntnis der Lebensbedingungen hat, unter denen er existiert, als ein Indianer oder ein Hottentotte?" Und der gelehrte Redner gibt anschließend selbst die Antwort, indem er seine Überzeugung äußert, dass kaum jemand über dieses Wissen verfügt, denn „wer von uns Straßenbahn fährt, hat – wenn er nicht Fachphysiker ist – keine Ahnung, wie sie das macht, sich in Bewegung zu setzen" – wobei die Frage erlaubt sein wird, wer heutzutage erklären kann, wie etwa ein ICE mit seinen vielen Waggons angetrieben wird und wo die nötige Energie herkommt. Und überhaupt: Wie kommt der Strom von der Steckdose in die Lampe oder den Kühlschrank?

Webers Unkenntnis der Straßenbahn stellt zwar kein Problem dar, wohl aber das, was er anschließend unternimmt, um seine Zuhörer zu beruhigen. Er mildert sein Beklagen ihrer Ahnungslosigkeit nämlich durch den Trost ab, dass ein braver Bürger „nichts davon zu wissen" braucht. Es genügt vielmehr, wenn jemand sein Verhalten an den Bewegungen des Straßenbahnwagens ausrichten kann. Da klingt freundlich und scheinbar harmlos, doch mit dieser Idee läutet der Sozialwissenschaftler das Ende der Aufklärung ein, was seine Nachdenker bis heute entweder nicht bemerken oder was ihnen sogar zu gefallen scheint. Denn was Weber in Zusammenhang mit der Elektrischen sagt, heißt doch, dass Menschen ihr eigenes Denken einstellen können und weder gebrauchen noch anwenden sollen. Er möchte, dass sie wieder tun, was Kant ihnen austreiben wollte, nämlich sich der Leitung eines anderen Verstandes zu unterwerfen, wobei der Soziologe sicher auch seinen eigenen meint. Vor dem fremden Verstand der Experten sollten sich aufklärungswillige Menschen aber unbedingt hüten, wie aus zwei Gründen ersichtlich wird, die nach einer kurzen Zwischenbemerkung an die Reihe kommen.

Der Einschub hat damit zu tun, dass Max Weber mit seiner These von der Ahnungslosigkeit der Zuhörer nicht bei technischen Fragen wie denen bei der Straßenbahn stehengeblieben ist. Er befürchtete wahrscheinlich zutreffend, dass es auf dem Gebiet der Wirtschaft eher noch schlimmer ist und „selbst nationalökonomische Fachkollegen im Saale“ nicht wirklich überzeugend erläutern können, „Wie macht das Geld es, dass man dafür etwas – bald viel, bald wenig – kaufen kann?“ Der von Weber vielfach angeführte Wilde weiß noch, wie er an seine tägliche Nahrung kommt. Der moderne Mensch im Hörsaal weiß es aber nicht mehr und glaubt bestenfalls, es erfahren zu können. Er braucht doch nur – wie bei der Straßenbahn – einen Experten zu fragen, wie Weber meint, ohne zu ahnen oder wahrzunehmen, dass hier ein fundamentaler Irrtum steckt, der die Tendenz hat, an Größe zuzunehmen, wenn die Wissenschaft derart an sozialer Bedeutung gewinnt, wie es heute passiert, wie oben geschildert wurde. Der Irrtum ist nicht sofort zu erkennen und erfordert etwas weitergehende Einsichten in die Wissenschaften, als die meisten Menschen anstreben oder durch Moderatoren in den Medien vermittelt bekommen.

Das vertiefte Geheimnis

Oben war von zwei Gründen die Rede, und um die geht es jetzt. Zum einen ist es offensichtlich, dass Weber zwar markige Sprüche über die Wissenschaft hören lässt, dass er dabei aber nur zeigt, wie wenig er von ihren großen Leistungen zu seiner Zeit erfahren hat. Denn als Webers Aufsatz 1919 erschien, in dem „die Gedankengebilde der Wissenschaft [...] als hinterweltliches Reich von künstlichen Abstraktionen“ abgewertet werden, die vergeblich „mit ihren dürren Händen Blut und Saft des wirklichen Lebens einzufangen trachten“, da konnte die Forschung längst herrliche und ungeheure Einsichten über den tiefen Zusammenhang von Zeit und Energie feiern und mit starken Händen eine Biotechnologie auf ihre Erfolgsspur setzen. Die Wissenschaft vollzog im frühen 20. Jahrhundert überhaupt einen erstaunlichen, umfassenden und tiefgreifenden Wandel im Weltbild der Physik, an dessen Ende die fernen Atome mitten in der Lebenswelt angekommen waren und es zum ersten Mal dank der dazugehörigen Quantenmechanik erlaubten, auf Goethes faszinierende Frage, „Was die Welt im Innersten zusammenhält“, eine wissenschaftlich belastbare und ebenso faszinierende Antwort zu geben.

Als das neue Weltbild sichtbar wurde, gewährte es den Liebhabern der Forschung die eher unheimlich wirkende Einsicht, dass jede wissenschaftliche Erklärung der Welt das Geheimnis der erforschten Phänomene nicht aufhebt, sondern sie im Gegenteil immer nur vertieft. Dieser Tatbestand liefert den zweiten Grund, der es Experten unmöglich macht, die ihnen von Weber auferlegte Aufgabe zu erfüllen und Laien aufzuklären und ihnen alles zu erläutern. Natürlich kann man einen Physiker oder Ingenieur fragen, wie eine Straßenbahn funktioniert, und ebenso natürlich wird er etwas von elektrischen Strömen und ihrer wandelbaren Energie erzählen, die sich beide sogar berechnen lassen. Er weiß darüber hinaus aber auch, dass er weder weiß, was da durch die Kabel strömt, noch sagen kann, was diese Größen letztlich sind, die Elektrizität und die Energie. Der berühmte Erfinder und Elektroingenieur Nikola Tesla hat am Ende seines Lebens geschrieben, dass er achtzig Jahre über die Frage nachgedacht hat, was Elektrizität ist, ohne eine Antwort zu finden. Und um ein berühmtes zweites Beispiel zu nennen: Der legendäre Albert Einstein hat von 1905 an fünf Jahrzehnte lang über die Frage gegrübelt, was Licht ist, ohne zu einem befriedigenden Ergebnis zu kommen – wobei er kurz vor seinem Tod anmerkte, dass heute „jeder Lump" meine, hier Bescheid zu wissen.

Mit anderen Worten: Von einer Entzauberung der Welt durch eine aufklärungsbereite Wissenschaft und ihre Experten kann überhaupt keine Rede sein, stattdessen befördern deren Vorschläge und Überlegungen nur ihre Verzauberung, wie ich in Buchlänge beschrieben habe. In „Die Verzauberung der Welt" wird der Nachweis geführt, dass Wissenschaft die Welt romantisiert, indem sie zum Beispiel dem Bekannten die Würde des Unbekannten und dem Gewöhnlichen ein geheimnisvolles Ansehen verleiht, wobei an dieser Stelle Einsteins Überzeugung gefallen wird, dass es das Gefühl für das Geheimnisvolle ist, das zu dem Staunen der Menschen führt, aus denen ihre Kreativität entspringen kann. Wer diese Weisheit eines großen Forschers auf Webers Rede anwendet, wird erstaunt feststellen, dass der Sozialwissenschaftler den Menschen das Staunen verbietet und ihre Augen vor den wissenschaftlichen Wundern der Welt verschließt. Wer aber nicht mehr staunen kann, wessen Auge erloschen ist, der ist Einstein zufolge „sozusagen tot" und auf keinen Fall mehr zum kreativen Denken fähig.

Von der Verantwortung in der Wissenschaft

Als Weber „die Gedankengebilde der Wissenschaft als hinterweltliches Reich von künstlichen Abstraktionen" abtun und die Aufklärung einschränken wollte, gelang den Physikern der Zugang zu den Atomen, was in den nachfolgenden Jahrzehnten nicht nur philosophisch denkende Menschen faszinierte, sondern bald auch den praktischen Zugang zu ungeheuren Energiemengen erlaubte, die dann aus politischem Willen und mittels der nationalen Anstrengung einer demokratischen Gesellschaft in Zeiten des Krieges zum Bau und zum Einsatz neuartiger Waffen führte, die als Atomwaffen bis heute die Stabilität der Welt gefährden und vielen Menschen schlaflose Nächte bereiten. Natürlich konnten Staaten wie die USA ihr Atomwaffenprogramm nur durchführen, weil Wissenschaft in den 1940er Jahren des 20. Jahrhunderts längst ein gut bezahlter Beruf mit Aufstiegschancen war, aber sie war inzwischen mehr als das geworden, wie bereits gesagt worden ist. Spätestens von dieser Zeit an konnte eine breite Öffentlichkeit erkennen, dass die Wissenschaft als Geschichte zu verstehen ist, wobei man sich diesen Sachverhalt am Beispiel des Physikers und Philosophen Carl Friedrich von Weizsäcker klarmachen kann, der nach dem Zweiten Weltkrieg als Friedensforscher in Erscheinung und auf der politischen Bühne aufgetreten ist. Im Jahre 1980 wollte der berühmte Gelehrte in einem Aufsatz „Rechenschaft über die eigene Rolle" abgeben, die er als junger Wissenschaftler bei der praktischen Erkundung der Kernenergie gespielt hat. Von Weizsäcker packt dabei sein ethisches Denken in eine knappe moralische Einsicht, die gedrängt lautet, „Die Wissenschaft ist für ihre Folgen verantwortlich."

Bevor jetzt zu laut applaudiert wird und viele Menschen froh sind, dass sie damit keine Verantwortung mehr an den Folgen der Wissenschaft tragen, sollten sie überlegen, was diese Folgen der Wissenschaft eigentlich sind. Wie sicher inzwischen deutlich geworden ist, wird hier die Ansicht vertreten, dass damit die menschliche Geschichte gemeint ist, und für die sind wir bekanntlich alle verantwortlich, wie die Philosophie spätestens seit den Tagen der Romantik verkündet. Menschen bringen ihre Geschichte durch Wissenschaft hervor, sie betreiben Wissenschaft als Geschichte, wie jeder jeden Tag in den Medien erkunden kann. Und damit stellt sich der Gesellschaft eine gigantische Aufgabe, nämlich Wissenschaft so zu vermitteln, dass Menschen sie als diese historische Kraft begreifen und sie verstehen, dass die Gegenwart, die sie erleben, vor allem eine durch Wissenschaft und Technik geprägte Zeit ist, für die alle Menschen verantwortlich sind.

Es stimmt einfach, was der französische Philosoph Michel Serres einmal geschrieben hat: „Weder die Wechselfälle der politischen oder militärischen Verhältnisse noch die Ökonomie können – für sich genommen – hinreichend erklären, wie sich unsere heutigen Lebensweisen durchgesetzt haben". Dies kann nur, wer sich nicht nur nebenbei auf die von Menschen gemachte Geschichte der Naturwissenschaften und ihrer Techniken einlässt und das Werden der aktuellen Zivilgesellschaft und ihrer erlebten Wirklichkeit mit Hilfe ihrer Dimension erfasst.

Leider wird diese einfach einzusehende Idee hierzulande weitgehend ignoriert und auf keinen Fall ernst genommen. Um die historische Dimension der Wissenschaft zu bemerken, braucht man sich nur in seinem Alltag umzusehen und zu merken, wie hilflos Zeitgenossen wären ohne Radio und Fernsehen, ohne Fernbedienung und Funkuhr, ohne Computer und Handy, ohne Auto und Flugzeug, ohne Kühlschrank und Küchenlicht, ohne Stahl und Styropor und was sie sonst noch alles benutzen, ohne auch nur den geringsten

Gedanken an die Herkunft und Funktionsweise all dieser Annehmlichkeiten zu verschwenden.

Hier wird nicht vorgeschlagen, die Einzelheiten der Technikgeschichte zur Kenntnis zu nehmen, die etwa von der Dampfmaschine über den Verbrennungsmotor zu einer mit Tankstellen und Autowerkstätten ausgefüllten Infrastruktur geführt haben. Damit ist vielmehr gemeint, über den menschlichen – den humanen – Antrieb nachzudenken, der diese historische Entwicklung überhaupt in Gang gebracht und bis heute unvermindert fortbesteht und weitere Neuerungen und Verbesserungen hervorbringen wird, auch wenn das individuelle Leben dadurch mehr Komplexität verkraften und sich immer wieder anpassen muss.

Möglichkeiten und Wirklichkeit

Was gemeinhin die Wirklichkeit genannt wird, lassen Menschen aus den Möglichkeiten entstehen, die ihnen geboten werden. Und es sind vor allem die Naturwissenschaften, die ihnen Möglichkeiten bieten – die Möglichkeit, Energie mit Maschinen in Arbeit zu verwandeln, die Möglichkeit, immer kompliziertere Rechenaufgaben erst mechanisch und dann elektronisch bewältigen zu lassen, die Möglichkeit, den Raum und seine Entfernungen bequemer zu überwinden und dies in immer kürzeren Zeiten, die Möglichkeit, Informationen in größer werdenden Mengen und mit zunehmender Verlässlichkeit zu übertragen und zu sammeln, die Möglichkeit, sein Leben durch Vorsorgeuntersuchungen und geeignete Medikamente auf lohnende Weise zu verlängern, und diese Aufzählung ließe sich fortsetzen.

Dabei kommt es – wie erwähnt – nicht darauf an, etwa die Abfolge der Ereignisse zu kennen, in deren Verlauf die Dampfmaschine zustande gekommen ist, obwohl sich auch hier spannende Geschichten finden lassen. Es kommt darauf an, die Motive zu kennen und einzusehen, mit denen Menschen sich aufgemacht und bemüht haben, nach den erwähnten Möglichkeiten zu suchen, mit denen sie sich zum einen ihre Wünsche und Bedürfnisse erfüllten und mit denen sie zum zweiten dafür sorgten, dass sie sich weniger Sorgen machen und die Bedingungen ihres Existierens erleichtern konnten.

Wer heute seine Stimme erhebt, um zum Beispiel den Einsatz von Glyphosat zu kritisieren oder die Praxis der Gentherapie und Gendiagnostik zu beeinflussen, sollte sich an den Hinweis des sozialdemokratischen Bundespräsidenten Gustav Heinemann erinnern, dass derjenige, der mit ausgestrecktem Zeigefinger auf einen seiner Ansicht nach Schuldigen weist, seine Hand dabei so hält, dass drei Finger zurück auf ihn selbst zeigen. Diese drei Finger zeigen an, was die Debatte über die Rolle der Wissenschaft in der Gegenwart vermissen lässt:

Zum ersten fehlt ein historisches Verständnis der Wissenschaft und ihres Werdens, um überhaupt beurteilen zu können, welche Rolle etwa die Energie in einer Zivilgesellschaft spielt und welchen Preis und welche Anstrengung sie wert sein sollte. Zum zweiten sucht man vergebens eine breit gebildete Aufmerksamkeit für die Ergebnisse von Wissenschaft und Technik, deren mediale Berichterstattung mehr oder weniger unter Ausschluss der Öffentlichkeit stattfindet und die zum Beispiel selbst dann keinen Eingang in televisionäre Talkrunden findet, wenn sie die Geschichte des menschlichen Werdens mit Hilfe von Gensequenzen des Neandertalers neu schreibt oder wenn ihr eindrucksvolle Vermessungen des Weltalls – etwa mit dem James-Webb-Teleskop – gelingen. Und zum dritten findet man medial nahezu nirgendwo ein Verständnis für die intellektuelle Qualität der Naturwissenschaft, die weder „mindere Wahrheiten" produzieren, wie der im kultivierten Feuilleton geschätzte Komparatist George Steiner schreibt, noch einen „Kampf gegen die Natur" führen, wie ein Buchtitel behauptet, und die erst recht nicht die Welt „entzaubern", wie seit den Tagen von Max Weber auch von denen nachgebetet wird, die kein einziges Naturgesetz nennen können und auf die Frage, was die Erhaltung der Energie mit der Symmetrie der Zeit verbindet, nur mit der Schulter zucken können und wie der Ochse vor der frisch gestrichenen Stalltür stehen.

So bedauerlich es ist, aber die Naturwissenschaften und ihre Rolle für das Leben der Menschen erscheinen im öffentlichen Diskurs wie ein schwarzes Loch am Himmel, wobei vermutlich zwar jeder Leser einer Tageszeitung schon einmal von solch einem Gebilde gehört oder gelesen haben wird, ich aber immer noch jemanden außerhalb der physikalischen Institute suche, der dazu ebenso viel sagen kann wie etwa über die aktuelle Krise der deutschen Parteien oder die immer wieder neuen Beschuldigungen wegen sexueller Belästigung oder Steuerhinterziehung durch Medienstars oder von anderen Prominenten.

Das Verständnis für Wissenschaft steckt wie ein schwarzes Loch in der Mitte der Gesellschaft, und diese Metapher ist so wörtlich gemeint, wie sie klingt. Denn zu dem so bezeichneten Endzustand von Materie gehört ein Ereignishorizont, bis zu dem man sich ihm bestenfalls nähern kann. Erst dahinter spürt man die Sogwirkung der geballten und implodierten Materiemenge, was zu schwarze Löchern führen kann. Wer über sie redet, steht außerhalb dieses Ereignishorizonts. Und was die Wissenschaft angeht, so steht das Publikum ebenfalls noch außerhalb der eben genannten Grenze. Es spürt die Anziehungskraft der Wissenschaft nicht. Noch nicht. Aber alles führt zu ihr hin, wie Tag für Tag unübersehbarer wird.

Zum Glück haben Menschen sich noch nie durch Grenzen aufhalten lassen. Im Gegenteil! Wir bilden die biologische Spezies, deren Mitglieder erst Grenzen erkennen und dann überwinden oder zumindest überwinden wollen. Dieser Schritt lohnt vor allem, wenn es um die Zukunft geht. Den Mut, ihn zu unternehmen, haben die Europäer seit vielen hundert Jahren erbracht und beibehalten und dabei eine Gegenwart geschaffen, in der Wissenschaft und Technik den Menschen die große Macht verleihen, mit der sie ihre Welt auf direkte Weise zu beeinflussen und gestalten in der Lage sind.

Geschichte statt Zukunft

Es ist merkwürdig: Die moderne Wissenschaft ist zwar wirkungsmächtiger als in den 1960er Jahren geworden, aber damals zeigte sich mehr Mut zu großen Zukunftsprojekten. In dieser Zeit des Aufbruchs zum Mond konnte eine Denkrichtung namens Futurologie große Aufmerksamkeit auf sich lenken, deren Vordenker und Betreiber genau zu wissen vorgaben, wie die „Die Welt im Jahr 2000" aussehen würde. Dies versprachen viele Bücher mit solchen Titeln, über deren Inhalt 2018 besser der Mantel des Schweigens gebreitet wird. Die emsigen Futurologen der 1960er Jahre wollten die Geschichte hinter sich lassen und nur nach vorne blicken, um den neuen Menschen zu schaffen, wie unüberhörbar verkündet wurde. Dies klang zwar mutig und wirkte verwegen, führte deshalb aber trotzdem nicht zu dem Ziel, wie sich unter anderem mit einer Besonderheit der Aufklärung verständlich machen lässt.

Deren Grundprinzip kann man nämlich so formulieren, dass Menschen erst vernünftige Fragen über die Welt stellen und dann mit ihrem eigenen Verstand vernünftige Antworten darauf geben. Und wenn diese bekannt sind, kann man die Zukunft so gestalten, wie man will, das heißt man handelt so, dass die Menschen letztlich Glück empfinden und ein zufriedenstellendes Leben führen können – und das ist das Programm der Aufklärung. Leider ist deren Betreibern nicht in den Sinn gekommen, was die Romantiker nach ihnen gesehen und gespürt haben und was die Wissenschaft mit dem 20. Jahrhundert erfahren musste, dass sich nämlich vernünftige Antworten auf vernünftig gestellte Fragen in die Quere kommen und zu Widersprüchen führen können.

So können Menschen zwar versuchen, die Zukunft mit Hilfe der Wissenschaft zu gestalten, aber die Zukunft hängst dabei an der Herkunft, was der Menschlichkeit eine Chance gibt, wie der Philosoph Odo Marquard geschrieben hat. Es geht ja nicht um eine abstrakte Zeit, sondern um konkrete Menschen, die Rücksicht verdienen. In den Worten des Philosophen, „Menschlichkeit ohne Modernität ist lahm; Modernität ohne Menschlichkeit ist kalt: Modernität braucht Menschlichkeit, denn Zukunft braucht Herkunft." Mit anderen Worten: Wissenschaft als Geschichte zu betreiben, das ist das Ziel, und der Weg sollte zu finden sein.

17. Das Eine durch das Andere – Zur Idee der Komplementarität

Das Eine – in der Naturwissenschaft besteht es aus der Spannung, die Zwei erzeugen. Auf der Ebene der Physik am konkreten Objekt das Wechselspiel von Teilchen und Welle, um das eine Licht zu verstehen (Albert Einstein), und im allgemeinen Rahmen das unaufhebbare Gegenüber von einem Diskreten (dem Quantensprung) und einem Kontinuum (dem Feld). Auf der Ebene des Erkennens das Wechselspiel zwischen Begriff und Anschauung – Begriffe ohne Anschauung sind leer und Anschauung ohne Begriffe ist blind –, und auf der Ebene Disziplinen das Gegenüber von Religion und Wissenschaft – Wissenschaft ohne Religion ist lahm und Religion ohne Wissenschaft ist blind. Und es gibt weitere Spannungen: Wissenschaft ohne Kunst ist unmenschlich und Kunst ohne Wissenschaft ist lächerlich. Und verstehen muss man etwas mit Herz und Kopf. Wer die Quanten mit dem Kopf aber ohne Herz versteht, bleibt unzufrieden und unruhig. Und wer den Kosmos mit dem Herzen aber ohne Kopf versteht, bleibt unsicher und ebenso unruhig. Das Licht, das Erkennen, das Spiel von Glauben und Wissen, das Verhältnis von Herz und Kopf – sie können in meiner Sicht im Rahmen eines Konzeptes verstanden und akzeptiert werden, das den etwas vertrackten Namen der Komplementarität trägt und für das in einem Anhang mit dem Titel „Das Gegenstück" weitere Beispiele zu finden sind. Um die Idee der Komplementarität – das Eine durch das Andere – geht es in meinem Beitrag.

Der Begriff

Das Kunstwort „Komplementarität" taucht zum ersten Mal in gelehrten Schriften aus dem 19. Jahrhundert auf, in denen es um psychische Zustände ging. Es erlebte eine große Zeit in den 1920er Jahren, als die neue Physik der Atome namens Quantenmechanik etabliert wurde. Es bleibt aber offenbar nach wie vor erklärungsbedürftig, wie man leicht feststellen kann, wenn man den dahinter stehenden Gedanken anspricht und ernst meint. Komplementarität – das meint mehr als eine Eigenschaft von komplementären Farben – etwa Blau und Gelb oder Grün und Magenta –, in Farbordnungen gegenüber zu liegen und in einer Mischung „farbloses Weiß" zu ergeben. Komplementarität – das kommt vom lateinischen Wort „completum", aus dem im Deutschen „komplett" geworden ist und mit dem ein Ganzes gemeint ist, das dabei durch sich ergänzende – eben komplementäre – Teile zustande kommt. In dem Gedanken der Komplementarität drückt sich die Überzeugung aus, dass es zu jeder Beschreibung einer Wirklichkeit – etwa der Wirklichkeit von Licht als Bewegung einer Welle – eine zweite gibt – in dem Fall der Darstellung von Licht als Ausbreitung von Teilchen namens Photonen –, die der ersten zwar widerspricht, die sich beide aber ergänzen, um in der komplementären Zusammengehörigkeit die vollständige Erklärung des Phänomens zu geben, um die es geht. Licht tritt sowohl als Welle als auch als Teilchen in Erscheinung, und seine Eigenschaften lassen sich insgesamt nur verstehen, wenn man die sich widersprechenden Teilansichten zusammen denkt. Wenn Licht das Eine ist, um das es geht, dann kann es nur verstanden werden, wenn das Andere mit im Blick hat. Das Eine versteht man zusammen mit dem Anderen, wobei wichtig ist, dass die Gegenpole – Welle und Teilchen im Beispiel des Lichts – bestehen bleiben und nicht in einer Synthese aufgehoben werden. Komplementarität geht wie die Dialektik von These und Antithese aus, ohne zu behaupten, alles in einer Synthese auflösen zu können. Komplementarität lebt von der Spannung zwischen Gegensätzen, die es auszuhalten gilt, und bietet dabei eine qualitative Dialektik an.

William James, Niels Bohr und Albert Einstein

Wie erwähnt taucht das Wort Komplementarität im 19. Jahrhundert auf, und zwar in den Schriften des amerikanischen Psychologen und Philosophen William James. In dessen 1890 erschienenem Werk „The Principles of Psychology" ist zu lesen, „dass zumindest bei gewissen Personen das gesamte mögliche Bewusstsein in Teile aufgespalten sein mag, die koexistieren, sich aber gegenseitig nicht zur Kenntnis nehmen und die Gegenstände des Wissens miteinander teilen." James sagt, „sie sind zueinander komplementär", was konkret bedeutet, „Weisen Sie einen Gegenstand einem der Bewusstseinsteile zu, und eo facto entfernen Sie ihn von dem anderen oder den anderen".

Es dauert dann bis in die 1920er Jahre, bis das Wort Komplementarität wieder in einem wissenschaftlichen Rahmen gebraucht wird, und zwar durch den dänischen Physiker Niels Bohr, der zusammen mit Werner Heisenberg versuchte, die philosophischen Folgerungen aus der neuen Physik der Atome zu ziehen, die als Quantenmechanik in den Jahren 1925 und 1926 formuliert werden konnte. Seltsamerweise gab es zwei mathematische Darstellungen der atomaren Wirklichkeit, die als äquivalent nachgewiesen werden konnten, womit gemeint war, dass die beiden Theorien dieselben Vorhersagen für das Ergebnis von physikalischen Experimenten mit ihren Messungen lieferten. Eine der quantenmechanischen Theorien stammte von Heisenberg, und sie betonte den Teilchencharakter der Elektronen und Protonen, aus denen die Atome bestanden.

Eine zweite Fassung stammte von Erwin Schrödinger. Sie ist als Wellenmechanik bekannt, womit der Name zu erkennen gibt, das hier der komplementäre Aspekt der Mitwirkenden auf der atomaren Bühne betont wurde. Es gab also nicht nur zwei komplementäre Bilder bei der Beschreibung der Wirklichkeit – Welle und Teilchen –, es gab auch zwei komplementäre mathematische Theorien zur Vorhersage der atomaren Eigenschaften, und dies führte Heisenberg und Bohr 1927 in Kopenhagen zusammen, wo beide bis zur Erschöpfung um ein philosophisches Verständnis der neuen – doppelt angelegten – Physik mit ihren Quantensprüngen rangen.

Heisenberg fand seinen Frieden mit dem heute berühmten Konzept der Unbestimmtheit, demzufolge atomare Teilchen – zum Beispiel Elektronen – ihren genauen Ort erst dadurch bekommen, dass ihn jemand bestimmt. Solange sich kein Beobachter um ein Atom kümmert, bleiben seine Eigenschaften unbestimmt. Es existiert für sich in einer Art Superposition aller ihm möglichen Zustände, von denen einer durch den experimentellen Zugriff eingestellt und erfasst wird, mit dem und durch den das Atom dann bestimmt ist.

Bohr stellte dieser Idee sein Konzept der Komplementarität an die Seite, mit dem er zunächst – wie Heisenberg – festhielt, dass ein Atom seine Eigenschaft erst durch die entsprechende Messung bekommt, wobei nun folgendes passiert: Es gibt Eigenschaften der Atome oder des Lichts, die sich nur durch experimentelle Anordnungen bestimmen lassen, die sich gegenseitig ausschließen und also nur nacheinander zum Einsatz kommen können. Man kann die Wellenlänge eines Elektrons oder den Ort bestimmen, an dem es sich aufhält, aber nicht beides zusammen mit einer Anordnung.

Diese nicht zugleich zugänglichen Eigenschaften nannte Bohr komplementär, und in seiner Sicht der Dinge verlangte eine vollständige Beschreibung der atomaren Wirklichkeit den Rückgriff auf komplementäre Bilder, also auf Welle und Teilchen beim Licht und beim Elektron – wobei an dieser Stelle der Hinweis gegeben wird, dass die Vorstellung von Licht als Teilchen schon viel Mühe machte, die Vorstellung eines Elektrons als Welle aber noch viel mehr. Immerhin hatten die Physiker seine Masse gemessen. Wie soll es sich da als Welle bewegen? Wie sehr Elektronen dies trotzdem tun und als Wellen existieren, braucht heute nicht mehr extra betont zu werden, weil man sich an Elektronenmikroskope gewöhnt hat, die mehr als Lichtmikroskope erkennen lassen. Anzumerken bleibt, dass einer Gegebenheit, die Welle und Teilchen zugleich sein kann, kein Aussehen mehr zugewiesen werden kann. Die Atome haben kein Aussehen, was den Maler Willi Baumeister zu dem Gedanken anregte, dass die Natur kein Aussehen hat, weshalb sie abstrakt zu malen ist.

Zurück zur Physik: Was Heisenberg und Bohr ausgetüftelt haben, ist heute als „Kopenhagener Deutung der Quantenmechanik" bekannt, wobei anzumerken ist, dass es keinen fixen Text mit diesem Titel gibt und sich ein Interessent selbst etwas zusammenreimen muss – wie es dem Gedanken der Unbestimmtheit entspricht. Damit kommt nicht jeder zurecht, und es war vor allem Albert Einstein, der sich gegen diese Deutung wehrte und von Bohrs Beruhigungsphilosophie sprach. Ihm leuchtete nicht die große Rolle ein, die ein subjektiver Beobachter, die der Physiker als Subjekt spielen sollte, wenn er sein Objekt, das Atom, ins Auge fasst und es objektiv darstellen wollte. Einstein suchte nach Parametern, die bislang noch verborgen waren, deren Offenlegung dann aber sowohl die Unbestimmtheit als auch die Komplementarität überwindet.

Diese verborgenen Größen sind nie gefunden worden. Sie gibt es einfach nicht, was Einstein verwundert hat, der bekanntlich nicht nur geholfen hat, die Quantenmechanik aus der Taufe zu heben, sondern der sich neben den Atomen auch um den Kosmos gekümmert und eine Theorie über ihn aufgestellt hat, die als Allgemeine Relativitätstheorie berühmt geworden ist. Sie wird hier deshalb erwähnt, weil Einsteins Beschreibung des Kosmos mit einem Konzept funktioniert, das komplementär zu dem Konzept ist, mit dem die Atomphysik funktioniert. Während Bohr und Heisenberg (und Schrödinger) versuchten, mit den unstetigen und diskreten Quantensprüngen umzugehen, die Atomen eigentümlich sind, hatte Einstein ein kontinuierliches und durchgängiges Feld entworfen, mit dem sich die Schwerkraft und die Geometrie der Raumzeit erfassen ließen. In der Tat – die Quantentheorie und die Gravitationstheorie sind komplementär zueinander, weshalb an dieser Stelle die Ansicht vertreten wird, dass das seit Einsteins Tagen anvisierte Ziel einer Quantengravitation unerreichbar bleibt. Das Ganze der Welt – das Größte und das Kleinste – lässt sich nur in der Spannung erfassen, die zwischen den beiden komplementären Theorien der Physik herrscht, zwischen der Theorie der Atome und der Theorie des Weltalls. Mit der Komplementarität versteht man die Welt. Ohne sie irrt man in der Welt umher, auf der Suche nach einem Ziel, das man gar nicht feststellen kann.

Die Ausweitung des Gedankens

Bislang ging es um den Gedanken der Komplementarität in der Physik, wo er auch eine maßgebliche Rolle gespielt hat. Die Idee erweist sich aber auch tragfähig außerhalb dieser exakten Wissenschaft, wie schon früh in dem Buch „Zum Weltbild der Physik“ von Carl Friedrich von Weizsäcker nachzulesen ist. Ich selbst habe versucht, die Tragweite der Komplementaritätsidee in einem Buch mit dem Titel „Sowohl als auch“ darzustellen, und dabei an Beispielen zeigen wollen, wie man sich mit Hilfe der Komplementarität in der kulturellen Vielfalt orientieren und den einen Halt finden kann, den manche oder viele suchen. Ich vertrete die Ansicht, dass Komplementarität wichtiger ist als alles Philosophieren über die Bedingungen der Möglichkeit des Erkennens sind, auch wenn diese Haltung in dem europäischen Kulturkreis noch nicht weit verbreitet ist.

Das östliche Denken hat die Idee der sich ergänzenden Gegenstücke schon längst in sich aufgenommen und ihm als Yin-Yang-Symbol auch einen angemessenen – künstlerischen – Ausdruck verliehen. Das westliche Denken laboriert stattdessen immer noch an dem Schnitt herum, den René Descartes ihm verpasst hat, als er die Seele aus dem Körper löste. Seitdem trennen Menschen sich als Subjekte von der Welt der Objekte, die sie der Wissenschaft überlassen – mit dem Ergebnis, dass sie als fühlende Menschen in ihren Beschreibungen nicht mehr vorkommen und also ausgeschlossen bleiben.

Bohrs Komplementarität versucht, diese Spaltung zu überwinden, ohne ihre dazugehörenden Gegensätze zu verwischen. Ich denke, die wichtigste Entdeckung am Ende der christlichen Jahrtausende besteht in der Einsicht, dass die alte Idee der polaren Gegensätze eine neue Form braucht. Mit dieser Vorgabe liegt eine wichtige Aufgabe der abendländischen Kultur darin, ihr eigenes Symbol für das Denken zu finden, das Menschen in der Welt und beide zusammen hält. Die abendländische Kultur muss dies bewusst tun und dabei das Beste aufbieten, das sie hat, nämlich die komplementären Formen der Erkenntnissuche, die wir Kunst und Wissenschaft nennen und die zusammen die Humanität ergeben, wie Alexander von Humboldt sie erhofft und vorbereitet hat.

Zwei Wege zur Wahrheit

Was das eben erwähnte komplementäre Paar aus Kunst und Wissenschaft angeht, so gibt es in den „Notizbüchern" von Raymond Chandler, dem Erfinder des legendären Philip Marlowe, unter dem Datum vom 19. Februar 1938 einen Eintrag, in dem der amerikanische Schriftsteller unter der die Aufmerksamkeit anlockenden Überschrift „Großer Gedanke" („Great Thought") eine elegante und überzeugende Darstellung der Komplementarität gibt. Chandler schreibt:

„Es gibt zwei Arten von Wahrheit: Die Wahrheit, die den Weg weist, und die Wahrheit, die das Herz wärmt. Die erste Wahrheit ist die Wissenschaft, und die zweite ist die Kunst. Keine ist unabhängig von der anderen oder wichtiger als die andere. Ohne Kunst wäre die Wissenschaft so nutzlos wie eine feine Pinzette in der Hand eines Klempners. Ohne Wissenschaft wäre die Kunst ein wüstes Durcheinander aus Folklore und emotionaler Scharlatanerie („emotional quackery"). Die Wahrheit der Kunst verhindert, dass die Wissenschaft unmenschlich wird, und die Wahrheit der Wissenschaft verhindert, dass die Kunst sich lächerlich macht."

Chandler musste als Autor von Kriminalromanen sowohl wissen, welche Dosis einen Stoff zum Gift macht, als auch fähig sein, aus dem Rohstoff des Verbrechens die Verführung der Literatur werden zu lassen, und sich insofern in beiden Sphären auskennen. Chandler Gegenüberstellung von Lächerlichkeit und Menschlichkeit will sicher sagen, dass Kunst und Wissenschaft gleichberechtigt sind. Der „große Gedanke" will aber auch ausdrücken, dass Wissenschaft besser verstanden werden kann, wenn sie nicht anonymen Kollektiven in anonymen Laboratorien zugeschrieben werden, sondern wenn man in ihr dieselben kreativen Individuen am Werk sieht, die man in der Kunst ganz selbstverständlich erwartet. Und er will weiter zu verstehen geben, dass man der Kunst näher kommen kann, wenn sich etwas von den rational zugänglichen und nachvollziehbaren Gedanken erfahren lässt, die Komponisten, Schriftsteller, Maler oder Bildhauer an- und umtreiben, bevor sie ihr schöpferisches Tun beginnen oder während sie an ihren Werken mit allen notwendigen Details arbeiten.

Mozart und die Quantenmechanik

Was das Verhältnis von Kunst und Wissenschaft und seine Relevanz in Hinblick auf den Gedanken der Komplementarität angeht, so habe ich vor zehn Jahren (2006) den Versuch unternommen, „Mozart und die Quantenmechanik" zu verbinden. Einige der folgenden Abschnitte finden sich in meinen damaligen Ausführungen zu diesem Thema.

Die Kombination aus Mozart und der Quantenmechanik stammt aus den 1991 unter dem Titel „Mein Leben" erschienenen Lebenserinnerungen des Physikers Viktor Weisskopf, die im amerikanischen Original weniger trocken „The Joy of Insight" heißen. Im Schlusskapitel geht es um „Mozart, Quantenmechanik und eine bessere Welt", und der glänzend Klavier spielende Autor meint damit zunächst das Glücksgefühl, das jemand erfährt, der wie er sowohl in Mozarts Musik eintauchen als auch mit der Quantenmechanik umgehen kann und sich mit beiden Kulturleistungen vertraut fühlt – eine beneidenswerte Konstellation, wie sie nur wenigen vergönnt ist.

Die bessere Welt wird aber nicht nur individuell, sondern auch insgesamt möglich, und zwar dann, wenn Menschen sowohl ihren Kopf als auch ihr Gefühl einsetzen, um gut zu leben – mit dem Verstand bauen sie das Haus und die Gesellschaft auf, in dem oder in der sie dafür sorgen müssen, dass es etwas gibt, an dem sich ihr Herz erfreut. Es gibt sie eben beide, die Fähigkeit zur Rationalität und die Sehnsucht nach dem Mysterium, und ich drücke dies gern mit dem Gedanken der Komplementarität aus. Der Physiker Wolfgang Pauli hat zu den genannten komplementären Gegenpositionen folgendes gemeint:

„Nach meiner Ansicht ist es nur ein schmaler Weg der Wahrheit (sei es eine wissenschaftliche oder eine sonstige Wahrheit), der zwischen der Scylla eines blauen Dunstes von Mystik und der Charybdis eines sterilen Rationalismus hindurchführt. Dieser Weg kann voller Fallen sein, und man kann nach beiden Seiten abstürzen."

In einer allgemeinen Formulierung meint die Idee der Komplementarität, dass es zu jeder Beschreibung von Wirklichkeit eine zweite gibt, die der ersten zwar entgegenläuft, die aber gleichberechtigt mit ihr ist und nicht von ihr aufgehoben wird. Als Beispiele kann man sich die Farbenlehren von Goethe und Newton vorstellen; man kann weiter an die Beschreibung der Natur als „Mutter Erde" oder als Quelle von Rohstoffen denken und nicht zuletzt den Unterschied zwischen Mozart und der Quantenmechanik ins Auge fassen, bei der einmal mehr das Herz und dann mehr der Kopf zum Einsatz kommen kann. Menschen stehen stets beide Möglichkeiten zur Verfügung, und sie können die uns umfangende Wirklichkeit insgesamt nur als Summe von komplementären Beschreibungen verstehen oder durch komplementäre Erlebnisse aufnehmen.

Kunst und Wissenschaft

Menschen würden in einer besseren Welt leben, wenn sie sich stets daran erinnern, dass es zu jeder Ansicht einer Person die einer anderen gibt, die ihr auf Augenhöhe widerspricht und damit ebenso Gültigkeit beanspruchen kann. Die bessere Welt ist die des Dialogs von komplementären Gegenübern – etwa von Kunst und Wissenschaft, die in der Tiefe zusammenhängen, wie Albert Einstein einmal ausgedrückt hat, als er in einer Radioansprache meinte: „Das Schönste, was wir erleben können, ist das Geheimnisvolle. Es ist das Grundgefühl, das an der Wiege von wahrer Wissenschaft und Kunst steht."

Wer – wie Einstein es getan hat – den doppelten Charakter von Licht erkennt und versteht, dass es sich als Welle und Teilchen zu erkennen geben kann, der weiß dann vor allem, dass Licht geheimnisvoll bleibt. Denn wenn etwas einmal Welle und einmal Teilchen ist, dann kann man eben nicht mehr mit einem Bild sagen, was es wirklich ist. Das Licht wird im Modus der Kunst verstanden und dabei zu einem unauflösbaren Geheimnis auch für die Wissenschaft, und das ist – siehe oben – das Schönste, was ihm und uns passieren kann.

Wir würden in einer besseren Welt leben, wenn sich Chandlers oben zitierter Gedanke allgemein verbreitet hätte und nicht das Gegenstück dazu so populär geworden wäre, nämlich die Rede von den getrennten zwei Kulturen, die am Ende der 1950er Jahre durch den britischen Romancier und Physiker Charles P. Snow aufgekommen ist. Snow störte sich an der Überheblichkeit vieler Intellektueller gegenüber industriellen Abläufen. Sie zeigten weder Verständnis noch Interesse für technische Abläufe. In diesem Zusammenhang fiel Snow an der der Eliteuniversität Cambridge ein störendes Ungleichgewicht auf, das er auf eine griffige Formel brachte, indem er die Sonette Shakespeares neben den Zweiten Hauptsatz der Thermodynamik stellte und darauf verwies, dass es zwar zum guten Ton in bestimmten Kreisen der Gebildeten gehört, den erwähnten Hauptsatz der Wärmelehre für überflüssig und belanglos zu halten, während man zugleich jeden verachtet, der sich nicht mit der Sonetten des elisabethanischen Dramatikers vertraut zeigt. Tatsächlich zählt auch bei uns als ungebildet, wer Shakespeare nicht kennt, während man eher stolz darauf ist, von dem Zweiten Hauptsatz noch nichts gehört zu haben.

Diese Asymmetrie durchzieht weite Bereiche der abendländischen Debatte um die Bildung. Sie erstreckt sich besonders auf das, was in Quizsendungen unter der Rubrik „Was man weiß, was man wissen sollte" zu finden ist. Jeder weiß, dass er etwas von Picassos Rosa Periode oder vom „Blauen Reiter" und seinen Malern wissen sollte. Aber niemand meint, dass es sich lohnt, ebenso über die Struktur der Doppelhelix, die Theorie der chemischen Bindung oder die Wirkungsweise von Antibiotika informiert zu sein und zu wissen, wem wir die dazugehörigen Einsichten verdanken. Wer Arthur Schopenhauer nicht kennt oder nicht von ihm gehört hat, gilt als ungebildet. Wer hingegen Ludwig Boltzmann nicht unterbringen kann, macht sich über diese Lücke keine Sorgen – und niemand hierzulande wird ihm dies übel nehmen. Und dieses Gegenüberstellen könnte man bis zum Ende aller Seiten ausführen, da ein Buch, das „Bildung" heißt „alles was man wissen muss" aufzählt, vermutlich deshalb zu einem Bestseller werden konnte, weil es die Naturwissenschaften gezielt ausgeschlossen hat.

An dieser Stelle fällt übrigens auf, dass immer dann, wenn von Kunst gesprochen wird, der Name des Künstlers fällt, der auch bekannt ist – Mozart und Shakespeare in den hier angeführten Beispielen. Bei der Wissenschaft ist das nicht der Fall. Ihre Nennung kommt ohne Namen aus. Weder bei der Quantenmechanik noch der der Thermodynamik ist von den handelnden Personen die Rede, obwohl sie es verdient hätten. Tatsächlich wird dem Publikum von höchster philosophischer Stelle – von dem angeblichen Universalgelehrten George Steiner – eingeredet, bei den Naturwissenschaften handele es sich um „eine anonyme, kollektive träge Bewegung", während die Kunst als eine Folge von Schöpfungen genialer Schöpfer angesehen wird. Wer so etwas schreibt – und wer so etwas lesend akzeptiert –, der verschließt seine Augen mutwillig vor den kreativen Prozessen, die für viele naturwissenschaftliche Entwicklungen konstitutiv sind. Sie bestehen keinesfalls aus schlichten Entdeckungen (im Sinne von Aufdeckungen bereits vorhandener Gegebenheiten), sondern erweisen sich bei näherem Hinschauen als ebenso freie Hervorbringungen des menschlichen Geistes, wie es Kunstwerke sind.

Zur Romantik

Das beste Beispiel ist die Quantenmechanik, die hier ebenso wenig vorgestellt wird wie Mozart – mit der Ausnahme, dass darauf hingewiesen wird, dass die Quantenmechanik einen millionenfach bewährte Theorie der atomaren Wirklichkeit ist, die mit Symbolen hantiert, denen in der physikalischen Realität nichts entspricht. Die Quantenmechanik ist keine Beschreibung der Natur, sie stellt vielmehr eine Formgebung dar, mit der Menschen Natur verstehen. Anders gesagt, seit den Tagen der Quantenmechanik versteht man die Natur durch die Form, die ihr gegeben wird, und das heißt – so merkwürdig es klingen mag –, dass die Quantenmechanik eine romantische Hervorbringung ist.

Romantik ist nämlich die Grundhaltung, die – als eine komplementäre Gegenbewegung zur Aufklärung – die Welt in komplementäre Gegenstücke – Polaritäten – einteilt: Zum Tag gehört die Nacht, zum Rationalen das Irrationale, zum Allgemeinen das Individuelle, vorgefundenen Tatsachen stehen selbst geschaffene Werte gegenüber, und die Wirklichkeit hat es mit ihrer alternativen Form in Kunst und Wissenschaft zu tun. Der Mensch, der beide hervorbringt, wird dabei als das Wesen verstanden, das bei dieser Tätigkeit kreativ werden kann, und in dem Moment seiner Schöpfung unterliegt er keinem Naturgesetz.

Die Romantik bekommt deshalb an dieser Stelle ihren Auftritt, weil sie zum einen den Gedanken der Komplementarität mit historischem Leben füllt, und weil ihre Vertreter dem Licht von Newtons Physik die Nacht von Hoffmanns Erzählungen an die Seite stellte, wie es der Literaturwissenschaftler Peter von Matt in seiner Abschiedsvorlesung genannt hat.

Er geht darin auf die zu den berühmten Werken der Romantik zählenden „Nachtstücke" von E.T.A. Hoffmann ein, in denen die auftretenden Personen zu Kindern des Gegenlichts werden, zu Helden unter der schwarzen Sonne der Nacht, wie Peter von Matt es ausgedrückt hat. Er kann eindrucksvoll zeigen, dass die phantastische Literatur der Romantik nicht ohne das Licht zu denken und zu verstehen ist, das Isaac Newton im 18. Jahrhundert angezündet hat und damit eine Welt erkennen ließ, die vollständig und vollkommen nach den Gesetzen einer mechanischen Naturwissenschaft ablief. In Europa glaubte man damals unter anderem an eine Neuschöpfung der Welt durch Newton, und diese Überzeugung kam zum Beispiel in den berühmten Versen des englischen Poeten Alexander Pope zum Ausdruck, die sinngemäß lauten: „Natur und der Natur Gesetze lagen tief in dunkler Nacht./ Gott sprach: Es werde Newton! Und alles strahlte voller Pracht".

Der Dichter Hoffmann fügt nun einen unübersehbaren Riss in diese Newton'sche Kugel mit ihrem gleichmäßig tickenden Uhrwerk ein. Der romantische Poet zeigt den Lesern diesen Bruch im deterministischen Weltgefüge als die komplementäre Erfahrung von einzelnen Menschen, die dabei aber nicht unbedingt wissen, was ihnen geschieht. Das Innere von Menschen wird in der romantischen Poesie als komplementärer Gegenhimmel vorgestellt, von dem eine schwarze Sonne leuchtet. Mit deren Hilfe können bestenfalls die inneren Augen eines Menschen – sein zweites Augenpaar – irgendetwas erkennen. Mehr oder weniger alles wird doppelt und verdoppelt – die Augenpaare, die Sonnen und die moralischen Gesetze, wie an den Figuren der Erzählungen abzulesen ist.

Heinrich von Kleist lässt seinen Michael Kohlhaas bekanntlich als gefährlichen Brandstifter wüten, obwohl der Mann an sich gewöhnlich gut empfindet und gerecht zu leben denkt. Und bei Hoffmann entpuppt sich in der Erzählung von dem „Fräulein Scuderi" ein Mann namens Cardillac in der

Nacht als Serienmörder, obwohl er tagsüber ein liebevoller Mensch ist und einem ehrenwerten Beruf nachgeht. Kurzum: Die Romantiker machen mit ihren komplementär angelegten Entwürfen klar, dass Newtons funktionierender Kosmos nicht die ganze Welt ist, sondern in seiner Tiefe etwas anderes lauert, nämlich die Nachtseite. Sie zeigt sich auf direkte und peinlich triviale Weise jeden Abend, wenn sich Menschen vor ein Fernsehgerät setzen und die Nachrichten von dem unaufhörlichen Morden zur Kenntnis nehmen, das sich auf dem Globus in fernen Ländern zugetragen hat, während sie daheim friedlich und freundlich ihren Pflichten und Geschäften nachgegangen sind und die Kinder ins Bett gebracht haben.

Wenn auf das physikalische Licht von Newtons Wissenschaft die poetische Nacht von Hoffmanns Erzählungen folgt, dann kann man vorhersagen, dass nach der kunstvollen Dunkelheit wieder so etwas wie ein Lichtverlangen bei den Menschen auftaucht. Und tatsächlich konstatieren die Kulturhistoriker in den postromantischen Jahren einen „unermesslichen Lichtdurst", der sich zum Beispiel in den Helligkeit ausstrahlenden Wolkenstudien von John Constable oder den „Lichteruptionen" von William Turner offenbart. Ihre Bilder bereiten auf dem Terrain der Malerei den eindrucksvollen Weg für den farbenprächtigen Impressionismus vor und machen in der Architektur den Raum für strahlend leuchtende Kristallpaläste frei.

Romantische Wissenschaft

So sehr man romantisch schwärmen kann, so genau kann man auf den Begriff bringen, was mit ihr gemeint ist. Ausgerechnet der Poet Novalis hat sorgfältig und akribisch nach dem Motto definiert, „er war ein Dichter und hasste das Ungefähre" (Rilke): „Indem ich dem Gemeinen einen hohen Sinn, dem Gewöhnlichen ein geheimnisvolles Ansehen, dem Bekannten die Würde des Unbekannten, dem Endlichen einen unendlichen Schein gebe", so schreibt Novalis, „romantisiere ich es."

Wer von diesen vier Handlungsmöglichkeiten liest und überlegt, wo man sie im eigenen Dasein einsetzen und anwenden kann – Menschen möchten doch alle romantisch sein oder sich wenigstens so vorkommen –, der wird zwar an viele Bereiche des Alltags denken, diesem gemeinen und gewöhnlichen Teil des Leben, aber einen Zugang zu unserer Welt höchst wahrscheinlich unbeachtet lassen – den der Naturwissenschaften. In den Kreisen von Physik, Chemie, Biologie und all der anderen Disziplinen erwartet man systematisches Vorgehen, rationale Analyse und ähnliche Qualitäten, aber um Gottes Willen doch keine Romantik!

Doch genau dies ist der Fall. Die Naturwissenschaften romantisieren die Welt, wie nun im Einzelnen gezeigt wird. Beginnen werden soll mit der Auskunft, dass romantisiert, wer „dem Bekannten die Würde des Unbekannten" geben kann. Es mag zwar überraschend klingen, aber genau darin besteht ein wesentlicher Aspekt des Unternehmens, das als Naturwissenschaft bekannt ist. Warum dies der Fall ist, hat unter anderem Karl Popper beschrieben. Der Philosoph des kritischen Rationalismus hat in seinem Schriften mehrfach darauf hingewiesen, dass die Tätigkeit von Naturwissenschaftlern darin besteht, etwas, das man sieht – das Bekannte –, durch etwas zu erklären, das man nicht sieht – das Unbekannte. Das zeigt sich an Beispielen: Das (sichtbare) Fallen eines Steines etwa wird seit Isaak Newton durch die (unsichtbare) Gravitation erklärt, die von Massen ausgeht, und das (sichtbare) Ausrichten einer Kompassnadel kann auf das (unsichtbare) Magnetfeld der Erde zurückgeführt werden. Das Bekannte – das Fallen und das Drehen – bekommt sogar die Würde des Unbekannten, denn wie das Schwerefeld der Erde die Gravitationskraft zustande bringt und wie unser rotierender Planet zu seinem Magnetfeld kommt, bleibt der Forschung so verborgen wie am ersten Tag, auch wenn die fraglichen Phänomene quantitativ vollkommen beherrscht werden.

Übrigens – die Idee des Magnetfeldes geht auf das englische Multitalent Michael Faraday zurück, dessen große Zeit in das frühe 19. Jahrhundert fällt, also genau in die Zeit, die wir als Romantik bezeichnen, wenn von Musik, Malerei und ähnlichen kreativen Tätigkeiten die Rede ist. Dass es romantische Dichtung und Philosophie gibt, glauben Menschen sofort, auch ohne dies im Detail – etwa an der Definition des Novalis – zu prüfen. Dass auch ein Wissenschaftler romantisch vorgehen – und dabei Erfolg – haben kann, nehmen sie kaum zur Kenntnis, obwohl es sich sehr lohnt.

Zum Romantischen gehört – in Einklang mit den Worten von Novalis – die Überzeugung, dass es ein Gesetz der Polarität gibt. Zu jeder Kraft und jedem Stück gibt es eine Gegenkraft oder ein Gegenstück, und als Beispiele werden gerne das Wachen und Schlafen und damit die Tag- und Nachtseite des Denkens angeführt. Bei Faraday kann man die romantische Lust nach Spiegelsymmetrie ganz konkret finden. Denn nachdem 1809 entdeckt worden war, dass ein elektrischer Strom ein Magnetfeld produziert, versuchte Faraday – aus romantischer Überzeugung heraus – das Gegenstück zu erreichen, das heißt mit einem Magnetfeld einen elektrischen Strom in Bewegung zu versetzen. Zwar musste er lange probieren, aber 1831 hatte er endlich Erfolg, und seitdem wissen Menschen, wie man Strom generiert, nämlich durch elektromagnetische Induktion, und sie tun dies bis in unsere Tage. Wer heute ein Licht oder einen Computer einschaltet, nutzt eine romantische Entdeckung, und es wäre schön, wenn man wenigstens beim Ausschalten sich für diesen Gedanken erwärmt.

Eine weitere Forderung von Novalis kann ebenso leicht mit naturwissenschaftlichen Erfahrungen erfüllt werden. Man muss nur an die schon erwähnte erste – und wirklich revolutionäre – Arbeit denken, die Einstein 1905 vorgelegt hat und mit der er deutlich machen konnte, dass Licht sowohl als Welle als auch als Teilchen in Erscheinung treten kann. Viele nehmen diese Einsicht heute ohne Aufregung zur Kenntnis und zähmen sie mit dem Wort von der Dualität des Lichtes. Für Einstein brach damals aber das ganze Gebäude der Physik zusammen, schließlich hatte er nicht das Licht erklärt, sondern erklärt, dass sich Licht nicht erklären lässt. Denn wenn etwas Welle und Teilchen zugleich sein kann, dann kann man zwar alles Mögliche darüber herausfinden – beim Licht die Wellenlänge, die Geschwindigkeit, die Polarisation und vieles mehr –, man kann nur nicht mehr sagen, was es eigentlich ist.

Mit anderen Worten, Einstein hat „dem Gewöhnlichen" – dem Licht des Tages – „ein geheimnisvolles Ansehen" gegeben. Er hat gezeigt, dass Licht bei aller wissenschaftlichen Durchleuchtung ein Geheimnis bleibt. Und wenn ihn das zunächst auch verwirrt und geärgert hat, so hat er zuletzt doch mit dieser Romantisierung seinen Frieden gemacht, indem er sagte: „Das Schönste, was wir erleben können, ist das Geheimnisvolle. Es ist das Grundgefühl, das an der Wiege von wahrer Wissenschaft und Kunst steht."

Eine weitere Forderung des Novalis lautet, „dem Endlichen einen unendlichen Schein" zu geben. Damit muss man fragen, ob die Naturwissenschaften auch dazu in der Lage sind. Es wird an dieser Stelle niemanden überraschen, wenn er erfährt, dass die Antwort „Ja" heißt, und die konkrete Lösung steckt erneut im Licht, wobei es diesmal nicht um seine Natur, sondern um seine Bewegung geht. Es ist bekannt, dass Sonnenstrahlen von einem Spiegel reflektiert werden und dass dabei physikalische Gesetze gelten. Der Ausfallswinkel muss zum Beispiel gleich dem Einfallswinkel sein. Doch so öde und banal das klingt und so ewig lang das schon bekannt ist: Zu verstehen, warum das Licht sich so verhält, wenn es auf einen Spiegel oder eine andere Oberfläche trifft, hat den Physikern viel Zeit und noch mehr Mühe bereitet. Wirklich gelungen ist ihnen das erst in den Jahren nach dem Zweiten Weltkrieg im Rahmen einer Theorie, die im Jargon den langen Namen Quantenelektrodynamik trägt, was aber nett mit QED abgekürzt werden kann und wird. Mit dem dazugehörenden theoretischen Handwerkszeug kann ein Physiker genau zeigen, was passiert, wenn das Licht – mit seiner Doppelnatur, siehe oben – auf eine feste Oberfläche trifft, die zwar glatt aussieht, vom Standpunkt ihres atomaren Aufbaus aber keineswegs so ist. Wenn die Lichtteilchen auf die keinesfalls glatten Atome und Elektronen des Materials treffen, aus dem ein Spiegel besteht, dann ist das etwa so, als ob ein Tennisball auf ein Kopfsteinpflaster auftrifft, und das heißt, dass überhaupt nicht klar ist, in welche Richtung er springt.

Beim Licht ist es aber oberflächlich klar. Es agiert nach dem erwähnten Reflexionsgesetz, was die tiefer gehende Frage aufwirft, wie dies vom atomaren Standpunkt aus gelingen und zustande kommen kann. Die Antwort liefert die besagte Theorie QED, und sie tut dies auf eine romantische Art und Weise. Sie erlaubt den Lichtteilchen nämlich, alle möglichen – also unendlich viele – Wege zu gehen, und zeigt, dass die äußeren Bedingungen dafür sorgen, dass die innere Unendlichkeit nur Schein bleibt und sich ihre Anteile gegenseitig aufheben. Zu jedem Weg findet sich ein Gegenweg – mit einer Ausnahme, und das ist der Pfad, der übrig bleibt und gesehen wird.

Übrigens gibt die Physik der Atome „dem Endlichen einen unendlichen Schein" ganz allgemein. Denn in der als Quantenmechanik bezeichneten Theorie der Mikrowelt geht es weniger um vorgefundene Wirklichkeiten und mehr um ihr Gegenstück, nämlich die auszulösenden Möglichkeiten, und von denen gibt es beliebig viele, wodurch uns die ganze Unendlichkeit des Werdens zur Verfügung steht, die unsere Zukunft so offen macht, wie die Fenster, an denen die Menschen auf romantischen Bildern so gerne stehen, um in die Richtung ihrer Sehnsucht zu schauen. Die Physiker wissen allerdings, dass sie an dem dazugehörigen Ziel nur ankommen, wenn sie es rational planen und systematisch vorgehen. Ohne ihr technisches Gegenstück nützt alle Romantik bei allem Schwärmen nichts, wie wenigstens einmal angemerkt werden sollte.

Damit bleibt die erste Forderung des Novalis, die zuletzt an die Reihe kommen soll, und ein Grund dafür steckt in dem schwierigen Begriff des Sinns, den die Naturforschung gerne meidet. Sie bemüht sich um kausale und objektive Erklärungen der Dinge und versucht, das Subjekt und seine Bewertungen von ihren Theorien fernzuhalten. Ein Biologe etwa fragt höchstens nach der (evolutionären) Herkunft eines genetischen Moleküls – einer DNA-Sequenz – und nicht nach ihrem Sinn. Er versucht natürlich, die Aufgabe oder Funktion der von ihm analysierten Struktur zu erfassen, aber von Sinn spricht man in seinen Kreisen eher weniger, und zwar aus gutem Grund. Einem Naturforscher kommt erst dann in den Sinn, über den Sinn zu sprechen, wenn das Ganze bekannt und verstanden ist, dem man seine Aufmerksamkeit widmet. Wer von Sinn spricht, stellt eine Verbindung her zwischen der Sache, um deren Sinn es geht, und der Absicht, sie herzustellen. Das klingt zwar leicht, macht einem Naturwissenschaftler aber Sorgen, weil er nicht sicher ist, die Sache so ganz und gut zu kennen, wie es sein sollte.

Man kann aber immer einmal annehmen, dass dies gelungen ist, zum Beispiel, wenn man als Historiker die Wissenschaft selbst betrachtet und dabei nicht nur ihre Leistungsfähigkeit, sondern auch ihren Sinn erkennt. Die Naturwissenschaften sind in ihrer modernen Form im 17. Jahrhundert aufgekommen, und die Absicht ihrer Vertreter bestand darin, die Lebensbedingungen der menschlichen Existenz zu erleichtern. So lässt Brecht es seinen Helden im „Leben des Galilei" sagen, und so dachten viele der damaligen Wegbereiter der Wissenschaft von Francis Bacon über Johannes Kepler bis zu René Descartes. Konkret beschäftigt waren die Herren mit gemeinen Dingen – Glas schleifen, Erbsen zählen, Berechnungen anstellen, Volumen messen, Entfernungen bestimmen –, tatsächlich geschaffen haben sie etwas Sinnvolles, nämlich die westliche Wissenschaft, die Europa auf seinem Sonderweg zu dem Wohlstand gebracht hat, den Menschen gerne genießen, ohne an den Mohren zu denken, dem sie ihn verdanken.

Jetzt ist es klar – Menschen sind Kinder sowohl der Aufklärung als auch der Romantik, und mit diesem Gedanken steigt zum Ende der Ausführungen die Sorge an, dass Mediziner das doch alles längst wissen. Die ärztliche Kunst war doch nie nur eine Wissenschaft, sondern immer auch genau das komplementäre Gegenstück, also eine Kunst. Das heißt, beim Umgang mit dem Patienten galt es stets, zugleich allgemein richtig zu diagnostizieren und ihn persönlich wichtig zu betrachten und persönlich zu behandeln. In der Medizin erforschte man die Krankheit – wie ein Quantenmechaniker die Atome – und erfreute sich an der Gesundheit wie an Mozarts Musik. Medizin ist eben beides – Mozart und die Quantenmechanik. Dann ist auch einzusehen, wie die bessere Welt der Gesundheit werden kann, nämlich dann, wenn der Arzt und sein Patient das komplementäre Paar bilden, das zum guten Ganzen wird. Jeder kreiert doch sein Leben wie Mozart die Musik – Selbstverwirklichung nannten das die Romantiker. Aber man muss natürlich lernen, was die Natur verträgt. Auch Mozart muss sich an Regeln wie den Quintenzirkel halten, aber zuletzt entsteht ein Werk, das man genießen kann. Das geht übrigens auch mit der Quantenmechanik. Man kann sich zum Beispiel an den Quantensprüngen erfreuen. Sie bringen Menschen nämlich in einen Grundzustand, aus dem sie nicht mehr wegwollen – vermutlich, weil es ihnen gut geht in dieser besseren Welt.

Magisches Malen

Man kann Komplementarität in viele hier übergangene Richtungen erkunden, in den biologischen Wissenschaften zum Beispiel, in denen ein Gen etwas ist und zugleich etwas wird, und das genetische Teil funktioniert nur in einem genomischen Ganzen. Hier soll es zum Ende hin noch einmal um die Kunst gehen und die Malerei aus dem Bereich des Unbewussten betrachtet werden, wie es verschiedentlich versucht worden ist. In der modernen Malerei gilt ja längst nicht mehr, dass man malt was man sieht. Vielmehr hält man sich an Picasso, der gesagt hat, er malt, was er denkt. Beim magischen Malen unter dem Einfluss von Drogen wird das Rationale eingeschränkt und möglicherweise erkennbar, was komplementär dazu vor dem Denken den künstlerischen Prozess anregt und anstößt. Ein Vorschlag könnte in dem Hinweis liegen, dass menschliches Denken wohl kaum mit fertigen Begriffen beginnt und sich im erwachenden und wollenden Bewusstsein vielmehr erst ein malendes Schauen zeigt, wie es Menschen gegeben ist. In dem Sinne könnte dann niemand sagen, „Ich male“. Vielmehr müssten er oder sie sagen, dass etwas durch sie malt, und diese im Dunklen liegende Quelle der Kreativität kennt auch die Naturwissenschaft, wie zum Beispiel der schottische Physiker

James Clerk Maxwell im 19. Jahrhundert explizit gesagt hat, als er seine berühmten Maxwell Gleichungen zu Papier brachte. Sie stammten nicht von ihm, hat Maxwell notiert. Vielmehr seien sie durch ihn hindurch ans Licht des Bewusstseins gekommen, und so will es scheinen, dass Komplementarität maßgeblich für Kreativität ist und das Eine deshalb entsteht, weil das Andere wirkt.

Richtig und wahr

Am Ende zurück zum Anfang und den Naturwissenschaften. Hier werden notwendigerweise komplementäre Beschreibungen gebraucht, die prinzipiell vollkommen gleichberechtigt sind. Jede ist richtig, keine ist wahr. Keine genügt für sich allein, alle sind notwendig, wie immer wieder festgestellt wird. Nur die Gesamtheit aller komplementären Beschreibungen kann die ganze materielle Realität repräsentieren. Komplementäre Beschreibungen sind richtig, ohne wahr zu werden. Das Suchen geht weiter. Die Welt bleibt offen.

Anhang 1: Das Gegenstück

- Raymond Chandlers großer Gedanke
- Herz und Kopf bei Heisenberg
- Mozart und die Quantenmechanik
- Die Idee der Komplementarität
- Komplementäre Farben und DNA Stränge
- Die Zwei im Leben – Hemisphären
- Die gerade Primzahl und Pythagoras
- Actio gleich Reactio
- Software und Hardware
- Bottom up und top down
- Der Teil und das Ganze
- Bildung – Sein und Werden
- Du und Ich – im Dialog
- Das Doppelwesen Mensch
- Teil und Ganzes
- Subjekt und Objekt
- Geber und Nehmer
- Geschöpf und Schöpfer
- Mitspieler und Zuschauer
- Aufgeklärt und Romantisch
- Materiell und Spirituell
- Rational und Emotional
- Natur und Kultur
- Lehrer und Schüler
- Mann und Frau
- Ich und Wir
- Leser und Schreiber
- Sprecher und Hörer
- Wissender und Glaubender
- Spezialist und Generalist
- Egoist und Altruist
- Einzelperson und Kollektivwesen

Anhang 2: Formen der Komplementarität

- Zwei Kulturen:
  Literarische vs. wissenschaftliche Intelligenz
  (Beschreiben vs. Benennen)
- Zwei Wahrheiten:
  Die der Kunst, die das Herz wärmt, und
  die der Wissenschaft, die den Weg weist
- Zwei Himmel:
  In einem fliegen Vögel und Flugzeuge (sky),
  im anderen wohnt Gott (heaven)
- Zwei Weisen des Erkennens:
  Die quantitative (logisch-rationale) und
  die qualitative (sinnlich-erlebende) Weise
- Es gibt Dinge, über die man sich einigen kann
  und Dinge, die einem etwas bedeuten
- Es gibt Fragen (nach Tatsachen),
  die man durch Informationen beantworten kann,
  und Fragen (nach Werten), bei denen dies nicht geht
- Das Herz schlägt, weil ein Muskel geeignet angeregt wird
  und weil Blut zu pumpen ist (für das Leben).
- Die Wirklichkeit enthält sowohl rationale als auch irrationale Elemente
- Zwei Arten des Wissens:
  Verfügungswissen vs. Orientierungswissen
  (Herrschafts- vs. Bildungswissen)
- Zwei Weisen des Menschen:
  Subjekt und Objekt sein; Subjektivität und Objektivität
- Autonomes Individuum und Mitglied unter anderen sein
- Zwei Weisen des Zugangs zur Welt:
  Östlich-meditativ, nach innen, Ich ohne Welt
  Westlich-aktiv, nach außen, Welt ohne Ich

18. Die Gesetze der Größe – Zu dem Buch „Scale“ von Geoffrey West (2017)

Geoffrey West (*1940) ist von Hause aus Theoretischer Physiker. Er hat viele Jahre am Santa Fee Institut (in Neu Mexiko) interdisziplinär gearbeitet und sich dabei vor allem bemüht, komplexe adaptive Systeme zu verstehen, wie man im Fachjargon sagt. Dabei sind ihm erstaunliche Einsichten gelungen, die tiefe Zusammenhänge sowohl in biologischen als auch im sozioökonomischen Bereichen erkennen lassen, und sie hat West in einem Buch mit dem Titel „Scale“ zusammengestellt. In ihm erzählt der Autor, wie er und andere interdisziplinär orientierte Wissenschaftler es riskiert haben, den Begriff eines komplexen adaptiven Systems nicht nur auf Lebewesen und ihre Zellen, sondern auch auf Städte und ihre Bewohner anzuwenden und deren Größenabhängigkeit oder Skalierbarkeit erstens zu ermitteln und zweitens theoretisch abzusichern und auf diese Weise sogar zu begründen. Es geht West um die Skalierungsgesetze und die Art, wie Lebewesen, Ökosysteme, Städte und Unternehmen durch ihre Größe – ihre Skalierung – auseinander hervorgehen oder miteinander verknüpft sind. Sein Ansatz hat ihn in die Lage versetzt, eine „universelle Theorie des Wachstums, der Innovation, der Nachhaltigkeit“ und der zunehmenden Geschwindigkeit des sich beschleunigenden Lebens („pace of life“) zu entwerfen, die auf „Organismen, Städte, Ökonomien und Unternehmen“ anwendbar ist und die eigentümliche Dynamik der Welt und ihrer Bewohner verständlich werden lässt, wie der Untertitel von „Scale“ andeutet. In dem Buch versucht der Autor tatsächlich, das ganze Werden der Welt in den theoretisch-wissenschaftlichen Griff zu bekommen. Und als Leser folgt man seinen Ausführungen mit zunehmendem Staunen und in der bleibenden und wachsenden Hoffnung, zuletzt den Weg zu dem nachhaltigen Wachstum zu finden, mit dem allein das Überleben der Menschheit gesichert werden kann.

„Scale“ heißt natürlich zunächst „Skala“ und erfasst dabei einen Maßstab oder eine Größenordnung, und zu den Themen des Buches gehört die Frage, ob Riesentiere wie Elefanten und Wale vergrößerte (skalierte) Versionen von Mäusen und Menschen und Megastädte wie New York und Los Angeles auf vergleichbare Weise vergrößerte Versionen von Santa Fee und San Jose sind, wobei der englische Ausdruck an dieser Stelle „scaled up“ heißt. West führt Daten vor, die erkennen lassen, dass massige Tiere und riesige Städte als maßstabgerecht vergrößerte („scaled up“) Versionen kleinerer Exemplare des Lebens und der Ballungsräume zu betrachten sind, und er fühlt sich deshalb ermutigt, nach einem universalen Gesetz zu suchen, das diesen höchst unterschiedlichen Vergrößerungsschritten zum einen ihre realistische Verlässlichkeit und natürliche Wirksamkeit gibt und zum zweiten zum Beispiel erklären kann, warum Menschen und Unternehmen von einem bestimmten Alter an nicht mehr größer werden und zuletzt sogar sterben oder vom Markt verschwinden, während Städte offenbar kein solches Ende zu kennen scheinen und immer weiter wachsen. Gegen Schluss seines Buches versucht sich West an der Frage, wie ein Ende des irdischen Wachsens aussieht und wie Menschen Nachhaltigkeit erreichen und die „finite time sigularity" vermeiden können, die in der Theorie enthalten ist. Sie sagt einer weiterwachsenden Welt nämlich in endlicher Zeit einen Kollaps vorher, was durch den Begriff der Singularität zum Ausdruck kommt, die man sich als einen Ausreißer ins Unendliche vorstellen kann und die Kosmologen in ihren Gleichungen als Schwarzes Loch kennen, in dem alles endet.

Für solche Vorhersagen muss man natürlich sicher sein, die Gesetze der Größe oder des Größerwerdens tatsächlich genau zu kennen, und West unterscheidet schon früh in seinem Buch das, was in seiner Sprache „sublinear scaling" und „superlinear scaling" heißt und zwei Abweichungen von einer linearen Abhängigkeit zwischen den Eigenschaften von Systemen (lebend oder sozioökonomisch gemeint) und ihren Ausmaßen erfasst. Wie Messungen nämlich zeigen, agieren größere Tiere effizienter als kleinere – Hunde effizienter als Pferde –, weil ihr Körper weniger Energie einsetzen muss, um ein Gramm Gewebe zu versorgen und so nzu leben, ohne an Leistungsfähigkeit einzubüßen. Größere Tiere müssen nicht linear mehr an Energie einsetzen, sie skalieren vielmehr sublinear, wie man sagt, und dabei zeigen sie die genau umgekehrte Eigenschaft von Städten, in denen die sozialen Aktivitäten und die ökonomische Produktivität stärker mit zunehmender Größe ansteigen, als eine lineare Relation vorhersagen würde. Ökonomen sprechen von einem mit der Skala (der erreichten Größe) steigenden Ertrag, den West als superlineare Skalierung bezeichnet. Auf jeden Fall erweisen sich die Gesetze sowohl bei den Lebewesen als auch bei den Ballungszentren der Größe nicht als linear, und West versucht, den tieferen Gründen dafür auf die Spur zu kommen.

Vor vorne: Es geht in dem Buch nüchtern um Skalierungsgesetze, also um die Frage, wie man ausdrücken und quantifizieren kann, dass alles in der Welt wächst und größer wird und der dazugehörige Umsatz von Energie steigt und steigt und steigt. Vor dem Beginn der Zivilisation sind Menschen mit etwas weniger als 100 Watt ausgekommen, um ihr Leben zu führen, während die heutige soziale Stoffwechselrate, zu der Heizen, Strom, Autofahren und andere technische Hilfsleistungen (Computer) beitragen, bei rund 3.000 (in den USA sogar bei 10.000) Watt liegt. Bevor sich West diesem historischen Schritt annimmt, stellt er mit eindrucksvollen Daten und Schautafeln vor, wie überhaupt messbare Eigenschaften von Tieren, Pflanzen, Ökosystemen, Städten und Unternehmen „scale with size", also maßstabgerecht anwachsen oder mitsteigen, wenn die Systeme – die komplexen adaptiven Systeme –

größer werden. Entscheidend ist dabei, dass die Stoffwechselrate – also der Energieumsatz – in einem Körper nicht linear ansteigt, dass also bei einem Tier mit doppelter Größe nicht der doppelte Wert gemessen wird, sondern dass der Zusammenhang zwischen Masse und Stoffwechselrate nichtlinear ist und durch ein Potenzgesetz dargestellt wird – was im Übrigen seit 1932 bekannt ist und nach dem Schweizer Biometriker Max Kleiber als Kleibers Gesetz benannt wird. Kleiber stellte fest, dass der Stoffwechsel bei größeren Tieren mit der Masse M zunimmt, wenn man sie mit einer Hochzahl versieht, in diesem Fall ¾.

West stellt andere Skalierungsgesetze für physiologische Eigenschaften vor – den Herzschlag, die Höhe von Bäumen, die Zahl der Blätter –, die ebenfalls nichtlineare Zusammenhänge erkennen lassen, bei denen aber auffällt, dass sie alle mit einem Exponenten zu formulieren sind, in dem ebenfalls die Zahl 4 auftritt. „Die Zahl 4 spielt eine fundamentale und nahezu magisch universelle Rolle in ganzen Leben“, wie West anmerkt, um später zu erklären, wie sich diese Zauberzahl verstehen lässt, die bereits Pythagoras spannend fand, weshalb es ihr den Namen Tetraktys – heilige Vierzahl – gegeben hat.

Das Leben – und vieles andere in der Welt – steht im Bann der Vier (nicht nur, weil das Universum Einstein zufolge als vierdimensionale Raumzeit zu verstehen ist), und West gelingt es, die Rolle dieser magisch wirkenden Größe im Leben überzeugend zu begründen. Ihm gelingt dies in einem Kapitel mit der Überschrift „Die vierte Dimension des Lebens“, das er dem Leser anbietet, nachdem er klar gemacht hat, dass sich unter der Haut nicht nur von Menschen eine integrierte Folge von verzweigten Netzwerken finden lässt, durch die Blut fließen, die Energieströme erlauben und Informationen ihren Weg gehen lassen und so das Ganze versorgen können.

Gemeint sind zum Beispiel die Adern und Venen und die Nervenbahnen, und West und seine Kollegen haben jahrelang darüber nachgedacht, ob es ein paar Netzregeln gibt, die allen biologischen Umsetzungen – ob in Säugetieren oder in Pflanzen und Bäumen – eine gemeinsame generische (und möglicherweise genetische) Grundlage geben und dadurch zu verstehen erlauben, wie die natürliche Selektion sie zustande bringen konnte.

Es sind drei Regeln, die West vorstellt und die hier kurz zitiert werden. Zum einen müssen die Netze raumfüllend sein (weshalb sie sich erstaunlich regelmäßig und universal verzweigen). Zum zweiten müssen die Enden oder Abschlüsse der Netzwerke gleich aussehen, sich also als invariant erweisen, und zum dritten muss ihre abgelieferte Leitung (Performance) „optimiert“ sein, was konkret für die Biologie heißt, dass „sich Netzwerke so entwickelt haben, dass die Energie, die benötigt wird, […] um die Routineaufgaben des Lebens zu erfüllen, minimalisiert worden ist, um die Energie maximieren zu können, die für Sex, Vermehrung und die Versorgung des Nachwuchs benötigt und verfügbar wird.“

Wenn man sich fragt, wie sich die genannten drei Postulate, dass sich biologische Netzwerke (innere Versorgungsstrukturen des Körpers) als raumfüllend, zum Ende hin als invariant und bezüglich der benötigten Energie als optimiert erweisen, in der lebendigen Wirklichkeit realisiert werden können, stellt sich heraus, dass die dazugehörenden Gefäße die geometrischen Eigenschaft von Fraktalen aufweisen müssen, was sie auch tun. Netzwerke bestehen aus selbstähnlichen Strukturen, deren Dimensionen nicht nach der klassischen Vorstellung der Euklidischen Geometrie gezählt werden können – eine Linie hat die Dimension 1, eine Fläche die Dimension 2 und ein Volumen die Dimension 3 –, sondern die durch ihr verzweigtes und verwinkeltes Aussehen, wie es eben Küstenlinien oder Büsche oder die Alpen zeigen – eine zusätzliche Dimension bekommen. Biologische Netzwerke – etwas die Blutgefäße oder die Nervenbahnen – werden raumfüllend, weil sie keine zweidimensionalen (Euklidischen) Oberflächen aufweisen, sondern sich dreidimensional immer feiner verzweigen.

Die Optimierung der organischen Verbundsysteme führt insgesamt zu einer zusätzlichen, der vierten Dimension des Lebens, und in ihr steckt der geometrische Ursprung des oben erwähnten Skalierungsgesetzes mit der heiligen Vier im Exponenten, in Kleibers Gesetz konkret als ¾. Obwohl Lebewesen einen dreidimensionalen Raum einnehmen, operiert ihre interne Physiologie so, als ob das dazugehörige Strömen mit seiner quirligen Dynamik vier Dimensionen nutzen kann. Die fraktale Geometrie hat dem Leben wortwörtlich eine zusätzliche Dimension geschenkt, und das ist nur eine von vielen Einsichten, die West in „Scale" liefert.

Unter den genannten Vorgaben wendet sich West der Frage zu, warum Menschen mit dem Wachsen aufhören, wenn sie „erwachsen" sind, wie man dann sagt, wobei es in der gesamten Natur auch Lebewesen gibt – Pflanzen und Bäume zum Beispiel –, die sterben, bevor sie eine stabile Endgröße erreicht haben. Wie die Daten zeigen, nimmt von einer bestimmten Größe an die Energie, die für die Instandhaltung benötigt wird, schneller zu, als sie vom Stoffwechsel nachgeliefert werden kann. Das heißt, die Energie für das Wachstum geht gegen Null und man wird nicht mehr größer, und zwar nicht aus hormonellen, sondern aus universellen Gründen, die aus Überlegungen zur Skalierung folgen.

Wenn man diese Zusammenhänge genauer untersucht, so versichert West, stellt man fest, dass sich sogar eine universale Wachstumsgleichung angeben lässt, wenn man auf dimensionslose Parameter zurückgreift – also etwa auf das Verhältnis von Massen und Zeiten statt auf diese selbst. Und die Theorie, die West dazu aufgestellt hat (und auf die er verweist), erlaubt die Einsicht, dass biologisches Wachstum primär davon abhängt, wie den Zellen eines Lebewesens die Energie zugeführt wird, die sie umsetzen und ins Leben einspeisen müssen, wobei dieser Vorgang wiederum durch die universellen Eigenschaften der Netzwerke eingeschränkt ist und bestimmt wird, die deren Design umfassen. Zusammenfassend lässt sich sogar sagen:„ In der Tiefe werden Geburt, Wachstum und Tod allesamt beherrscht von derselben grundlegenden Dynamik, die von der Stoffwechselrate angetrieben wird und in der Dynamik und Struktur von Netzwerken eingefangen ist.“

Eine Theorie der Städte

So schön das universelle Verstehen des Lebens ist, was West vor allem interessiert, nennt er die „Wissenschaft von den Städten“, denen wie den Organismen hierarchisch strukturierte Netzwerke zugrunde liegen, die man als Straßen, Verkehrsströme, Stromleitungen und auf viele andere Weise kennt. Er sieht in der Stadt historisch betrachtet „die Maschine des sozialen Wandels und des zunehmenden Wohlergehens“ und versteht sie „als wahrlich großen Triumph der erstaunlichen Fähigkeit des Menschen, soziale Gruppen zu bilden und kollektiv Nutzen aus der „economy of scale“ zu ziehen, wobei dieser Ausdruck auf Deutsch „Skaleneffekt“ heißt und die Abhängigkeit der wirtschaftlichen Produktionsmenge von den eingesetzten Produktionsfaktoren meint, die Betriebs- und Volkswirtschaftler unterschiedlich ansetzen und zum Beispiel als Rohstoffe oder Lohnkosten anführen.

Was immer eine Rolle spielt, ist der Energieeinsatz oder -aufwand, und der hat sich für die Menschen vor etwa 10.000 Jahren geändert, als die ersten urbanen Gemeinschaften gegründet wurden und die Stoffwechselrate neben ihrer ursprünglich biologischen noch eine sozioökonomische Dimension bekam und inzwischen in einzelnen Staaten Werte von 10.000 Watt überschreitet. West schlägt vor, bereits damals den Beginn eines Anthropozäns anzusetzen, während inzwischen mehr ein Urbanozän die Gegenwart charakterisiert, also das Leben von Menschen in immer weiter wachsenden Städten, wie sie seit der Industriellen Revolution möglich werden, als das Energieregime begann, bei dem erst mit der Kohle und dann mit dem Öl den Menschen nahezu unbegrenzte Mengen an Energie zur Verfügung standen und eingesetzt wurden.

In den letzten einhundert Jahren hat eine exponentielle Urbanisierung (Verstädterung) der Welt stattgefunden, was zu dem beschleunigten Leben geführt hat, das man gerne entschleunigen möchte, um nachhaltig das Überleben der Menschheit auf dem einzigen Planeten zu sichern, der ihr zur Verfügung steht. West zeigt, wie das Verständnis für biologische Netzwerke auf soziale Organisationen übertragen werden kann, in denen der Informationsfluss ebenso signifikant wie die Verteilung von Materie, Energie und Rohstoffen ist. Städte weisen eine organische Qualität auf, da sie sich durch menschliche Interaktionen entwickeln und auch damit physikalisch wachsen. Städte verhalten sich tatsächlich wie Lebewesen, da sie in vielen Fällen einer sublinearen Skalierung, einem vergleichbaren Potenzgesetz mit dem Exponenten ¾, folgen und systematische Skaleneffekte erkennen lassen. Dies trifft nicht nur für sozioökonomische Qualitäten wie Emissionen und Straßennetze zu, die ein Analogon in der biologischen Sphäre aufweisen, sondern auch für Messgrößen wie Durchschnittslöhne, und Zahl der Restaurants zu, bei denen dies nicht zutrifft. Dabei gilt genauer: In deutlichem Gegensatz zur Infrastruktur, die sublinear mit der Einwohnerzahl skaliert, skalieren sozioökonomische Quantitäten – die eigentliche Essenz einer Stadt – superlinear mit der Zahl der Menschen, die in ihr leben. Je größer eine Stadt, desto höher die Löhne, desto mehr Restaurants, desto mehr Patente werden angemeldet, aber auch desto mehr breiten sich Infektionskrankheiten aus und desto mehr Verbrechen passieren. Trotz höchst verschiedenem Aussehen lassen sich Städte weltweit als in etwa skalierte Versionen von einander auffassen. Und so kann man annehmen, dass es eine vergleichbare Dynamik gibt, die dem Städtewachstum zugrunde liegt und die aus gleichen (universellen) Prinzipien abzuleiten ist. Es muss eine Universalität von sozialen Netzwerken geben, die sich über den ganzen Globus erstreckt, und West arbeitet diesen Gedanken über viele Seiten im Detail aus, und er fasst ihn zuletzt so zusammenfassen:

„Eine Stadt ist nicht nur eine Anhäufung von Straßen, Gebäuden, Rohren und Drähten, die ihre physikalische Infrastruktur ausmachen. Sie ist auch nicht die kumulative Summe alles Lebens und Wechselwirkens ihrer Bewohner. Sie ist vielmehr eine vibrierende, vieldimensionale lebendige Gesamtheit. Eine Stadt ist ein komplexes adaptives System, das aus dem Strom von Energie und Rohstoffen und deren Integration besteht, mit dessen Hilfe sowohl die physikalische Infrastruktur als auch die Einwohner nachhaltig bedient werden und wachsen können, während sie zugleich an dem Strom an Informationen in den sozialen Netzwerken partizipieren, mit dem die Bürgerschaft untereinander verbunden ist. Die Integration und das Wechselspiel dieser beiden sehr verschiedenen Netzwerke führen wie von Zauberhand zu einem zunehmenden Skaleneffekt in der physikalischen Infrastruktur und zugleich zu einem unverhältnismäßigen Anstieg in sozialer Aktivität, Innovation und wirtschaftlicher Produktivität."

Die physikalischen Netzwerke sind vielen bekannt – Straßen, Gebäude, Kabel, Wasserrohre –, und es wird nicht schwerfallen, sie sich wie die physiologischen Netzwerke zu veranschaulichen, die zu einem Körper gehören, etwa das kardiovaskuläre System. Nicht ganz so offensichtlich ist es, sich die Geometrie und Struktur sozialer Netzwerke und den Informationsfluss zwischen Menschen auszumalen. Dazu ist in den letzten Jahrzehnten eine Wissenschaft von Netzwerken entwickelt worden – network science –, deren Ergebnisse West darstellt, um zu zeigen, dass sowohl die physikalische Infrastruktur als auch die sozioökonomische Aktivität als selbst-ähnliche fraktalartige Netzwerke gedacht und verstanden werden können. Er kann zum einen zeigen, dass die soziale Verknüpfung der Menschen und die sozioökonomischen Quantitäten superlinear mit der Einwohnerzahl skaliert.

Und mit Individuen als invariante Endpunkte von sozialen Netzwerken kann man erklären, weshalb die Zahl der Wechselwirkungen, die ein durchschnittlicher Bewohner einer Stadt mit anderen Personen eingeht, sich umgekehrt (invers) zu der Art verhält (mit ihr skaliert), mit der die Infrastruktur mit der Stadtgröße skaliert. „In anderen Worten, wenn der Grad der Skalierung der Infrastruktur und des Energieverbrauchs sich sublinear zeigt, dann kann vorhergesagt werden, dass die Skalierung der Zahl von sozialen Kontakten eines durchschnittlichen Individuums superlinear aussieht. Die physikalische Stadt ist die inverse nichtlineare Repräsentation der sozioökonomischen Stadt mit ihren sozialen Netzwerken. Eine Stadt, das ist die Bevölkerung, die in ihr wohnt." What is a city but the people?", wie es bei Shakespeare heißt, und was West übersetzt: „Städte sind emergente komplexe adaptive Systeme, die aus kontinuierlichen Wechselwirkungen unter ihren Einwohnern hervorgehen, die verstärkt und erleichtert werden durch die Rückkopplungen, für die das urbane Leben sorgt."

Komplexe adaptive Systeme sind eng verknüpft, sind abhängig von Energieströmen, Rohstoffen und ökologischen, sozialen und politischen Randbedingungen. Trotzdem zeigt sich jede sozioökonomische Aktivität – von der Innovation und der Vermehrung des Wohlstandes bis zu den Verbrechen und den Krankheiten – als qualitativ korreliert, und sie manifestiert sich in der Universalität der Skalierungsgesetze. West fragt zuletzt, ob sich daraus eine „grand unified theory of sustainability" entwickeln lässt.

Wie sich zeigt, haben die Netzwerkprinzipien, die den Skaleneffekten unterliegen und für sublineare Abhängigkeiten (Relationen) sorgen, zwei profunde Konsequenzen. Sie schränken die Geschwindigkeit des Lebens ein – große Tiere leben länger, entwickeln sich langsamer, weisen einen langsameren Herzschlag auf – und begrenzen das Wachstum. Im Gegensatz dazu werden Städte von sozialen Wechselwirkungen vorwärtsgetrieben, deren Feedback zum gegenteiligen (superlinearen) Verhalten führen. Die Beschleunigung des Lebens nimmt mit der Einwohnerzahl zu, Menschen rennen schneller in großen Städten, Krankheiten breiten sich schneller aus und manches mehr. Die soziale Netzwerkdynamik, die der superlinearen Skalierung unterliegt, führt zu einem offenen Wachstum, also dem, worauf Städte basieren. Kontinuierliche Anpassung ist die Regel, nicht das Gleichgewicht.

Eigentlich ein schönes Bild, wenn es da nicht einen Haken gäbe. Obwohl das Wachsen von Organismen, Städten und Ökonomien denselben mathematischen Gleichungen folgt (wegen der vergleichbaren Netzwerkdynamik, die allem zugrunde liegt), gibt es einen Unterschied, je nachdem, ob die Skalierung sublinear (wie bei Organismen) oder superlinear (wie bei Ökonomien) erfolgt. Im superlinearen Fall zeigt die allgemeine Lösung die oben erwähnte „finite time singularity", was bedeutet, dass es eine Größe gibt, die in endlicher Zeit alle Grenzen sprengt, was naturgemäß zu einer Katastrophe und zu einem Kollaps führt. Wie eine genaue Analyse der Situation zeigt, kann eine Wirtschaft (Gesellschaft, Stadt) den Kollaps vermeiden, wenn zeitig Innovationen erfolgen. Mit anderen Worten, „um ein Wachstum mit offenem Ende [also ohne Grenzen] im Angesicht endlicher Ressourcen aufrechtzuerhalten, braucht es einen kontinuierlichen Zyklus von Innovationen mit permanentem Paradigmawechsel".

Die Zeit zwischen den einander folgenden Innovationen muss immer kürzer werden, was bedeutet, dass die Menschen den Stein, den Sisyphos den Berg hoch wälzt, nur um ihn danach wieder zurückrollen zu sehen, jedes Mal mit einer kürzeren Pause sich wieder an die Plackerei machen und schneller werden müssen. Die Erdbevölkerung ist nämlich nicht nur exponentiell, sondern superexponentiell gewachsen, und dies dank der superlinearen Skalierung der sozioökonomischen Aktivitäten, die als Ergebnis der multiplikativen Verstärkung zustande gekommen ist, die der menschlichen Sozialdynamik innewohnt.

Es gilt zu lernen, dass die Städte und die Verstädterung den Ausgangspunkt der derzeitigen Probleme bilden, da sie weiter als superexponentielle Treiber die Menschen ihrem potenziellen Untergang zuführen. Nur wenn ihre Dynamik, ihr Wachsen und ihre Evolution in einem wissenschaftlich vorhersagbaren und quantitativen Rahmen verstanden wird, kann man sich daran machen, eine langfristige Nachhaltigkeit für das Leben auf dem Planeten Erde zu erreichen. Dazu muss alles zusammenkommen – Kenntnisse über die globale Erwärmung, die sich verändernde Umwelt, die Finanzmärkte, das Gesundheitswesen, das Sozialwesen, die unternehmerischen Risiken, die politische Handlungsfähigkeit und manches mehr. Die Zeit läuft und der Stein des Sisyphos rollt schon wieder runter. Wer packt ihn sich endlich?

19. Geschichtetes und Geschichtliches. Alte und neue Ordnungen beim Wissen über die Welt

„Wissen entsteht geschichtlich." Mit diesem konservativ klingenden Satz beginnt ein 2008 erschienenes Buch, in dem es um „Neue Wissensordnungen" geht. Bei der Anfertigung des dazugehörigen Rahmens geht es unter anderem um die Frage, wie sich neugierige Menschen im medialen Zeitalter mit Hilfe der rasant wachsenden Mengen an Informationen und Nachrichten, die sie inzwischen mit den von ihren Händen umklammerten iPhones ergreifen können, das geordnete Wissen beschaffen, mit dem sie sich orientieren und zurecht finden wollen. Dank der technischen Wunderwerke namens Handy können sich die Mitglieder der in diesen Tagen neu entstehenden Art Homo medialis den Besuch in Bibliotheken und das Blättern in Enzyklopädien ersparen, weil sie allein beim Antippen eines Displays mit ihren Fingerspitzen an die Daten kommen, aus dem sie das Wissen formen können, das zu einer Lebensplanung und -führung zu gehören scheint.
Mit den inzwischen allgegenwärtigen Handys als tragbare Außenstelle des Gehirns erreicht das historische Streben der Menschen seinen derzeitigen Höhepunkt, das Aristoteles als ihre eigentliche Natur angesehen hat. Denn „alle Menschen streben von Natur aus nach Wissen", wie der erste Satz seiner berühmten Schrift „Metaphysik" lautet, die in vielen Ausgaben vorliegt, wobei sie alle den weitreichenden Gedanken durch dieselbe philologische Angabe (I1 980, a21) markieren. Und heute kommen die Menschen ihrer archaischen Natur mit Hilfe eines modernen Handys nach, und kein Verbot wird sie davon abhalten.

Eine Besonderheit des berühmten Buches von Aristoteles besteht darin, dass der griechische Philosoph seine Sicht auf das urtümliche Verlangen der Menschen nach Wissen, das am Ende des Sammelns nach Ordnung verlangt, nicht nur konstatiert, sondern seine Haltung sogar begründet. Er erklärt, warum seine Mitmenschen derart neugierig sind. Alle Menschen streben von Natur aus nach Wissen, so denkt Aristoteles, weil sie Freude an der Wahrnehmung der Welt haben, und der Philosoph meint mit dem Vergnügen am sinnlichen Zugang zu den Dingen vor allem das Sehen mit den Augen, die sich bekanntlich am Schönen erbauen.

Das deutsche Wort „Wahrnehmung" heißt in der zitierten Metaphysik „aisthesis", und nachdem aus dieser leichtfüßigen Idee im Laufe der abendländischen Geschichte der eher schwerfällige Begriff der Ästhetik geworden ist, kann man sagen, dass Menschen nach Wissen streben, weil sie der Welt eine ihnen gefällige harmonische Ordnung geben wollen. Wer hier einwendet, dass damit doch eine Ordnung der Wirklichkeit und nicht eine Ordnung des Wissens gemeint ist, darf daran erinnert werden, dass es zu den eindrucksvollsten philosophischen Lektionen der Atome gehört, die Physiker im frühen 20. Jahrhundert machen konnten, dass ihre Wissenschaft nicht von der Natur handelt, dafür aber von dem Wissen, das Menschen über die Natur erst gewinnen und dann in ihren Lehrbüchern aufschreiben, wo es schließlich strukturiert – etwa in Kapiteln und Tabellen – zu finden ist. Die Ordnung des Wissens muss die Ordnung der Wirklichkeit zeigen, die sich umgekehrt in der Wissensordnung widerspiegelt, und um dieses historisch-dynamische Wechselspiel haben sich in der Geschichte der europäisch-abendländischen Kultur vor allem die Naturwissenschaften verdient gemacht, wie auf den folgenden Seiten auszuführen sein wird.

Zwei Kuriositäten

Bevor in diesem Essay systematisch vorgegangen und die wichtige Vorgabe „Wissen entsteht geschichtlich" auf verschiedenen Wegen verfolgt wird – dieser Gedanke kommt in dem zitierten Buch über die „Neuen Wissensordnungen" ebenfalls mehrfach vor, um ihm ausreichend Gewicht zu verleihen –, dürfen zwei Kuriositäten erwähnt werden, die zur Frage der Wissensordnungen gehören und gerade durch ihren Witz zum Nachsinnen anregen können. Die erste Merkwürdigkeit besteht in dem bekannten bösen Verdikt des antisemitischen Fundamentalontologen Martin Heidegger, der 1951 öffentlichkeitswirksam erklärt hat, „Die Wissenschaft denkt nicht."

Heidegger wollte das Denken für seine Zunft reservieren, weshalb er bereitwillig zugab, dass die Philosophie nicht weiß, wobei viele wissen werden, dass so etwas schon jemand im alten Griechenland in unschlagbarer Kürze mit den Worten „Ich weiß, dass ich (nicht nichts, sondern) nicht weiß" ausgedrückt hat – was den Autor dieser Zeilen nicht daran hindern soll, der Sokratischen Weisheit zu widersprechen. Schließlich weiß der Urheber des „Scio nescio" eines ganz sicher, dass er nämlich ein Mensch ist, und daraus folgt, dass der philosophierende Grieche etwas wissen will, womit immerhin schon zwei Dinge vorliegen, die Sokrates weiß, und es ist sicher, dass er dies schon länger selbst weiß, wobei dies alles hier nur am Rande erwähnt werden soll.

Wenn unter den bisherigen Vorgaben über Wissensordnungen gesprochen werden soll, dann wird auffallen, dass paradoxerweise philosophisch orientierte Fachleute, die selbst über kein Wissen verfügen, den Naturforscherinnen und Naturforschern erklären möchten, wie sie ihre entsprechenden Einsichten ordnen können. Doch so seltsam es auch klingen mag, aber diese Arbeitsteilung zwischen Denkenden und Wissenden hat funktioniert, wie gleich beispielhaft demonstriert wird, nachdem die zweite Kuriosität zur Sprache gekommen ist, die oben versprochen worden ist.

Seit die Naturwissenschaften unter Anleitung der Physik, deren führende Rolle noch zu erläutern ist, die Wirklichkeit erkunden und das dabei erworbene Wissen in oftmals mathematisch formulierbare Gesetze zu fassen gelernt haben, kennen und schreiben Menschen Lehrbücher oder Kompendien, in denen das Gefundene seine (alphabetische oder sonstige) Ordnung bekommt. Dabei ist dem grantelnden Göttinger Gelehrten Georg Christoph Lichtenberg bereits im 18. Jahrhundert etwas aufgefallen, das er unnachahmlich in seinen Sudelbüchern notiert hat. Unter der Ziffer [II/68,1] kann man dort lesen:

„Ein etwas vorschnippischer Philosoph, ich glaube Hamlet, Prinz von Dänemark, hat gesagt, es gäbe eine Menge Dinge im Himmel und auf der Erde, wovon nichts in unseren Kompendien stände. Hat der einfältige Mensch, der bekanntlich nicht recht bei Trost war, damit auf unsere Kompendien der Physik gestichelt, so kann man getrost antworten: gut, aber dafür stehen auch wieder eine Menge von Dingen in unseren Kompendien, wovon weder am Himmel noch auf der Erde etwas vorkommt."

Man muss tatsächlich Obacht geben und sollte gerade im Bereich der Naturwissenschaften daran denken, wie schnell die Modelle oder die Bildchen, mit denen das aktuell erworbene Wissen erfasst und vorgeführt wird, in die Irre führen können, indem sie eine Ordnung vorspiegeln, die es in der Wirklichkeit gar nicht gibt. Als ein einfaches Beispiel sei auf das Modell des Atoms verwiesen, das Niels Bohr kurz vor dem Ersten Weltkrieg vorlegen konnte und das ihm in den 1920er Jahren Nobelpreisehren eingetragen hat.

In diesem eingängigen und anschaulichen und heute noch in vielen Köpfen präsenten Bild des Atoms umkreisen Elektronen einen Kern wie die Planeten die Sonne, nur dass man heute sicher sagen kann, dass es diese Bahnen von Elektronen in der Wirklichkeit überhaupt nicht gibt. Sie entstehen erst und nur dann, wenn Menschen sie beschreiben. Ebenso wenig gibt es in der Natur all die Kügelchen, die Atomkerne und ihre Elementarteilchen in den populären Magazinen darstellen sollen, auch wenn die lustigen Figuren noch so bunt gemalt daherkommen.

Und was die Lebenswissenschaften angeht, so konnten sie in Form einer Molekularbiologie in den Jahren nach dem Zweiten Weltkrieg ungeheure Triumphe bei der Erklärung der genetischen Vorgänge in Zellen feiern, was vor allem der zentralen Struktur zu verdanken ist, die als elegante Doppelhelix aus DNA den Stoff zeigte, aus dem die Gene sind, und dabei zur Ikone der neuen Biologie geworden ist. Tatsächlich aber gibt es diese schicke DNA in der zellulären Wirklichkeit keinesfalls in der reinen und nackten Form, in der sie in Lehrbüchern und populären Fernsehsendungen dem Publikum vorgesetzt wird.

Es ist überhaupt nicht möglich, das Innere einer Zelle in einem statischen Bild zu erfassen, auf dem sich eine solide Ordnung zeigt, denn wenn man eines sicher über das Leben auf diesem Niveau sagen kann, dann dies, dass man dort auf ein wimmelndes und verschränktes Gewebe trifft, dessen dynamische Strukturierung dem derzeitigen Wissen unverständlich und unzugänglich bleibt. Man sollte sich nicht durch die netten und ordentlich wirkenden Bildchen der Medien und Magazine täuschen lassen, und man sollte erst recht nicht auf die vielen Wichtigtuer hören, die sich von den Genen und ihrer DNA derart begeistert zeigen, dass sie von der DNA eines Ministeriums oder den Genen eines Fußballvereins sprechen, die es niemals und nirgendwo geben wird. Diese Ordnung des Wissens wird dem Publikum von Leuten vorgegaukelt, die auf diesem Gebiet wirklich nichts wissen.

Wege des Wissens

Wie gesagt: Wissen entsteht geschichtlich, was jemanden, der über Wissensordnungen schreibt, dazu bringen kann, zwei historische Wege seines oder ihres Werdens zu verfolgen. Der erste führt von außen nach innen und der zweite geht von der einfachen physikalischen über die raffiniertere chemische zur komplexen organischen Wirklichkeit, ohne damit an ein Ende zu kommen, und dieser Pfad wird gleich mit besonderer Aufmerksamkeit ein Stückweit nachgeschritten.

Mit der zuerst genannten Bewegung des Wissens ist die historische Tatsache gemeint, die an die Vorstellung des Aristoteles anschließt, der zufolge das Wissen vor allem durch das Sehen gewonnen wird, und die Augen der neugierigen Menschen richteten sich zuerst an den Himmel, nicht zuletzt, weil es dort wundersame Konstellationen von flimmernden Lichtern zu beobachten gab, um deren als schicksalshaft vermutete Deutung sich erste Wissenschaftler als Astrologen bemühten (und an denen Menschen nach wie vor interessiert sind, die dabei „sky“ und „heaven“ unterscheiden können, was in der deutschen Sprache abstrakter als Diesseits und Jenseits getrennt werden muss).

Natürlich beobachtete man auch Phänomene auf der Erde – etwa das Eintreten von Hochwasser bei großen Flüssen, die Erträge ihrer Böden oder die Vermehrung ihrer Herden – und Erscheinungen am eigenen Körper, aber die Faszination ging von den Sternen aus, die als Himmelskörper bald von Planeten – bezeichnet nach dem griechischen Wort für „Wanderer“ – unterschieden wurden, deren Bewegungen am Firmament man auf göttliches Wirken zurückführte. Aus diesem Grund mussten ihre Umlaufbahnen kreisförmig sein, und jedem Himmelskörper wurde folglich eine eigene Sphäre zugewiesen, was alles eine harmonische Ordnung der sichtbaren Welt ergab, die sogar die Revolution des Kopernikus überlebte.

Zwar hatte der polnische Domherr im 16. Jahrhundert die Erde aus dem Zentrum der Welt genommen, sie an den Himmel gestellt und die Menschen damit mutig näher zu den Göttern erhoben. Aber auch bei ihm bewegten sich die Planeten in den alten Sphären, für die man transzendente Erklärungen bot.

Dies änderte sich erst mit Johannes Kepler, der mit seinem festen Glauben an die Bedeutung von Zahlen bemerkte, dass die Himmelskörper auf elliptischen Bahnen unterwegs waren, und dafür konnte man keine Götter verantwortlich machen. Sie bringen nur perfekte Kreise hervor. Kepler wusste jetzt, dass die Ordnung am Himmel nicht transzendent, sondern immanent erklärt werden musste, und es war schließlich Isaac Newton, der die damit verbundene Aufgabe löste und mit seinem Werk die Forschungsrichtung begründete, die heute als Physik „eine Naturwissenschaft mit Sonderstellung" geworden ist, wie man sagen kann. Diese Disziplin hat es nämlich „mit den Erscheinungen der gesamten Natur zu tun", und so haben „ihre Grundbegriffe überfachliche Bedeutung".

Als die heute als klassisch gefeierte Physik in der beschriebenen Form mit den Newtonschen Gesetzen der Bewegung ihre eigene Dynamik aufnahm und ihr historisches Werden einsetzte, gab es weder eine Wissenschaft von der Chemie noch eine Biologie im heutigen Sinne, wenn sich auch Alchemisten schon länger um die Befreiung von wertvollen Substanzen wie Gold aus eher wertlosem Material wie Blei bemüht hatten, wenn auch alle Mühe vergeblich geblieben war. Sie wussten einfach zu wenig, um Erfolg zu haben.

Und spätestens bei Aristoteles lassen sich Ideen über eine große Kette der Lebewesen finden, deren Begründung aber erst dem britischen Naturforscher Charles Darwin gelungen ist, als er im 19. Jahrhundert vorschlug, die Vielfalt der Arten durch einen evolutionären Prozess zu erklären, bei dem selektive Kräfte für immer besser an ihre Umwelt angepasste Modifikationen der existierenden Organismen sorgen. Bereits vor Darwins großem Gedanken konnte eine modern werdende Chemie erste Erfolge erzielen, was nicht nur die „Wahlverwandtschaften" der Elemente in den Reagenzgläsern erklären konnte, die Goethe faszinierten und zu einem Roman mit diesem Titel inspirierten, sondern die auch den Aufbau von entsprechenden Industrieanlagen ermöglichte, die mit steigenden Umsätzen daran gingen, eigene Forschungslaboratorien einzurichten. Wissenschaft wurde so zum Beruf, und mit Hilfe dieser lukrativ werdenden Professionalisierung nahm das Wissen nicht nur der Chemie im Verlauf des 19. Jahrhunderts dermaßen zu, dass seine Fülle spätestens im 20. Jahrhundert nach einer übersichtlichen Ordnung verlangte, die es schließlich auch bekam.

Der Aufbau der realen Welt

Im Jahre 1949 erschien ein Buch mit dem Titel „Aufbau der realen Welt", das den Grundriss einer allgemeinen Kategorienlehre versprach und von dem Philosophen Nicolai Hartmann geschrieben worden war. Wie es von einem Mitglied der denkenden Zunft zu erwarten ist, ging es Hartmann um „die Stellung des Menschen in der Natur", was für ihn konkret die Aufgabe bedeutete, die Krone der Schöpfung auf „den Boden der Ontologie, der Lehre vom

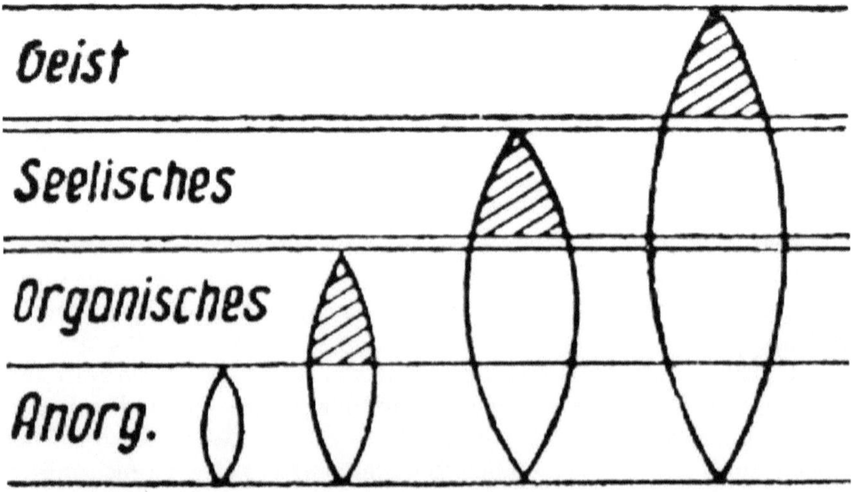

Abb. 1: Zeichnung der Schichten der realen Welt nach N. Hartmann (Einführung in die Philosophie, 1949, Osnabrück, S. 121)

Sein, vom Aufbau der realen Welt“ zu stellen. Für Hartmann galt, der historische Mensch „entsteht erst in dieser Welt“, und es schien ihm offensichtlich, dass die säkulare Wirklichkeit „nicht in einer einzigen Seinsart aufgeht, sondern vielmehr ein Stufenreich bildet“, was er dann im Detail ausführte.

In einer unter dem Titel „Einführung in die Philosophie“ publizierten und von Hartmann genehmigten Nachschrift seiner Vorlesungen, die im Sommersemester 1949 in Göttingen gehalten worden sind, kann man nachlesen, wie sich der Philosoph die Schichten des realen Seins – und damit die Ordnung des menschlichen Wissens – kurz und knapp vorstellte:

„Es lassen sich (wie die Zeichnung verdeutlichen soll) vier Schichten in der realen Welt ausmachen: Materie (Anorganisches), Organisches, Seelisches und Geist. Der Extension nach ist die materielle Schicht die größte. Je höher die Schicht, um so weniger verbreitet ist sie. Nur auf einem kleinen Teil des anorganischen Seins baut sich das organische auf, wieder nur in den am höchsten entwickelten organischen Gebilden findet sich Seelisches, und nur in einer Art der beseelten Lebewesen gibt es Geist“.

Bevor mehr zu den einzelnen Schichten gesagt wird, soll zitiert werden, wie der Verhaltensforscher Konrad Lorenz Hartmanns Schichten der realen Seins in seinem Werk über „Die Rückseite des Spiegels“ bewertet, in dem der Ethnologe den „Versuch einer Naturgeschichte menschlichen Erkennens“ unternimmt. Lorenz schreibt:

„Der überzeugendste Beweis für die ontologische Richtigkeit [der Hartmannschen Schichtenordnung] ist in meinen Augen, dass sie, ohne auf die Tatsachen der Evolution im geringsten Rücksicht zu nehmen, dennoch genau mit ihnen übereinstimmt, ähnlich wie jede gute vergleichende Anatomie es tut, selbst wenn sie vor den Erkenntnissen Darwins entwickelt wurde. Die Schichtenfolge der großen Hartmannschen Seinskategorien stimmt schlicht und einfach mit der Reihenfolge ihrer erdgeschichtlichen Entstehung überein. Anorganisches war auf Erden sehr lange vor dem Organischen vorhanden, und im Verlauf der Stammesgeschichte tauchten erst spät die Zentralnervensysteme auf, denen man ein subjektives Erleben, eine ‚Seele' zuschreiben möchte. Das Geistige schließlich ist erst in der allerjüngsten Phase der Schöpfung auf den Plan getreten."

An dieser Stelle kann ergänzt werden, dass es Goethe in seinen Nachträgen zur Farbenlehre als Aufgabe der Wissenschaft beschreibt, die Wirkungen der Natur, „von der gemeinsten bis zu höchsten, vom Ziegelstein, der dem Dache entstürzt, bis zum leuchtenden Geistesblitz", in eine Reihung zu bringen, für die er einen Vorschlag macht, in dem sich unschwer die Seinsschichten des Philosophen Hartmann wiederfinden lassen. Bei Goethe bekommen die Ordnung der Wirklichkeit und des Wissens das folgende Aussehen:

Zufällig,
Mechanisch,
Physisch,
Chemisch,
Organisch,
Psychisch,
Ethisch,
Religiös,
Genial

Die Wissenschaft und ihre Disziplinen

Keine Frage, dass mit dieser Stufung ein Vorbild für die moderne Wissenschaft geschaffen worden ist, das dazu dienen kann, ihre disziplinäre Ordnung zu verstehen, wie sie sich seit den Anfängen ihrer Geschichte – wie erzählt – herausgebildet hat und die sich für viele Themenbereiche verfeinern lässt. In der folgenden Tabelle 1 ist dies in Anschluss an Hartmann für die Schichtenfolge des Organischen zusammengestellt:

Tabelle 1
Einige Schichten des Körpers und ihre Wissenschaften

Schicht	**Beispiel**	**Zuständige Wissenschaft**
Organismus	Mensch	Anatomie
Organ	Herz	Kardiologie
Gewebe	Muskel	Physiologie
Zelle	Blutzelle	Zellbiologie
Organelle	Chromosom	Genetik
Molekül	Protein	Biochemie
Atom	Sauerstoff	Chemie

Die Entwicklung dieser Anordnung des Wissens wird ermutigt durch Hartmanns Hinweis, dass „die höheren Gebilde, aus denen die Welt besteht, ähnlich geschichtet sind wie die Welt". Der erste Blick auf einen Menschen lässt einen Organismus als Ganzes erkennen, wobei neben den genannten Extremitäten im Zustand der Nacktheit vor allem das Organ auffällt, das ihn umwickelt und zusammenhält. Die Rede ist von der Haut des Menschen, deren Schicht sich an die Ebene des Organismus anschließt. Organismen bestehen aus Organen, wie es einfach heißt, und Organe wiederum bestehen aus Geweben, wie es weiter geht, ohne an dieser Stelle zu einem Ende zu kommen. Gewebe bestehen aus Zellen, und Zellen wiederum stecken voller Moleküle, die ihrerseits aus Atomen zusammengesetzt sind.

Von dieser Ebene aus könnten Physiker weiter in die Tiefe steigen und neben den Kernteilchen noch elementare Bausteine wie Quarks anführen, aber diese Ebenen spielen – nach allem, was die Forschung sagen kann – keine Rolle, wenn es um das Verstehen des Menschen und seiner Körperlichkeit geht, weshalb die hier praktizierte Freilegung der realen Schichten an dieser Stelle abgebrochen wird, weil sie an ihr einsichtiges Ende gekommen ist.

Wohlgemerkt: Für jede real vorliegende Schicht gibt es eine eigene Wissenschaft, die ihre besonderen Fragestellungen kennt und aufpassen muss, dabei keinen Denkfehler zu begehen. Während Organismen wie ein Mensch zum Beispiel einen Willen zeigen und sich etwas wünschen können, bleiben den Zellen Qualitäten dieser Art verschlossen. Zellen wollen nichts, auch wenn es so aussieht, als ob sie davon träumen, sich zu teilen und aus eins zwei zu machen. Wenn sie dies unternehmen, verfolgen sie keine Absicht, vielmehr laufen in ihnen kausal zu verstehende Prozesse ab, über die man selbst oder auch mit anderen ruhig staunen darf. Wenn dies geschieht, kann es schon passieren, dass Biologen vom Tanz der Chromosomen oder der Gefangenschaft von Zellen in Körpern sprechen, aber die Freude an solchen Metaphern darf nicht zu Kategorienfehlern führen, wie sie passieren, wenn etwa Gene als egoistisch beschrieben werden und man meint, damit das Erbgut verstanden zu haben. Egoismus setzt eine Absicht voraus, und diese Kategorie taucht in der molekularen Schicht nicht auf.

Top-Down und Bottom-Up

Die Tatsache, dass sich reale Körper Schicht um Schicht erkunden lassen, ermöglicht zwei Zugänge zu dem vertrauten Ganzen, das ein Organismus darstellt, nämlich einmal von außen in ihn hinein und einmal von innen aus ihm heraus. Für diese beiden Wege hat sich im Jargon der Wissenschaft auch eine andere Ausdrucksweise eingebürgert, nämlich die beiden englischen Bezeichnungen „Top-Down" und „Bottom-Up", die ausdrücken, dass man zum einen die Schichtenstruktur von oben nach unten durchqueren kann, also vom Organismus zu den Zellen gelangt und tiefer reicht, und dass sich zum zweiten auch umgekehrt vorgehen lässt und mit den Atomen die Moleküle und mit den Geweben die Organe aufgebaut werden können, dass also der Weg von unten nach oben zu finden ist und sich dabei das Ganze verstehen lässt, das man vor Augen hat und in seiner Funktion begreifen möchte.

Wenn man ernst nimmt, dass der gezeigte Schichtenaufbau der realen Welt maßgeblich Auskunft über jedes Sein gibt – also über das Sein im Kleinen und Großen und also auch über die kosmischen Entitäten –, dann kann man sich überall auf die Suche nach den entsprechenden Ebenen machen und zum Beispiel in der kosmischen Welt fündig werden, wobei die Schichten in Tabelle 2 wieder vom höchsten zum niedrigsten Sein notiert sind, von dem aus man etwa über „geologische Formationen" weiter einteilend fortfahren könnte, was aber hier nicht unternommen werden soll:

Tabelle 2
Die Schichten der kosmischen Welt

- Kosmos
- Galaxienhaufen
- Galaxien
- Sternhaufen
- Planetensysteme
- Planeten

Es bleibt an dieser Stelle offen, ob mit dieser Hierarchie und diesen Schichten ebenso eine oder ihre Geschichte erfasst wird, wie es bei den Fundamentalebenen dank der Idee der Evolution gelungen ist. Es ist aber offenkundig, dass die Schritte von den Planeten über die Galaxien bis hin zu den von ihnen gebildeten Haufen die historische Reihenfolge ihrer Findung widerspiegeln, so dass sich auch an diesem Weltbild zeigt, dass zu ihm eine

Geschichte gehört oder von ihm eine Geschichte erzählt wird – in dem Fall die ihrer Entdeckung.

Wer mit der philosophischen Vorgabe von realen Schichten nicht bei den Sternen stehen bleiben, sondern weitermachen will, kann sich zum einen davon überzeugen, dass alle stabilen Strukturen der Welt in dieser hierarchischen Weise aufgebaut sind, und er kann zum zweiten anfangen, sich darüber zu wundern, dass es für diesen eigentlich in die Augen springenden und unübersehbaren Sachverhalt noch keine plausible Erklärung gibt, die als Allgemeingut zirkuliert und selbstverständlich ist. Dabei ist jedes Wirtschaftsunternehmen, jeder staatliche Aufbau (Staat-Land-Kreis-Gemeinde-Bürger), jede Klassifikation von biologischen Arten durch eine aufeinanderfolgende und übereinander liegende Folge von Schichten gekennzeichnet, was als schlichte Tatsachenerfahrung gar nicht übersehen kann, wer sich der Wahrnehmung der Welt zuwendet. Natürlich hat es Bemühungen gegeben, das Auftauchen neuer Merkmale auf höheren Organisationsebenen durch Begriffe wie Emergenz oder Fulguration verständlich zu machen, die neue Eigenschaften ankündigten, die in den Komponenten der unteren Schicht nicht auszumachen waren. Aber so verständlich und einleuchtend das „Auftauchen" oder der „Blitzeinschlag" auch klingen mochten, über die reine Deskription der Hartmannschen Aufbauidee mit ihren aufruhenden Qualitäten kommen solche Vorschläge nicht hinaus.

Und noch etwas: Was die Hierarchie des Makrokosmos angeht, so ist ebenso selbstverständlich wie leicht einsehbar, dass die Komponenten des Ganzen, also seine Teilchen und Teile, Bottom-up funktionieren und die Eigenschaften von unten nach oben im Großen bestimmen oder auf jeden Fall mit zu ihnen beitragen. Inzwischen denken die Physiker aber auch in die andere Richtung – top-down – und versuchen, etwa die Eigenschaften von Elektronen – ihre Ladung und ihre Masse zum Beispiel – aus den Qualitäten abzuleiten, die dem ganzen Weltall zuzurechnen sind. Mit anderen Worten: Die Welt besteht aus Atomen und bestimmt die Atome. Ein Mensch besteht aus Zellen und beeinflusst seine Zellen. Zellen werden von Genen gebildet und bilden ihre Gene selbst. Es ist im Großen wie im Kleinen dieselbe Art der Dynamik der Teile im Ganzen. Alles ist, wie es geworden ist, und alles zeigt ein weiteres Werden, wenn es erst einmal da ist. Dieses Bewegen bringt eine neue Ontologie und damit ein neue Ordnung des Wissens mit sich. So entsteht seine Geschichte.

Eine Rangordnung des Wissens

Als am Ende des 19. Jahrhunderts die existierenden Wissenschaften der Physik, Chemie und Physiologie (oder Medizin) immer relevanter für das Schicksal menschlicher Gesellschaften wurden, stiftete der schwedische Erfinder und Unternehmer Alfred Nobel den nach ihm benannten und längst weltberühmten Preis. Sie gehörte zwar nicht zu den Absichten der Stifters, stellt aber eine der Folgen seines testamentarisch verfügten Umgangs mit Nobels Vermögen dar, nämlich die Tatsache, dass auf diese Weise nicht nur eine, sondern zwei Rangordnungen des Wissens geschaffen worden sind. Eine lässt sich an der Reihenfolge der Preisverkündigungen ablesen, bei der erst die überwiegend männlichen Laureaten aus dem Bereich der Physik präsentiert werden, denen erst in den folgenden Tagen die Namensnennung der Ausgezeichneten für die Chemie und die Physiologie oder Medizin folgen. Diese aus dem Schichtenmodell verständliche Rangordnung wird an Bedeutung überlagert von dem Willen des Stifters, nur Leistungen von Personen auszuzeichnen, die etwas zum Nutzen der Menschheit getan haben. Es geht also vornehmlich um nützliches Wissen, wie es auch die aufkommende Industrie brauchte und was den Gesellschaften das wirtschaftliche Wachstum bescherte, auf das es allen ankam und mit dem sich der alte Wunsch der Wissenschaft realisieren ließ, dass ihr einziges Ziel darin besteht, „die Bedingungen der menschlichen Existenz zu erleichtern".

Doch trotz all dieser wohlklingenden Beschwörungen gibt es für den Autor dieser Zeilen ein Wissen, das in der dazugehörigen Rangordnung höher einzustufen ist, und das ist das nutzlose Wissen, wie man zum Beispiel in dem 1939 erschienenen Essay „The Usefulness of Useless Knowledge" nachlesen kann, in dem Abraham Flexner schildert, warum er in Princeton ein Institute for Advanced Studies gründet. Er wollte in den USA ein Paradies für Gelehrte schaffen, weil er sah, wie sich mit deren rein aus Neugierde und zwanglos gewonnenem Wissen die Grundlagen bereiten ließen, mit denen moderne Gesellschaften den Wohlstand für ihre Mitglieder schaffen und Staaten sich dem globalen Wettbewerb stellen können. Die moderne Geschichte hat Flexner glänzend bestätigt, aber dieses Wissen wird vielfach von der Gegenwart verweigert, was sich rächen wird, weil es das wichtigste Wissen für die Menschheit darstellt.

Andere Formen des Wissens

Wissen ist ein weites Feld, vielleicht ein zu weites Feld, wie es bei Theodor Fontane am Ende seines Romans „Effi Briest" heißt, zu weit auf jeden Fall für einen Essay dieser Länge. In ihm wurde vor allem das Wissen der westlichen Welt geschildert, während östliche Weisheiten bei aller Faszination außen vor geblieben sind. Fragen wie die nach der Begrenzung des Wissens bei einzelnen Kulturen, nach den politischen Verboten für geheimes Wissen, nach dem traditionellen Wissen von indigenen Volksgruppen mit eigener Lebensführung und Sprache und Kunst, nach der Wahrscheinlichkeit, dass die Menschheit über große Mengen an versunkenem Wissen aus ihrer Geschichte verfügt – und nicht nur Flexners Wissen vergessen hat –, all diese lohenden Themen wurden nicht nur aus Platzgründen ausgespart. Die genannten Formen des Wissens mögen verlockend sein und das Beschäftigen mit ihnen mag Vergnügen bereiten. Ihnen fehlt aber so etwas wie eine Ordnung. Es bleibt einfach schwierig, über unzugängliche Bereiche etwas zu wissen, und zu denen gehört auch die Zukunft. Man kann nicht wissen, was man in den kommenden Zeiten wissen wird, weil man es sonst heute schon wüsste. Doch während man auf die Zukunft wartet, kann man sich um die Geschichte des Wissens kümmern. Vielleicht sollte ihre Kenntnis in der Ordnung des Wissens die erste Stelle einnehmen, was auch für den Unterricht in den Schulen genutzt werden kann, um dort zu zeigen, welche Wissensordnungen zum Menschen gehören, seinem Leben helfen und die Welt retten können. Wissen ist Macht, und es macht Freude, Wissen zu erwerben und es entstehen zu lassen. Seine Ordnung wird dann schon kommen, und mit ihm die Ordnung der Welt.

20. Gescheit, gescheitert, am gescheitertsten – Spannende Momente in der Geschichte der Naturwissenschaften

1961 bin ich als Vierzehnjähriger in der Schule an der Sprache gescheitert. Das heißt, ich bin wegen einer schlechten Note im Fach Deutsch sitzen geblieben, was für meine Eltern eine Katastrophe, für mich aber das größte Glück bedeutete, wie ich schon bald merken sollte. Ich traf nämlich in der neuen Klasse auf einen Deutschlehrer, der mich im kommenden Schuljahr zum ersten Mal in meinem Leben mit in eine Buchhandlung nahm, und hier fielen mir zwei Bücher in die Hand, von denen ich eines heute noch besitze. Gemeint ist „Mein Weltbild" von Albert Einstein (1879-1855), das mich erstens zum Kriegsdienstverweigerer machte, mir zweitens Lust auf Physik verschaffte, die ich später studiert habe, und mich schließlich von Anfang an staunen ließ über Sätze wie „Theorien sind freie Erfindungen des menschlichen Geistes". Dabei meine ich bis heute, dass viele Menschen sich deshalb von der Physik und anderen Naturwissenschaften abwenden und daher an ihnen scheitern, weil sie diesen Satz entweder nicht kennen oder nicht glauben oder erst gar nicht an sich herankommen lassen wollen. Physik scheint von Berechnungen zu handeln, und man bemerkt das Kreative in dieser Wissenschaft nicht und scheitert so bei dem, was man Allgemeinbildung nennen könnte.

Das zweite Buch, das mein erster Besuch in einer Buchhandlung mir in die Hand spielte, enthielt Liebeselegien von Sextus Aurelius Propertius – genannt Properz –, der im letzten halben Jahrhundert vor der Geburt Christi lebte. Hier fand ich den lateinischen Satz „In magnis rebus voluisse satis est", den ich zu meinem Lebensmotto erkoren habe und der mir jedes gescheite Scheitern zubilligt. Konkret habe ich den Satz „In großen Dingen gewollt zu haben ist genug" in meinem nächsten Deutschaufsatz eingebracht, was den Lehrer so begeistert hat, dass ich erstmals eine Note besser als „ausreichend" in einer Klassenarbeit bekommen und seitdem eine Freude am Schreiben habe, die mir zuvor unbekannt war.

Nach diesem persönlichen Auftakt soll es nun konkreter um das große und kleine Scheitern in der Wissenschaft gehen, wobei ich allgemein die Ansicht vertrete, dass die meisten Menschen deshalb an der Wissenschaft scheitern, weil viele ihrer Stoffe zu schwer nicht nur für den Hausverstand oder den Common Sense, sondern auch für die Experten sind. Wer von Ihnen versteht denn die Allgemeine Relativitätstheorie mit ihrer dynamischen Raumzeit, deren nichteuklidische Geometrie von der vorhandenen Materie (Masse) abhängt? Nachdem Einstein seine entsprechenden und nachweisbar zutreffenden Ideen einem Kollegen erläutert hatte, meinte der, „Es ist komisch, wie wenig Physiker ihre Theorie verstehen", was Einstein erwidern ließ, „Davon gibt es einen mehr, als Sie denken."

Probleme mit der Entropie

Wissenschaft wird von Menschen gemacht, und die können natürlich irren und in ihrem Bemühen um Verständnis scheitern, aber Wissenschaft bereitet auch – wie gesagt – ihren disziplinären Vertretern gehörige Probleme. Der große Gelehrte Arnold Sommerfeld (1868-1951) hat einmal auf die schlichte Frage „Was ist Entropie?" eine überraschende „Antwort für Unzufriedene" gegeben und gesagt:

„Thermodynamik ist ein komisches Fach. Das erste Mal, wenn man sich damit befasst, versteht man nichts davon. Beim zweiten Durcharbeiten denkt man, man hätte nun alles verstanden, mit Ausnahme von ein oder zwei kleinen Details. Das dritte Mal, wenn man den Stoff durcharbeitet, bemerkt man, dass man fast gar nichts davon versteht, aber man hat sich inzwischen so daran gewöhnt, dass es einen nicht mehr stört", was man auch als eine eigenwillige Form des Scheiterns verstehen kann.

Die eben erwähnte „Entropie" ist eine Schöpfung aus der Mitte des 19. Jahrhunderts, als die Physik die Leistung und die Arbeitsfähigkeit von Maschinen verstehen wollte und merkte, dass sie dazu mehr brauchte als die Bilanz der Energie bei dem produktiven Tun. Nur ein Teil dieser scheinbar gut zu begreifenden Umwandlungsgröße erwies sich als frei verfügbar und für die anvisierten technischen Zwecke einsetzbar, während ein oftmals größerer Teil versickerte – die Energie dissipierte, wie man in Fachkreisen sagt –, und zur Charakterisierung dieser freien Energie führte man ein Wort ein, das wie Energie klingen sollte und bald nach griechischen Quellen Entropie hieß. Für diese so etwas wie den Ordnungszustand einer Maschine und ihrer Teile angebende Größe konnte man bald einen Hauptsatz der Thermodynamik formulieren, der die Nummer Zwei bekam, weil der Satz von der Erhaltung der Energie als Erster Hauptsatz der Wärmelehre geführt wird und vor ihm formuliert worden war.

Der Zweite Hauptsatz besagt, dass die Entropie nur zunehmen kann und danach strebt, ein Maximum zu erreichen, was nicht allein deshalb interessant ist, weil hier die physikalische Zeit erstmals eine Richtung bekommt – und nach vorne dem Maximum der Entropie entgegeneilt wie die Menschen dem Tod –, sondern weil sich den Physikern damit vor allem die Aufgabe stellte, diese Aussage zu beweisen. Besonders daran versucht hat sich der aus Wien stammende Ludwig Boltzmann (1844-1906), der allerdings nach jahrelangen Bemühungen einräumen musste, dass seine statistischen Überlegungen mit wahrscheinlichen Zuständen nur funktionierten, wenn er annahm, zufällig an einem Ort im Kosmos zu leben, an dem die Entropie einem Maximum zustrebt, während es zugleich in einem Universum im thermodynamische

Gleichgewicht Regionen geben müsste, in denen die Entropie sich umgekehrt verhält und mit der Zeit abnimmt. Boltzmann war erschüttert von dieser ihm unausweichlich scheinenden Einsicht, bedeutete dies doch, dass wenigstens ein Gesetz der Physik von der Lage eines Subjektes abhängt und also nicht so lupenrein objektiv ist, wie es seine Wissenschaft eigentlich seit ihren Anfängen verlangte und erforderte. Boltzmann empfand diese Situation als Scheitern schlimmsten Ausmaßes, mit der katastrophalen Konsequenz, dass er 1906 Selbstmord begangen hat – übrigens ausgerechnet in Duino, dem Ort der Elegien von Rainer Maria Rilke (1875-1926).

Neben diesem großen Scheitern mit persönlich fatalen Folgen hat es in seinem Schatten sicherlich vielfach das übliche kleine Scheitern im Rennen um das Verstehen der Entropie gegeben, denn Boltzmann war sicher nicht der einzige Theoretiker, der die Entropie in den wissenschaftlichen Griff bekommen wollte, nur die meisten sind an den mathematischen Schwierigkeiten des Problems verzweifelt, auch wenn die Wissenschaftsgeschichte davon wenig weiß und zudem kaum darüber berichtet. Normalerweise gehen die Erzählungen überhaupt nicht oder nur sehr wenig auf fehlgeschlagene Bemühungen ein, wobei es im 20. Jahrhundert eine ungewöhnliche Ausnahme gegeben hat, auf die ich nun eingehen möchte. Es geht um die Aufklärung – wie man sagt – der Struktur des Erbmaterials, das mit den drei Buchstaben DNA bezeichnet wird, die heute vielfach missbraucht werden und herhalten müssen, wenn jemand im Feuilleton mit der DNA einer Kultur, eines Ministeriums oder eines Fußballvereins Eindruck schinden und dabei vor allem seine Hilflosigkeit im Umgang mit den genannten Institutionen und der genetischen Wissenschaft verdecken will.

Die Doppelhelix

Zu Beginn der 1950er Jahre war den Biologen und Biochemikern klar geworden, dass der Stoff, aus dem die Gene sind, chemisch betrachtet eine Nukleinsäure sein musste, und zwar genau die Sorte, die heute mit DNS oder DNA abgekürzt wird – wobei es auch noch weitere Varianten in den Zellen gibt, die Biologen als RNS oder RNA kennen. Vielen Leuten schien es lohnend zu sein, die dazugehörende molekulare Struktur der DNA zu finden, und seit 1953 weiß man, dass es sich hier um eine höchst elegante, enorm erkenntniserweiternde und fantastisch attraktive Form handelt, nämlich um die berühmte und längst zur Ikone gewordene Doppelhelix, die von ihren Entdeckern nicht nur triumphal gefeiert wurde, sondern ihnen auch die Gelegenheit bot, sich lustig über die Verlierer im zuletzt mit Nobelpreisen gekrönten Rennen zu machen. „Es ist unserer Aufmerksamkeit nicht entgangen", so kann man lesen, ohne den spöttischen Unterton überhören zu können, dass die Doppelhelix unmittelbar einen Mechanismus erkennen lässt, mit dessen Hilfe sich die Erbsubstanz teilen kann, nur dass dies leider höchst starker Tobak geblieben ist, ohne dass das grundsätzliche Scheitern an diesem Problem der DNA-Replikation hier weiterverfolgt werden kann.

Das Rennen um die Doppelhelix fand vor allem im angelsächsischen Sprachraum und meistens in England statt, und die beteiligten Hauptpersonen hießen James D. Watson (*1928) und Francis Crick (1916-2004) – das sind die preisgekrönten Sieger – und Rosalind Franklin (1920-1958) und Erwin Chargaff (1905-2002) – das sind die gescheiterten (wenn auch nicht vollkommen vergessenen) Verlierer. Insgesamt trugen natürlich mehr Menschen zu dem Kampf um die DNA-Struktur bei, aber die vier Genannten sollen hier reichen, weil in all ihren Fällen von einem Scheitern die Rede sein kann, und zwar aus höchst unterschiedlichen Gründen und zu unterschiedlichen Zeiten.

Wenn es in der Nachkriegszeit informierte Wissenschaftshistoriker gegeben hätte, die das genetische Rennen beobachten wollten, und wenn man sie gebeten hätte, Prognosen für den Sieger abzugeben, wäre wahrscheinlich zuerst der Name des Chemikers Erwin Chargaff gefallen, der die Einzelteile der Erbsubstanz so genau wie niemand sonst analysieren konnte. Danach hätte man auf Rosalind Franklin verwiesen, die sich als Meisterin der Röntgenstrukturen erwies. Beide haben großartige Wissenschaft gemacht, sie sind aber nicht einmal ansatzweise auf die Struktur der Doppelhelix gekommen, und die Gründe dafür lohnen einen kurzen Blick.

Das siegreiche Duo aus Watson und Crick war von Anfang an der Ansicht, dass das gestellte Problem nicht von einer Disziplin allein zu lösen war und somit nach Interdisziplinarität verlangte. Sie wussten, dass man einerseits die dazu nötigen Kenntnisse nicht allein erwerben konnte, sondern zusammenklauben musste, und dass dabei andererseits die Gefahr bestand, sich lächerlich zu machen, was beide aber auf sich genommen und riskiert haben und zuletzt belohnt wurde. Chargaff dachte da völlig anders. Für ihn bestimmte seine Disziplin – die Biochemie – allein das Problem, und an diesem Beharren an einem viel zu engen Rahmen ist er gescheitert, auch wenn er sich bis zuletzt gesträubt hat, dies einzugestehen oder zu akzeptieren und sich plötzlich nach 1953 als Skeptiker der Molekularbiologie entpuppte, der statt neugieriger Kollegen nur noch gierige Forscher am Werk sah. Ein schlechter Verlierer, der in der wissenschaftsfeindlichen Öffentlichkeit punkten wollte.

Was Rosalind Franklin angeht, so beherrschten sie und ihr Team wie sonst niemand das Anfertigen von Röntgenaufnahmen der kristallisierten Erbsubstanz, und aus dieser Arbeit waren zwei fotografische Versionen hervorgegangen, die heute A- und B-Form heißen (was mit dem Wassergehalt der Probe zu tun hat, was hier keine Rolle spielt). Die Aufnahme der B-Form sieht einfach und elegant aus, weshalb Watson und Crick sie auswählten und sich darauf konzentrierten, ihre Symmetrie zu nutzen, um der Struktur der DNA näher zu kommen. Das Duo wollte vor allem Erfolg haben. Frau Franklin misstraute der Einfachheit. Sie erwartete vom Leben, kompliziert zu sein, und so wählte sie für ihre Auswertung und strukturelle Umsetzung die eher unübersichtliche und schwierig zu durchschauende A-Form, und an dieser Aufgabe ist sie gescheitert. Rosalind Franklin wollte weniger sich selbst und mehr der Wissenschaft dienen und dachte nicht über Ruhm und Ehre, sondern über die Korrektheit der Modelle nach, wie vertrackt sie auch sein mochten. So kann jemand auch in dem Sinne scheitern, dass die Ehrgeizigen einem (oder einer) vorangehen und die einfache Lösung vor der Nase wegschnappen – wobei es mysteriöse Geschichten zu der Frage gibt, wie die Aufnahmen von Frau Franklin in die Hände der Herren Watson und Crick gekommen sind, die eigentlich anders beschäftigt waren und nichts selbst gemacht haben, außer hoffnungsvoll Ideen auszutauschen.

Übrigens – nach dem Triumph mit der Doppelhelix aus DNA wollte Watson dasselbe mit der anderen Nukleinsäure namens RNA versuchen und seinen Erfolg wiederholen, was ihm vollkommen misslungen ist und ihn dazu gebracht hat, die Arbeit im Laboratorium aufzugeben, um fortan nur noch – kaum mehr als 30 Jahre alt – Lehrer, Buchautor und Manager zu werden, was er alles extrem erfolgreich umsetzen konnte und ihm nach dem Scheitern im Laboratorium weitere große Karrieren am Schreibtisch ermöglicht hat. Und Crick hat zwar zuerst für Jahrzehnte das Denken der Molekularbiologie beherrscht und bestimmt, sich zuletzt aber den Neurowissenschaften und dem Gehirn in der Hoffnung zugewandt, eine Art Doppelhelix des Bewusstseins zu finden, und es braucht nicht betont zu werden, wie sehr er mit diesem Bemühen gescheitert ist.

Das Gehirn ist völlig anders als das Genom, von dem man inzwischen auch ein Scheitern vermelden muss. Das Humane Genom Projekt hat zwar mit dem Versprechen viele Milliarden einwerben können, mit der sich dabei ergebenden Kenntnis der Sequenzen von allen menschlichen Gene das Krebsproblem und manches mehr lösen zu können, aber inzwischen wächst das verblüffte Staunen über die dynamische Komplexität des Genoms mit epigenetischen Möglichkeiten, und man hat es inzwischen sogar aufgegeben, nach der genauen Zahl der menschlichen Gene zu fragen, die auf jeden Fall sehr viel kleiner ist, als die selbstbewussten Experten weltweit noch vor Beginn der Projektarbeite vermutet und lautstark verkündet hatten.

Wenn hier eine allgemeine optimistische Bemerkung gestattet ist: Die Physik hat solch eine Situation zu Beginn des 20. Jahrhunderts erlebt. Damals verstand Einstein, wie man Atome zählen konnte, und als man dies versuchte, lösten sie sich als konkret vorgestellte Partikel auf und wurden zu unvorstellbaren Größen ohne Aussehen. Ich nehme an, mit den Genen wird etwas Vergleichbares passieren, das heißt, sie lösen sich auf als konkrete Abschnitte aus DNA-Molekülen auf Chromosomen und werden bewegte Beweger des Lebens ohne festen Ort in der Zelle und stabile Form im Leben.

Erfahrungen mit und von Max Delbrück

Der erste Wissenschaftler, den Watson von der Doppelhelix unterrichtet hat, war Max Delbrück (1906-1981), was es mir erlaubt, den Übergang zu diesem Wegbereiter der Molekularbiologie zu machen, der in meinem Leben eine große Rolle gespielt hat und in den folgenden Abschnitten ins Zentrum rückt. Zu Beginn der 1970er Jahre bekam ich die Möglichkeit, bei dem aus Berlin stammenden und als Physiker ausgebildeten Delbrück eine Doktorarbeit zu schreiben, und zwar am California Institute of Technology in Pasadena (USA). Dabei ist anzumerken, dass Delbrück gerne Samuel Beckett (1906-1989) gelesen hat – übrigens haben beide im gleichen Jahr 1969 den Nobelpreis für ihr Feld bekommen –, und der deutsch-amerikanische Wissenschaftler hätte den Worten des irischen Poeten zugestimmt: „Immer versucht. Immer gescheitert. Einerlei. Wieder versuchen. Wieder scheitern. Besser scheitern."

Als junger Mann ist Delbrück zu Beginn seiner wissenschaftlichen Laufbahn in den 1930er Jahren in Berlin bei seinem Versuch gescheitert, mit Hilfe der damals noch neuen Quantenmechanik erst die Stabilität des Erbmaterials und danach seine lebensnotwendigen Variationen begreiflich zu machen. Delbrück versuchte zwar als Erster, Gene als „Atomverband" zu verstehen, was aber mit den ihm damals verfügbaren Methoden nicht gelingen konnte und daher letztendlich gescheitert ist. Er hat dann trotzdem 1937 ein Stipendium der Rockefeller Stiftung erhalten, mit dem sich ihm die Möglichkeit bot, in die USA zu gehen und dort mit lebenden Organismen und ihren Zellen deren Erbeigenschaften zu erkunden.

Das heißt, Delbrück bekam die Gelegenheit mit den damals erfolgreichsten Genetikern zu arbeiten, die sich mit der Fruchtfliege Drosophila beschäftigten (was bis heute erfolgreich unternommen wird). Nach seinen eigenen Worten wäre Delbrück an diesem Modellorganismus allerdings gescheitert, weil dazu höchst komplizierte Kreuzungen durchzuführen waren, die geduldiges Mikroskopieren mit sorgsamer Buchführung verlangte, was ihn gelangweilt und überfordert hätte. Delbrück suchte und fand dafür etwas Einfacheres, nämlich Viren im Abwasser, die Bakterien töten und deshalb Bakteriophagen heißen, und mit diesen Mikroben und ihrer Genetik beginnt die moderne Molekularbiologie – wobei interessieren dürfte, dass einer der letzten Nobelpreise in Medizin für Arbeiten zu der Frage vergeben worden ist, wie sich Bakterien verteidigen und gegen den Angriff der Viren schützen. Sie setzten dazu raffinierte molekulare Werkzeuge ein, die sich inzwischen isolieren lassen und mit denen man künftig wahrscheinlich das Erbgut des Menschen im Reagenzglas manipulieren wird.

Auf dem skizzierten neuen Weg in amerikanischen Laboratorien ist Delbrück Blick in den Kriegsjahren (den 1940er Jahren) nicht nur nicht gescheitert, er hat dabei mit seinen Forschungen sogar weit das Tor zur Molekularbiologie geöffnet, weil er nachweisen konnte, was heute trivial klingt, dass nämlich auch Bakterien und ihre Viren über Gene verfügen (was bedeutet, dass sie Sex haben). Allerdings: Als Delbrück dafür 1969 mit dem Nobelpreis für Medizin ausgezeichnet wurde, da hatte er längst die Genetik verlassen und ein anderes Forschungsgebiet gewählt, um auf ihm die „Anfänge der Wahrnehmung" zu erkunden. Als nämlich im Jahr 1953 die berühmte und oben erwähnte Doppelhelix aus DNA auftauchte, hat sich Delbrück von der Vererbung ab- und der Sinnesphysiologie und ihrer biochemischen Analyse zugewendet, wie noch zu erläutern ist.

Wer nach Gründen für diesen Schritt sucht, wird auf eine ungewöhnliche und dialektisch anmutende Form des Scheiterns treffen. Sie besteht darin, dass Delbrücks Forschungsziel bei der Erkundung der Gene nicht darin lag, einen überschaubaren Mechanismus für die Vererbung von Zellen zu finden. Er wollte eher das Gegenteil und hoffte darauf, beim Eindringen in den Zellkern die Erfahrung wiederholen zu können, die der Neuseeländer Ernest Rutherford (1871-1937) in den Jahren vor dem Ersten Weltkrieg beim Auffinden von Atomkernen machen konnte. Deren Existenz konnten Experimente zwar nachweisen, aber ihr Vorhandensein ließ sich nicht mit der ansonsten triumphal wirkenden Physik des 19. Jahrhunderts vereinbaren.

Rutherfords Versuche ließen unübersehbar das Scheitern der klassischen Physik erkennen, und Delbrück wollte es ihm gleichtun und wie der Neuseeländer mit wohl bedachten und klar zu deutenden Experimenten eine Grenze für das klassische Denken – diesmal nicht für die Atome, sondern für die Zellen – ausfindig machen. 1953 gewann Delbrück im Angesicht der Doppelhelix den Eindruck, die Fragen der Vererbung ließen sich von nun an in einem klassischen Rahmen mit mechanischen Modellen klären, und genau das wollte er nicht. Es erschien ihm langweilig.

Also ließ Delbrück die Gene links liegen und zog auf das Feld der Sinneswahrnehmung in der Hoffnung um, hier sein konzeptionelles Glück im experimentellen Unglück zu finden. Als Objekt wählte Delbrück einen kleinen Pilz mit Namen Phycomyces, und indem dessen Nennung jetzt vor allem Stirnrunzeln hervorruft, zeigt sich unmittelbar, dass dieses Projekt gescheitert ist.

Delbrück hat das selbst so gesehen und am Ende seines Lebens eingestanden, er sei „sick at heart at the unsolved state of the problem", wobei er konkret die von ihm jahrzehntelang untersuchte scheinbar einfache Frage im Auge hatte, auf welches Signal aus der Umwelt der Pilz reagiert, wenn er in der Nähe eines Hindernisses aufwächst und es ihm gelingt, ihm auszuweichen. „Avoidance response" – Vermeidungsreaktion oder Ausweichverhalten – so nennen die Physiologen diese Fähigkeit von Organismen, an Gegenständen vorbei zu kommen oder um sie herum zu wachsen, und die schlichte Frage, an deren Antwort Delbrück bis zuletzt gescheitert ist, lautete, mit Hilfe welcher Signale nimmt Phycomyces wahr oder bemerkt der Pilz, dass er auf eine

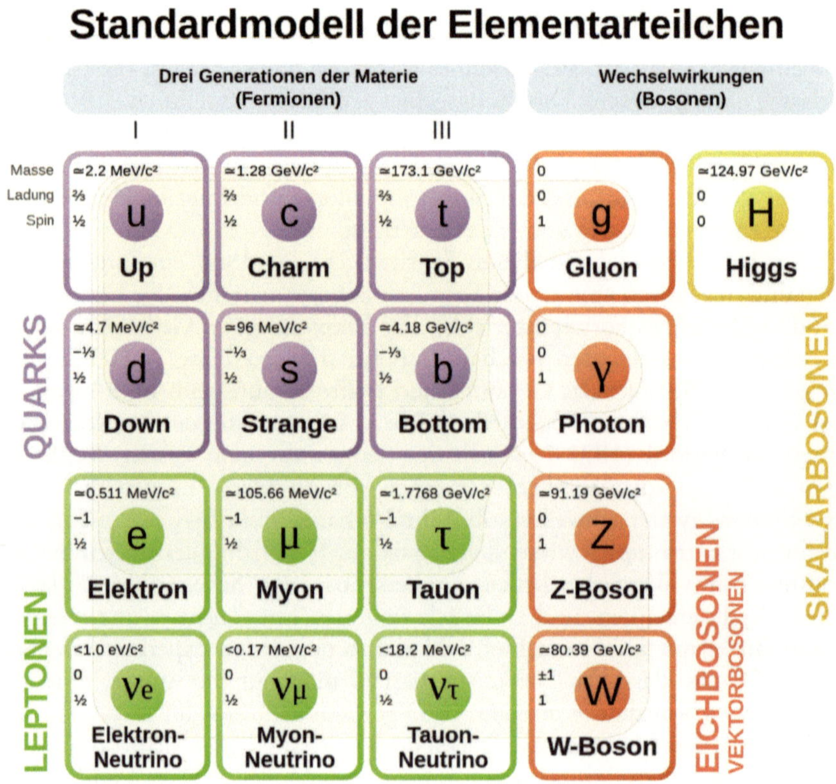

Abb. 2: Standardmodell der Elementarteilchen (commons.wikimedia.org)

Wand zuwächst und ihr besser ausweichen sollte, wenn er ins Offene will, um dort Platz für sich und seine Sporen zu finden, mit denen sich die Nachfahren bilden können.

Beim Nachdenken über die Frage, wie Delbrück an einem so kleinen Pilz mit einer einfachen Frage scheitern konnte, fällt mir ein Gespräch mit Barbara McClintock (1902-1992) ein. Die große alte Dame der Genetik meinte, „he fools him", Phycomyces hält den Professor zum Narren. Man braucht „a feeling for the organism", wenn man Leben verstehen will, und darf aus den Organismen keine Objekte einer Begierde machen, die sich berechnen lassen.

Die Idee der Verschränkung

Heute kann man ruhig sagen, dass Delbrücks Versuche, die Anfänge der Wahrnehmung mit Hilfe von Phycomyces zu verstehen, insgesamt gescheitert sind. Kann man daraus lernen? Delbrück hat sich unter anderem für den Pilz entschieden, weil das ganze Leben, das sich da vor einem aufrichtet, reagiert und wächst, aus einer Zelle besteht. Auf den ersten Blick leuchtet die Idee ein, mit einer solchen Vorgabe müsse sich leichter erfassen lassen, wie Licht seine Wirkung im Leben erzielt, als etwa durch Untersuchungen im Auge, wo unterschiedlichste Zellen koordiniert miteinander und mit wechselnden Molekülformen agieren müssen, um die Signale der auf der Netzhaut empfangenen physikalischen Strahlen erst in biochemische Reaktionen und dann in nervöse Signale umzuwandeln. In dem Pilz läuft alles in einem scheinbar überschaubaren zellulären Raum ab, und in ihm sollte man doch einen Einblick gewinnen können, wie nicht nur Delbrück meinte und probierte.

Doch dies hat sich inzwischen als Fehlschluss erwiesen, und tatsächlich bedeutet das einzellige Dasein des Pilzes, dass er sein Innenleben nicht allein den dort versammelten Molekülen und ihren messbaren Reaktionen verdankt, sondern eine ganzheitliche Qualität entfalten muss, die inzwischen als „Verschränkung" bezeichnet wird und womit gemeint ist, dass Pilze ein „Verwobenes Leben" führen, wie man sagt. Phycomyces beginnt sein Leben als eine Spore, die auskeimt und mit Fäden einen Teppich ausbildet, der Myzel heißt und in dem sich alle möglichen Netzwerke bilden, die flexibel agieren, Informationen austauschen und sich unaufhörlich umgestalten.

Dieser quirligen Verwobenheit oder Verschränkung fügt das einfallende Licht eine weitere Komponente hinzu, die sich nicht ohne weiteres mit dem Ansatz der traditionellen Molekularbiologie fassen lässt und im zellulären Gewimmel untergeht, ohne identifiziert werden zu können. In jeder Zelle steckt ein Stück der Geschichte des Lebens, das sich seit Milliarden von Jahren entwickelt, und man kann nur scheitern, wenn man bloß mit ihm spielen will und als Antwort auf eine Frage die Angabe einer bestimmten Molekülkonstellation erwartet, wie es als selbstverständlich galt, als alle Welt im molekularen Paradigma dachte. Delbrück ist gescheitert, weil er dem Objekt seiner Begierde zu wenig Respekt erwiesen hat – wie sein Doktorand auch.

Der Dialog zwischen Bohr und Einstein

Kleine Leute scheitern in kleinen Dingen, und große Leute scheitern in großen Dingen, wie man vielleicht sagen kann, wobei es im Folgenden um zwei ganz Große der Wissenschaft geht, die sich seit den 1920er Jahren geliebt und gestritten haben. Gemeint sind Albert Einstein und Niels Bohr (1885-1962), die beide ein anderes Verständnis für die damals neue Quantenmechanik und ihre bloß statistischen Auskünfte entwickelt haben. Einsteins berühmtes Diktum „Gott würfelt nicht", versuchte Bohr durch den Hinweis zu entkräften, dass es nicht die Aufgabe der Menschen sein könne, Gott vorzuschreiben, wie er die Welt in Gang zu setzen und in Betrieb zu halten habe.

Ernsthaft gestritten haben die beiden Giganten etwa 1927 bei einer der sogenannten Solvay Konferenzen um die Frage, ob die damals neuen Unbestimmtheitsrelationen von Werner Heisenberg (1901-1976) hintergangen werden konnten, wie Einstein meinte, oder ob dies ausgeschlossen sei, wie Bohr dachte. Den Dialog der beiden habe ich ausführlich in meiner Biografie des Dänen dargestellt, wobei es Einstein darum ging, eine Versuchsanordnung zu beschreiben oder zu erfinden, in der man zum Beispiel gleichzeitig die Energie eines Lichtteilchens messen und den genauen Zeitpunkt bestimmen kann, an dem dieser Zustand realisiert ist, was durch die Unbestimmtheitsrelationen ausgeschlossen wird, die unverbrüchlich Teil der neuen Quantenphysik waren. Die Details sind trickreich, aber Bohr konnte letztlich alle Versuche von Einstein, die Unbestimmtheit aufzuheben, abweisen, wobei er sogar Einsteins Theorien in Anspruch nehmen konnte, was den Theoretiker der Relativität gewurmt haben muss.

Auf jeden Fall ist Einstein im Dialog mit Bohr krachend gescheitert, und der Mann mit dem Wuschelhaar und der herausgestreckten Zunge hat erneut eine Niederlage hinnehmen müssen, als er sich in den 1930er Jahren eine Situation ausdachte, in der weit voneinander entfernte Partikel ohne physikalische Wechselwirkung den gleichen Zustand einnehmen, wenn nur eines von ihnen gemessen wird. Einstein sprach von einer „spukhaften Fernwirkung", die er als metaphysischen Unfug abtat, deren Realität aber von Bohr akzeptiert wurde und heute eindeutig und zweifelsfrei als „Verschränkung" nachgewiesen ist. Die Welt ist eben ein Ganzes, dessen Teile nur in den Namen aufscheinen, mit denen Menschen über sie reden.

Das Scheitern von Einstein hat etwas Tröstliches. Man kann mit ihm mitfühlen und sein eigenes Scheitern an schwierigen Fragen akzeptieren. „Quod licet Jovi, non licet bovi", heißt es manchmal. Doch hier gilt, was dem Meister erlaubt ist, sei auch den Lehrlingen gestattet. Man kann das positiv wenden und sagen, die wissenschaftliche Erklärung der Welt ist oftmals geheimnisvoller als die Wirklichkeit selbst. Wer strebend sich bemüht und scheitert, spürt die Tiefe des Mysteriums, das zu den Dingen gehört. Wer dagegen auf das Geheimnisvolle trifft, kann Glück empfinden. Wir sind da so, wie Albert Camus (1913-1960) seinen Sisyphos beschrieben hat, den er sich als glücklich vorgestellt hat. Das ist die absurde Wahrheit. In Becketts Worten: „Immer versucht. Immer gescheitert. Einerlei. Wieder versuchen. Wieder scheitern. Besser scheitern."

Zuletzt: Das Mysterium von Zahlen

Und noch etwas: Der oben erwähnte Arnold Sommerfeld hat in die Physik eine Größe eingeführt, die als Feinstrukturkonstante bekannt geworden ist, weil sie die Feinstruktur der Lichtspektren von Atomen zu berechnen und insofern zu verstehen erlaubt. Die Physiker benennen die Feinstrukturkonstante mit dem griechischem Buchstaben Alpha, und sie können dann schreiben α=e2/ħc, wobei e die Elementarladung, c die Lichtgeschwindigkeit und ħ (h quer) das durch 2π geteilte Quantum der Wirkung h ist, das Max Planck (1858-1947) in die Physik eingeführt hat und heute oft als Quantensprung bezeichnet wird. Wichtig ist, dass α dimensionslos ist, und als reiner Zahl kann man ihr den Wert 137 zuschreiben. Es gibt berühmte Leute, die sprechen dabei von der kosmischen Zahl, und es gibt sogar ein Buch, das sie im Titel trägt: „137“. Sommerfeld und andere wollten die Größenordnung der Feinstrukturkonstante und mit ihr das atomare Innenleben verstehen, deren Formel übrigens das Denkmal für Sommerfeld an der Münchener Universität ziert.

Tatsächlich kann (noch) niemand den Wert von α ableiten oder verständlich machen, aber da ist noch etwas, was mich persönlich lockt und bislang scheitern lässt: In der Formel für die Feinstrukturkonstante α=e2/ħc kommt ein ħ und damit die transzendente Kreiszahl π vor. Das physikalische h ist in den Gesetzen der Physik weniger relevant als das geometrisch erweiterte ħ. Doch was hat π mit der Physik zu tun, wobei diese Frage deshalb nicht vergeht, weil π in fast allen grundlegenden Gesetzen der Physik auftaucht, wenn es um das Innerste der Welt geht. Als ob sich am Grund der Dinge etwas dreht und mit seinen absoluten Rotationen dem Ganzen dadurch Stabilität verleiht. Und dann ist da noch etwas: In den entscheidenden Gleichungen der Quantenmechanik taucht hartnäckig das Produkt iħ auf, also die Verknüpfung einer imaginären mit einer transzendenten Größe, und an dieser Stelle scheitert mein Verstehen vollständig. Die Realität kann nur imaginär und transzendent zugleich und zudem mit nicht ableitbaren Quantensprüngen erfasst werden. Gescheiter ist noch keine Disziplin gescheitert.

Ich persönlich sitze fest wie damals vor fünfzig Jahren in der Schule. Ich warte auf den Lehrer, der mich an die Hand nimmt und mir die Quelle zeigt, in der zu lesen steht, was einem fehlt und woran man scheitert. Irgendwie sollte es so etwas geben.

21. Felder und Teilchen – Zwei fundamentale Konzepte der Physik

Die große Zeit der Wissenschaft namens Physik beginnt mit Isaac Newton, der im späten 17. Jahrhundert Gesetze für die Materie und ihre Bewegung aufstellen konnte. Im Jahre 1704 wollte der erfolgreiche Mann auf das Ganze blicken, und so konstatierte er, „am Anfang schuf Gott die Materie" (und Newton danach deren Physik). Der britische Forscher verstand unter der Materie „feste, massive, undurchdringliche und unbewegliche Teile", deren Bewegungen er auf Anziehungskräfte zurückführen konnte, die ihrerseits durch die Masse der materiellen Klumpen zustande kommen. Auf diese Weise errichtete er das solide Gebäude der Newtonsche Mechanik, mit deren Einsatz man heute Raketen zum Mond senden kann und mit deren Hilfe sich damals die elliptischen Bahnen der Planeten berechnen und somit verstehen ließen. Dies erlaubte es den Menschen insgesamt, die Welt als ein Uhrwerk anzusehen, in dem verschiedene Teile ihre regelmäßigen Bewegungen ausführen und alles gottgefällig und gesetzestreu vonstattengeht. Der dazugehörige dynamische Antrieb resultierte aus dem Vermögen der Materie, das Newton als Gravitation oder Schwerkraft identifizierte und was dafür sorgte und sorgt, dass Massen über kosmische Entfernungen hin bis in den letzten Winkel des Universums Anziehungskräfte aufeinander ausüben können, mit deren Hilfe die Sonne zum Beispiel die Planeten auf ihren Bahnen hält und ferne Galaxien sich einander umkreisen.

Als die Physiker in den Jahrhunderten nach Newton nicht nur in die Tiefe des Alls, sondern auch in das Innere der Welt vorzustoßen versuchten, wurden aus den einfachen Teilen der Materie – bei Newton ist von „parts" die Rede – nach und nach die raffinierten Teilchen, von denen man heute spricht und die auf Englisch „particles" heißen. Dabei entstand die Disziplin der Naturwissenschaft, die heute als Teilchenphysik – Particle Physics – eine dominierende Rolle spielt und der neugierig staunenden Welt ein kompaktes und abgeschlossen wirkendes Standardmodell (Abb.: Standardmodell) präsentiert, in dem die Kenntnisse zusammengestellt werden, die Newtons Nachfolger in Jahrhunderten und in mühevoller Kleinarbeit über die Bestandteile der atomaren Welt angesammelt haben, die sie auch gerne als Elementarteilchen bezeichnen. In der Sprache der Teilchenphysiker besteht die Welt aus solchen Partikeln, und die Öffentlichkeit folgt ihnen dabei gerne, da sie Atome bevorzugt als kleine Kügelchen betrachtet, in denen Kernkräfte ihrerseits mit noch kleineren Bällen hantieren, die alle eigene Namen tragen und ihren Platz im Standardmodell voller Teilchen zugewiesen bekommen.

Das Standardmodell

Unter „Standardmodell“ versteht die Fachwelt eine höchst komplizierte mathematische Fassung der fundamentalen physikalischen Wirklichkeit, die täuschend einfach als Kasten mit Kästchen präsentiert wird, wie hier gezeigt. Laien können nur verwirrt auf die Namen blicken, die man den Teilchen gegeben hat, wobei man aus der Schulzeit das Elektron kennen sollte. Das oben rechts angebrachte Teilchen mit Namen Higgs, das die Symmetrie der Anordnung stört, ist erst vor kurzem hinzugefügt worden. Es soll den Dingen Gewicht verleihen. Sein Schöpfer hatte etwas anderes als ein Teilchen im Sinn, nämlich ein Higgs-Feld. Aber das passte nicht in den Kasten.

Das bekannteste dieser endgültig nicht mehr als zerlegbar vorgestellten Partikel ist das Elektron, das bereits im 19. Jahrhundert gefunden werden konnte, das in Drähten den elektrischen Strom ermöglicht und in Atomen in den Hüllen zu finden ist, die deren Kern umschließen. Im Innersten der Welt selbst – gemeint ist der Atomkern – finden die Physiker ebenfalls Teilchen, die sie mit denselben Endsilben Protonen und Neutronen nennen, und wer sich diese gängige Darstellung in den Sachbüchern und Magazinen anschaut, kann nicht anders als zu der Überzeugung gelangen, dass die ganze Welt aus Teilchen besteht, so wie sich Newton dies von ihrem göttlichen Anfang her gedacht hat.

Etwas abweichend von Newtons Weltbild sollte nicht übersehen werden, dass die wichtigen Bewegungen der Teilchen nicht gradlinig von einem Anfangs- zu einem Endpunkt verlaufen, sondern als Drehungen stattfinden, etwa dann, wenn Planeten um ein Zentralgestirn kreisen und Elektronen es ihnen im Atom nachzumachen scheinen, wenn sie dort einen Kern umrunden. Und so wie die Erde um die eigene Achse rotiert, windet sich auch ein Elektron um seine Mitte, es verfügt über eine Drehdynamik, die Physiker als Spin bezeichnen, wobei anzumerken ist, dass der Elektronenspin zwar benötigt wird, um viele Eigenschaften der Materie erklären zu können, selbst aber ein unverstandenes und rätselhaftes Dasein führt. Dieser Sachverhalt ändert nicht viel an dem Gesamtbild, auf dem eine Welt voller bewegter Teilchen zu sehen ist, mit denen die Physik das Standardmodell füllt und mit dem sie meint, alles erklären zu können. Doch Vorsicht: Wohl kaum etwas könnte weiter von der Wahrheit entfernt sein als diese Feststellung, wie im Folgenden ausgeführt werden soll.

Die Entdeckung der Felder

Newtons historische Größe verdankt sich nicht nur den Einsichten, die ihm gelungen sind, sondern auch den Lücken, die er selbst in seiner mechanischen Weltsicht ausmachen konnte und über die er nicht hinwegsehen wollte. Er wusste natürlich, dass er bei seinem Spielen am Meeresstrand schöne Muscheln gefunden hatte, aber er war zugleich auch sicher, dass sich in dem vor ihm liegenden Ozean die eigentlichen Geheimnisse noch verborgen hielten. Nachdem er 1687 sein großes Werk abschließen konnte, das gewöhnlich kurz als „Principia" zitiert wird und in dem er seine Mechanik der Teilchen in mathematischer Sprache ausgearbeitet hatte – Newton sollte später auch die Farben des Lichts auf verschieden große Partikel zurückführen und auf diese Weise den großen Goethe ärgern –, schrieb er einen Brief an Reverend Richard Bentley, in dem er dem Kirchenmann gegenüber sein Verwundern zum Ausdruck brachte:

„Es ist unfassbar, dass unbelebte reine Materie, ohne die Vermittlung von irgendetwas anderem, das nichtmateriell ist, auf entfernte Materie einwirken und diese beeinflussen kann. Die Gravitation ist der Materie angeboren und innewohnend [sic]. Dass ein Körper auf einen zweiten über eine große Distanz [die Erde zum Beispiel auf den Mond] durch ein Vakuum wirken kann, ohne durch Vermittlung von irgendetwas anderem, wodurch diese Wirkung und Kraft von einem auf den zweiten übertragen wird, ist für mich eine so große Absurdität, dass [...] niemand, der in philosophischen Angelegenheiten eine kompetente Fähigkeit hat, jemals darauf reinfallen kann."

In dem Zeitalter der Aufklärung, das Newton folgte und in dem Philosophen seine Physik als Licht der Vernunft verherrlichten, akzeptierte das Denken, was seine Gleichungen vorsahen, nämlich die Existenz einer direkten Fernwirkung zwischen den materiellen Gegenständen, die sich gegenseitig durch die Schwerkraft anzogen, was im Alltag augenscheinlich wird durch das Fallen von massiven – mit Masse ausgestatteten – Dingen auf den Fußboden, wenn diese nicht festgehalten werden. Kein Aufklärer wollte wissen, was sich zum Beispiel zwischen der Erde und dem Apfel breitmacht, der sich von seinem Ast löst und abstürzt, und erst im frühen 19. Jahrhundert, als die Romantik ihr Haupt erhob, machte der Brite Michael Faraday den Vorschlag, dass die Kraft, die ein elektrischer Strom auf eine Magnetnadel ausüben kann, die in einiger Entfernung von dem leitenden Draht aufgebaut ist, durch eine dynamische Eigenschaft des Zwischenraums vermittelt oder übertragen wird, die Faraday als „Feld" bezeichnete.

Der intellektuelle Mut, mit dem dieser romantische Gedanke die Enge der Aufklärer überwinden konnte, bestand darin, etwas Sichtbares – die Kraftwirkung des Stromes – durch etwas Unsichtbares – in dem konkreten Fall ein elektrisches Feld – zu erklären, wobei dieses Feld so gedacht war, dass es ganz allgemein eine Eigenschaft des Raumes bezeichnete, mit der sich physikalische Wirkungen hervorrufen lassen. Faradays Feld lieferte, was Newton als „irgendetwas anderes, das nichtmateriell ist" erahnt und erwähnt hatte, das für ihn aber im Dunkel des Geheimnisvollen geblieben war. Aus der nicht nur für den aufklärenden Briten unfassbaren Fernwirkung wurde in der Romantik die nachvollziehbare Nahwirkung eines raumfüllenden Feldes, die von zu ihm gehörenden und es konstituierenden Kraftlinien ermöglicht und bis zu dem jeweiligen Zielort weitergeleitet wurde. Neben dem elektrischen existierte auch ein magnetisches Feld, wie Faraday nicht übersah, und beide beeinflussen sich gegenseitig und agieren gemeinsam.

Und so finden sich überall in der Welt (für das Auge unsichtbar bleibende) elektromagnetische Felder, durch die der Raum Energie in Form einer dynamischen Spannkraft bekommt, und im Anschluss an Faraday konnte der Schotte James Clerk Maxwell den Verlauf und die Wirkung der elektromagnetischen Kraft- oder Feldlinien durch ein System von vier Gleichungen beschreiben, die von Zeitgenossen als ein Geschenk Gottes aufgefasst wurden. Maxwells Theorie der Felder wurde zu einem durchschlagenden und überragenden Erfolg, was nicht zuletzt daran lag, dass seine Feldgleichungen es erlaubten, das Licht als ein elektromagnetisches Phänomen zu verstehen, was konkret bedeutete, dass die Ausbreitung eines Lichtstrahls als elektromagnetische Welle verstanden wurde, deren Geschwindigkeit Maxwell sogar berechnen konnte.

Es ist die berühmte Lichtgeschwindigkeit, die als C bezeichnet wird und deren Konstanz von Albert Einstein bemerkt und genutzt wurde, um im Rahmen seiner speziellen Relativitätstheorie ein neues Verständnis von Raum und Zeit zu entwickeln. Für Einstein bestand die Welt im Anschluss an Maxwell vornehmlich aus Feldern, was seine spätere Abneigung gegenüber der Atomphysik namens Quantenmechanik erklären kann, die bevorzugt an Teilchen dachte, wie noch erläutert wird.

Auf jeden Fall triumphierte mit Maxwells Ideen und Gleichungen der Feldbegriff als Beschreibung des dynamischen Zustandes, in dem sich der nur scheinbar leere Raum befand, und danach bereitete es keine Mühe mehr, Newtons Gravitation durch ein Schwerefeld der Erde – oder von anderen massiven Ansammlungen aus Materie – verständlich zu machen. Mit Hilfe des Gravitationsfeldes verlor die von Massen ausgeübte Kraft ihren Charakter als Fernwirkung, und sie wurde durch Vermittlung einer Raumfüllung spürbar, die jetzt als Feld verstanden wurde, davor aber bereits als Äther bekannt war. Dieses traditionsreiche Wort stammt aus dem Griechischen, meint in dieser Sprache so etwas wie den (blauen) Himmel, wurde danach in der Physik als Trägermedium einer Lichtwelle verstanden, und hat seit dem 20. Jahrhundert vor allem dank Einstein eine turbulente Geschichte erlebt, der den Äther erst abschaffen wollte, dann wieder aus der Mottenkiste hervorholte und erklärte, „In der Allgemeinen Relativitätstheorie ist Raum ohne Äther undenkbar, unvorstellbar. In diesen Raum bringen wir ein ‚metrisches Feld' ein, um mit ihm denken zu können".

Dieses Feld scheint der eigentliche Stoff zu sein, aus dem die Welt gestrickt ist, und so kommt es, dass der Äther selbst heute noch von Nobelpreisträgern angeführt und eingesetzt wird, wenn sie gefragt werden, wie sie sich im Rahmen der modernen Physik den leeren Raum vorstellen – den reinen Raum an sich, das Vakuum, das ein Quantenvakuum ist und in dem eine Menge Betrieb herrscht. Zwar sollte klassisch gesehen gelten, „Von Nichts kommt nichts", aber wenn die Quantenphysik das Sagen hat, ist zwar nicht viel im Nichts, aber auf keinen Fall nichts oder ein Nichts. Es muss immer ein Etwas da sein, auf jeden Fall so etwas wie ein Energievorrat oder ein Feld, das man gerne auch als Medium bezeichnen und verstehen kann, weil die Physiker ganz selbstverständlich von einem Lichtmedium sprechen, wenn sie einen Äther meinen und etwas suchen, im dem sich Licht ausbreiten kann. Wellen brauchen in der Physik und in der Wirklichkeit eben ein Trägermedium – der Schall die Luft, die Wasserwogen den Ozean und das Licht den Äther. Welches Wort auch immer gewählt wird – Feld, Medium, Äther –, klar ist, dass dank einer damit angesprochenen Präsenz von Energie im Raum die Welt nicht mehr aus Teilchen besteht, sondern viel mehr aus Feldern, und es gibt sogar Physiker, die explizit behaupten, „Es gibt keine Teilchen, es gibt nur Felder".

Die Hartnäckigkeit der Teilchen

Vielleicht gibt es tatsächlich nur Felder, und die Teilchen treten bestenfalls als ihre Begleiterscheinungen oder Manifestationen auf, was aber nicht als Allgemeingut zur Bildung gehört und deshalb dem Verstehen vielfach Schwierigkeiten bereitet, weil die Lehrbücher der Physik und die meisten Sachbücher – vor allem von Autoren, die das Standardmodell feiern – immer noch am Teilchenbild orientiert sind, wenn sie populär schreiben. Die dazugehörigen Partikel haben bekanntlich einprägsame Namen wie Elektron, Neutron und Proton bekommen, die deshalb den Gedanken selbstverständlich erscheinen lassen, dass es sich bei diesen Elementarteilchen wie bei den Atomen um separate Gebilde handelt, die man fast in die Hand nehmen und einzeln vorzeigen kann. Wie soll das auch anders sein? Materie lässt eine Masse spüren, und also müssen die Dinge der Welt aus massiven Teilchen aufgebaut sein, die der Schwerkraft unterliegen, und der Common Sense hat Mühe, sich vorzustellen, wie Materie aus nichtmaterieller Energie erzeugt werden kann. Zwar wissen alle, dass $E=MC^2$ ist, wie Einstein bereits 1905 zu seiner und der allgemeinen Verblüffung feststellen musste, aber es fällt bis heute niemandem leicht, Strahlung und Energie (E) auf eine Stufe mit Materie und Masse (M) zu stellen und die in der berühmten Gleichung ausgedrückte (mathematische) Äquivalenz von E und M ihrem (physikalischen) Wesen nach zu verstehen.

Die ersten Physiker, die experimentell Zugang zu den Atomen fanden, haben auch vornehmlich im Teilchenbild gedacht – etwa als Ernest Rutherford 1911 sogenannte Alpha-Teilchen auf eine Goldfolie lenkte, deren Atome ihm auf jeden Fall als kugelförmige Zielobjekte vor Augen schwebten –, und als Werner Heisenberg 1925 eine erste nicht-klassische Theorie der Atome aufstellen konnte, wurde das mathematische Gerüst Quantenmechanik genannt, weil man meinte, sie handele wie Newtons Mechanik von unzerstörbaren Teilchen und ihren Wechselwirkungen im leeren Raum. Das Licht, das Atome abstrahlen konnten, war inzwischen von Einstein auch in einem Teilchenbild beschrieben wurden, wobei anzumerken ist, dass sich der große Mann bis zum Ende seines Lebens keinen Reim auf die als Photonen bezeichneten Lichtpartikel machen konnte, da sie zu einer Wellenbewegung beitrugen und immer mit einer räumlichen Ausdehnung einhergingen, was ihnen einen neben dem Teilchen- auch einen Feldcharakter verlieh.

Selbst als Erwin Schrödinger 1926 eine zweite Art von Quantenphysik der Materie und dabei eine Feldgleichung für Atome präsentieren konnte – gemeint ist die berühmte Schrödinger Gleichung, die in den Lehrbüchern als Wellenmechanik behandelt wird –, deuteten seine Kollegen das Ergebnis in dem ihnen vertrauten Teilchenbild, indem sie sagten, Schrödingers Feld erlaube die Berechnung der Wahrscheinlichkeit, ein bestimmtes Teilchen – zum Beispiel ein Elektron – an einem bestimmten Ort – zum Beispiel in einem Radiumatom – zu finden.

Es gilt zu beachten, dass die Wellenfunktion mit dieser Interpretation zu einer Größe wird, die über Informationen verfügt, die man ihr entnehmen kann. Gemeint sind die erwähnten Informationen über den Aufenthaltsbereich von Teilchen in der Sphäre der Atome, was am Ende noch einmal aufgegriffen wird. Die Hartnäckigkeit der Teilchen zeigt sich in der Physik bis heute. Zwar konnte nach der Quantenmechanik, die der klassischen Mechanik von Newtons Teilchen gefolgt war, eine Quantenfeldtheorie aufgestellt werden, die sich an der klassischen Feldtheorie von Maxwell orientierte. Aber das Standardmodell, das ihre erfolgreichste Version darstellt und eigentlich mit der Vorgabe arbeitet, dass es nur Felder gibt, redet zuletzt wieder von den Teilchen des Lichts und in den Atomen und beantwortet die Frage, wo diese Partikel herkommen, mit dem Hinweis auf die Quanten des Feldes, die in den dazugehörigen Gleichungen auftreten.

„Verkörperte Ideen“

An dieser Stelle wird es spannend, denn damit wird ein Schritt vollzogen, der mir ungeheuerlich und wundersam vorkommt, auch wenn dies in der Literatur nicht so vermerkt wird und man rasch über ihn hinweggeht. Gemeint ist die Einführung der Vorstellung, die der Teilchenphysiker und Nobelpreisträger Frank Wilczek in seinem Buch mit dem hübschen Titel „The Lightness of Being“ „embodied ideas“ nennt, also verkörperte Ideen, wie man sagen könnte. Sie machen nicht die Leichtigkeit, sondern „Die Lichtigkeit des Seins“ aus und haben ihren Platz im Innersten der Atome, die auf diese Weise lichtartig werden. In ihrer Mitte befinden sich Teilchen (Neutronen, Protonen), die aus weiteren Teilchen bestehen, die Quarks heißen und von Feldern zusammengehalten oder verleimt werden, was Physiker durch die Aktion von noch kleineren Teilchen erläutern. Sie sprechen von Gluonen – ein Wort, das so klingt wie Elektronen und Photonen –, wobei allerdings das Folgende gilt: „Gluonen sind Objekte, die den Gleichungen von Gluonen gehorchen".

Anders ausgedrückt: Diese Gluonen sind zugleich etwas Materielles – als ein reales Etwas – und etwas Immaterielles – als ein mathematisches Etwas. Gluonen sind verkörperte Ideen, wobei ein weiterer Witz ihrer Existenz darin besteht, dass die Felder für die Gluonen, die mit den Quarks agieren, von den Theoretikern eingeführt worden sind, um den Atomkernen das zu verleihen, was in der Fachwelt Eichsymmetrie oder lokale Symmetrie heißt. Unter dieser Vorgabe kann man die Masse eines Protons aus seinen Quarks berechnen, auch wenn diese merkwürdig benannten Gebilde selbst über keine Masse verfügen, und auf diesem Wege bringt eine (mathematische) Idee – die der Symmetrie – ein Stück (der physikalischen) Wirklichkeit zum Vorschein, was mir immer noch als Wunder erscheint, auch wenn es reibungslos funktioniert. Insgesamt macht diese Situation Mut zu einem konzeptionellen Schritt, von dem vielleicht die ganze Physik profitieren kann und den es jetzt so einfach wie möglich zu beschreiben gilt.

Zwischen zwei Stühlen

Allgemein gilt: Wer Physik verstehen will, kommt rasch zwischen zwei Stühlen zu sitzen. Das hat Einstein erfahren, als er merkte, dass das als Welle verstandene Licht auch als Teilchen in Erscheinung treten kann und somit ein duales Sein aufweist. So etwas war zuvor bereits im 19. Jahrhundert aufgefallen, als der Newtonschen Mechanik mit ihren Massenpunkten Faradays Felder mit ihren Energien an die Seite gestellt werden musste, und damit hatten sich bereits die griechischen Philosophen geplagt, von denen einige nach dem Verhältnis von Sein und Nichtsein fragten und bei ihrem Nachdenken darüber auf eine grundlegende Substanz gestoßen waren, der sie den Namen „Ousia" gegeben haben und den man als „Grundbegriff der antike Ontologie" bezeichnen kann, auch wenn er wenig zum Einsatz kommt. Platon verwendete das Wort „Ousia" einerseits für einzelne Ideen und andererseits für die Gesamtheit, die das Seiende ausmacht, und diese Sicht erlaubt es, mit der „Ousia", die man als Ursubstanz oder Urwirklichkeit eindeutschen könnte, den Übergang von der Welt der Ideen zu der Welt der Erscheinungen oder des Seins zu vollziehen, und dabei kann man sich sogar an Platon halten.

Wenn die moderne Teilchenphysik – wie oben skizziert – im Innersten der Welt materialisierte Ideen findet und das Treiben der Gluonen mit ihnen versteht, dann schlagen ihre Vertreter dasselbe wie Platon vor, der in seinem Dialog „Timaios" meinte, die kleinsten Teile der Materie seien aus rechtwinkligen Dreiecken gebildet, die man so gesehen als „embodied ideas" der Antike bezeichnen kann. Dieser Gedanke kam dem jungen Heisenberg zwar völlig absurd vor, als er 1919 in Platons Dialog von diesem Vorschlag las, aber das Problem, wie aus einem Etwas, das keine Materie ist, ein anderes Etwas werden kann, was dann als Materie über Form und Masse verfügt, ist mit dieser verständlichen Verwunderung ja nicht aus der Welt geschafft. Und so komisch es klingt, aber Platons einst absurd wirkender Schritt wird im aktuellen Standardmodell vollzogen, und dies könnte einen auf die Idee bringen, seine vermeintliche Verrücktheit etwas näher anzuschauen, was jetzt unternommen wird.

Der Aufbau der Welt

Um den Anschluss von Platon an die moderne Physik zu gewinnen, muss man versuchen, seinem geometrisch gedachten Dreieck physikalisch wirksame Seiten zu geben, was zum Beispiel mit der Kenntnis des 2015 erfolgten Nachweises der Gravitationswellen gelingen kann, deren Existenz Einstein als durch beschleunigte Massen ausgelöste Wellen der Raumzeit bereits 100 Jahre zuvor als Konsequenz seiner Allgemeinen Relativitätstheorie abgeleitet und prognostiziert hatte. Einstein hatte der Welt zuvor die als Raumzeit bekannte Verbindung von Raum und Zeit geschenkt, mit der zwei Seiten eines platonischen Dreiecks festliegen.

Die allumfassende und omnipräsente Raumzeit wird gewöhnlich durch senkrecht zueinanderstehende Achsen charakterisiert, die als physikalische Größen nur endlich lang werden dürfen und deren Ausdehnung von der in Raum und Zeit verfügbaren Energie abhängig ist. Es ist hier nicht der Platz, um dieses weit- und tiefreichende Konzept der Physik ausführlich zu erörtern, und es soll genügen, wenn der erste Hauptsatz der Thermodynamik zu Rate gezogen wird, der von der Konstanz der Energie und ihrer universalen Unzerstörbarkeit zu berichten weiß. Energie hat es demnach wie Raum und Zeit von Anfang der Welt an gegeben, weshalb dieses Trio zu einem Dreieck zusammengesetzt werden kann, das man zu Ehren eines großen griechischen Philosophen als platonisches Dreieck bezeichnen kann.

Platon betrachtete ein Dreieck als eine objektiv gegebene Idee in ihrer vollkommenen Form. Aus solch einer geometrischen Konstruktion gehen nicht direkt die kleinsten Teile der Materie hervor, dafür sieht man Vermittelndes, etwas Vermögendes, das bei dem Philosophen und an dieser Stelle als eine „Ousia" behandelt wird und auch so heißen soll. Bei Platon wächst aus geometrischen Formen die Essenz namens „Ousia" hervor, und bei Einstein kann aus schwingender Raumzeit Materie mit Masse werden, wobei die Gravitationswellen genau genommen auf den ersten Blick den umgekehrten Prozess erkennen lassen.

Mit der sich bildenden und also gewordenen „Ousia" verfügt die Welt erstmals über mehr als nur mathematische Formen oder Ideen, aber noch liegen keine soliden Teilchen vor, die erst in einem nächsten Schritt entstehen, wobei hier philosophisch an den „Aufbau der realen Welt" angeknüpft wird, dessen Schichtenstruktur der Philosoph Nicolai Hartmann in den 1950er Jahren beschrieben hat.

Er beginnt von unten kommend mit dem Anorganischen, setzt dieser Ebene das Organische auf, das erst von einer seelischen und dann von einer geistigen Schicht überformt wird, wobei nicht unerwähnt bleiben soll, dass die Attraktivität dieses hier nur knapp skizzierten Modells für einen Naturwissenschaftler daher rührt, dass das evolutionäre Werden des Lebens einen ähnlichen Aufbau der Welt von den chemischen Molekülen über die biologischen Zellen mit aufsteigender Komplexität bis zu empfindsamen und wahrnehmenden Organismen erkennen lässt. Auf jeder Ebene tritt etwas Neues in Erscheinung, was vorher und ohne sie nicht zu erkennen war und hier mit dem Hinweis auf die besondere Qualität von innovativen Kombinationsmöglichkeiten konstatiert wird, die gerne unterschätzt werden. 1 und 1 ist nicht nur 2, sondern kann auch 11 meinen und im Leben sogar eine Familie ergeben.

Hartmanns Grundmodell kann man nutzen, um aus größerer Tiefe zu ergründen, aus welchem immateriellen Anfang heraus die atomaren und molekularen Stufen entstanden sind, die zum Aufbau des Anorganischen führen – so wie ja auch in der Vorstellung Newtons zuerst ein immaterieller Gott für die materiellen Teile gesorgt hat. Hier wird vorgeschlagen, aus Platons geometrischen Vorgaben in Form reiner Ideen durch die rechtwinklige Kombination erst eine „Ousia" heraustreten und entstehen zu lassen, deren Vermögen als seiende Substanz dann das Werden der Atome durch Errichten einer neuen Ebene ermöglicht, die sich anschließend zu Molekülen zusammenfinden können, mit denen zuletzt der Aufbau der realen Welt in weiter aufsteigenden Schichten seinen historischen oder evolutionären Lauf nehmen kann. Das Besondere an der „Ousia" Ebene besteht darin, dass auf ihr noch keine materiellen Teilchen auftreten und eher ein Zwischending zu finden ist, mit dem das Reich der physikalischen Ideen mit der Sphäre der wirklichen Teilchen verbunden und der Zwischenraum überbrückt wird. Und deshalb wird vorgeschlagen, der „Ousia" den Charakter eines Feldes oder eines Mediums zu verleihen, mit denen sich Partikel erst erzeugen und dann auch verweben lassen.

Übrigens – mit einer Ideenschicht am Grund des Seins und einer Geistebene, die über allen Dingen schwebt, wird durch diesen Vorschlag aus der gradlinigen Struktur der Hartmannschen Schichten ein kreisförmiges Gebilde, das dem Denken angenehmer sein müsste, da es nichts offen lässt und ihm stattdessen einen geschlossenen Ring bietet, mit dessen Innen und Außen es spielen kann. Dieser Gedanke an einen Kreislauf wird noch einmal auftauchen.

Die dynamische Raumzeit

Die Wirkung der „Ousia" hängt an dem Konzept der Energie, das als Wort von Aristoteles vorgeschlagen wurde, um damit den Wirkmechanismus zu benennen, den es geben muss, um aus den Möglichkeiten der Welt die Wirklichkeit des Seins hervortreten und werden zu lassen, die Menschen erleben und zu ergründen versuchen. Energie ist philosophisch ebenso schwierig zu fassen wie eine Masse oder die „Ousia", auch wenn das auf den ersten Blick anders erscheint und jeder mühelos von dem Verbrauch oder den Kosten der (physikalischen) Energie spricht und sich gar nicht fragt, was alles in dem Begriff steckt. Man macht sich ja auch keine Gedanken über die genaue Bedeutung und das Zustandekommen von Masse, und die wenigsten merken, dass E=MC2 nicht nur wegen der Riesenmenge an Energie, die in einer Masse steckt, etwas zum Staunen bietet, sondern auch, weil Einsteins Gleichung auf den Zusammenhang zwischen einer immateriellen Größe E und handfesten Teilen mit einer Masse M verweist, wie es auch die „Ousia" hinbekommt.

Man sollte versuchen, die physikalische Verbindung zwischen dem Feld „Ousia" und der Wirkkraft Energie aufzudecken, um im Anschluss daran in der Lage zu sein, sich dem Wesen der Masse zu nähern und die von ihr ausgehende Schwerkraft zu verstehen, die das Weltall beherrscht – und sich dem Standardmodell verweigert, wie gerne in den entsprechenden Büchern übergangen oder nur am Rande erwähnt wird. Am Anfang des Materiellen findet man ein Feld, dem der kleinste Raum mit dazugehöriger Raumzeit genügt, um Energie wirksam werden zu lassen und der Welt einen existentiellen Grund zu liefern.

Mit der „Ousia" als Spannungsfeld im Raum kann man sich vorstellen, dass sich Etwas in oder auf ihm wie auf einer Wasseroberfläche befindet, wobei in der Raumzeit die Energie verfügbar ist, wie es das Platonische Dreieck vorsieht. Das Vorhandensein von Energie heißt, dass es möglich sein muss, das Etwas in Bewegung zu versetzen, was auf einer Oberfläche durch den Einsatz von Werkzeugen geschieht, die man sich als Paddel vorstellen kann, welche in das Wasser eingetaucht und durch es gezogen werden. Bei einer solchen Aktion treten bekanntlich zwei Wirbel auf, die voller Energie stecken und in dem hier behandelten Zusammenhang als Teilchen mit einer daraus berechenbaren Masse gedeutet werden können. So wäre in dem bereitstehenden Feld unter Einsatz von Energie die Materie aufgetaucht, deren Auftreten man die ganze Zeit erklären wollte.

„It from Bit"

Mit dem Übergang von einer immateriellen Sphäre zu einer realen Wirklichkeit hat sich auch der leider nur wenig bekannte amerikanische Physiker John A. Wheeler befasst, der meinte oder hoffte, dass es eines Tages möglich sein werde, „die gesamte Physik in der Sprache der Information zu verstehen und auszudrücken", wobei hier zu ergänzen ist, dass zum einen bereits erwähnt wurde, dass in der Schrödinger-Gleichung Informationen über das Befinden von Atomen stecken, und dass zum zweiten die Quantenphysiker im Laufe ihrer Arbeit bemerkt haben, dass ihre Wissenschaft nicht die Elementarteilchen und ihre Gebilde selbst beschreibt, sondern nur das Wissen, das man über diese Objekte der Begierde gewinnen konnte. Wheeler traf seine pointierte Aussage in einem 1989 gehaltenen Vortrag, dem er den hübschen Titel „It from Bit" gab und in dem er die Ansicht vertrat, dass die Realität – das It – eine nicht-materielle Quelle habe, die aus den Bits in Form der Antworten mit ihren Informationen zustande kommt und besteht, die von der Natur auf experimentell gestellte Fragen gegeben werden, bei denen ein Beobachter zum Beispiel wissen will, ob Licht als Welle oder Teilchen vorliegt.

Dies greift erneut einen Gedanken von Platon auf, der ebenfalls die Welt aus Alternativen aufbauen wollte und dafür regelmäßige Körper wie seine Dreiecke heranzog. Für Wheeler besitzen die Dinge auf diese Weise einen informativen Ursprung – am Anfang war die Information als Urstoff oder „Ousia" der Welt –, weshalb er auch die Idee verbreitete, dass Menschen in einem partizipatorischen Universum leben, zu dem sie beitragen und in dem sie Zuschauer und Mitspieler zugleich sind.

Mit dieser gedanklichen Vorgabe, dass die Welt als ein Medium oder dynamisches Feld mit einem Hin-und-Her der Teilnehmer zu verstehen ist, hat Wheeler auch das weite Feld der Allgemeinen Relativitätstheorie von Einstein, die auch als Gravitationstheorie bezeichnet wird, in einem fabelhaften Satz durch eine kreisförmige Bewegung des Denkens auf den Punkt gebracht, wenn diese Formulierung erlaubt ist: „Die Raumzeit beherrscht die Materie, indem sie ihr sagt, wie sie sich bewegen soll; und die Masse beherrscht die Raumzeit, indem sie ihr sagt, wie sie sich krümmen soll."

Da Einstein die Gravitation durch die Raumkrümmung erklärt, kann man sagen, dass es weder das Schwerefeld ohne die massiven Teilchen noch die materiellen Partikel ohne die Geometrie des kosmischen Feldes gibt. Die Felder und die Teilchen, sie bedingen einander und werden in diesem Sinne ununterscheidbar. Am Anfang taucht eine bewegte Raumzeit voller Energie aus der Urflut auf, von der die Bibel weiß, und in dieser Zeit werden und bleiben die Masse und die Gravitation identisch. Wenn der Ozean aus der Schöpfungsgeschichte mit der Oberfläche verbunden wird, mit der oben das als „Ousia" wirkende Feld veranschaulicht wurde, dann kann man jetzt gedanklich ein Loch in diese Schicht hinein bohren und das Wasser durch die dabei entstehende Öffnung abfließen lassen. Dadurch zeigt die Welt ihre Dynamik. Die Raumzeit neigt sich nämlich jetzt der Senke zu, die man in diesem Bild als Gravitationszentrum deuten kann und deren Nähe ihre Mitspieler durch eine zunehmende Beschleunigung erfahren.

So wie Newton am Anfang dieses Aufsatzes steht, soll er erneut an seinem Ende auftauchen, denn die Überlegungen mit der einsetzenden Dynamik und Teilchenproduktion im „Ousia" Feld beruhen letztlich auf seiner grundlegenden Einsicht, der zufolge jede Kraft eine gleich große Gegenkraft hervorruft, was gewöhnlich als das Prinzip „Actio gleich Reactio" vorgestellt wird. Es scheint, als ob man mit dieser stabilen Zweiheit die Welt als dynamische Einheit verstehen kann, was man doch immer wollte. Keine Materie ohne Geist, kein Ich ohne Du, kein Licht ohne Schatten, keine Masse ohne Beschleunigung, kein Feld ohne Teilchen, keine Henne ohne Ei, keine Information ohne einen Empfänger und alles natürlich auch umgekehrt denkbar und tatsächlich möglich. Keine Wirklichkeit ohne Möglichkeit. Menschen leben in einem Meer von Möglichkeiten, aus denen sie wählen können, wenn sie bereit sind, Opfer zu bringen. In der öffentlichen Rede ist dabei oft und gerne von einem Spannungsfeld die Rede. Man kann es wörtlich nehmen. Es beginnt im Innersten der Welt und hält sie und die Menschen in ihr am Leben.

Ein romantisches Ende

Noch ein Schlusswort: In der Aufklärung schien die Welt deshalb in Ordnung, weil man auf die vernünftige Frage „Woraus besteht die Materie?" die vernünftige Antwort geben konnte, „aus Teilchen in Form von Massenpunkten, wie sie die Newtonsche Mechanik einsetzt". Die Aufklärer mussten sich dann von den Romantikern belehren lassen, dass es auf vernünftige Fragen mehr als eine vernünftige Antwort geben kann. Wer wissen will, „Was ist Licht?", muss sich erst etwas über Wellen und Teilchen erklären lassen und insgesamt zur Kenntnis nehmen, dass die Welt nicht nur aus Partikeln, sondern auch und wahrscheinlich vor allem aus Feldern besteht. Die Welt ist ein Ganzes – ein weites Feld – aus Teilchen, die nur als Teile existieren und allein deshalb so viel Aufmerksamkeit bekommen, weil sie schöne Namen haben. Nur deshalb treten sie einzeln aus dem Sein hervor, das alles und alle umfasst. Die Aufklärung sucht die eine Antwort, die sie für richtig hält und die Dinge erklärt. Die Romantik sucht die Antworten, die den Dingen ihr Geheimnis lassen und sie dadurch attraktiv machen. Kann es etwas Schöneres als diese Gelassenheit geben?

Quellenangaben zu den 21 Texten

1: Eine Welt voller Geheimnisse: Originalbeitrag

2: Kreisläufe des Lebens: Originalbeitrag

3: Erstens kommt es anders und zweitens als man denkt: Originalbeitrag

4: Die Wunder der Welt erklären: „Deutscher Bildungsrat", noch unveröffentlicht

5: Die Wissenschaft zittert nicht: „Säkularisierung und die Weltreligionen", hrsg. von Hans Joas und Klaus Wiegandt, Frankfurt am Main 2007, S. 284-321

6: Aus Zwei mach Eins: „Jung Journal", Oktober 2023, noch unveröffentlicht

7: Die Welt in deiner Hand: „Jung Journal" April 2024, noch unveröffentlicht

8: Aufklärung und Geheimnis: „Profil", 7-8/2013, 12-29

9: Das Rettende in der Gefahr: „der blaue reiter", 48/2021, S. 32-37

10: Der Geist einer Zeit: Originalbeitrag

11: Das Verschwinden der Allgemeinbildung: Unveröffentlicht, angelehnt an mein Buch „Wider den Unverstand! – Für eine bessere naturwissenschaftliche Bildung", Stuttgart 2022

12: Verkörperte Energie: „Dialog Theologie & Naturwissenschaften der Evangelischen Akademie Rheinland", Februar 2023

13: Exponentiell: Originalbeitrag

14: Naturwissenschaft als Geisteswissenschaft: Originalbeitrag

15: Halbbildung, Halbgötter und Halbleiter: „pensum", Publikation des P.E.N.-Clubs Liechtenstein, November 2022, S. 52-57

16: Wissenschaft als Geschichte: „Naturwissenschaftliche Rundschau", 8/9 2018. S. 393-397

17: Das Eine durch das Andere: Originalbeitrag

18: Die Gesetze der Größe: „Scheidewege", Band 48 (2018), online Ausgabe 2019

19: Geschichtetes und Geschichtliches: „Aus Politik und Zeitgeschichte", 70. Jahrgang, 18. Januar 2021, S. 09-14

20: Gescheit, gescheitert, am gescheitertsten: Originalbeitrag

21: Felder und Teilchen: Originalbeitrag

Gesammelte Werke

1) 1985 Die Welt im Kopf, Libelle , Konstanz
2) 1985 Licht und Leben (Max Delbrück), Konstanzer Universitäts-Verlag, Konstanz
3) 1986 Niels Bohr - Die Lektion der Atome, Piper, München
4) 1987 Sowohl als auch, Rasch und Röhring, Hamburg
5) 1988 Gene sind anders, Rasch und Röhring, Hamburg
6) 1989 Kritik des gesunden Menschenverstandes, Rasch und Röhring, Hamburg
7) 1990 Ein Abenteuer wird besichtigt, Rasch und Röhring, Hamburg
8) 1991 Wissenschaft für den Markt, Piper, München
9) 1992 Idee Farbe (mit N. Silvestrini) Baumann & Stromer, Zürich
10) 1993 Der Einzelne und sein Genom, Libelle, Bottighofen (CH)
11) 1994 Die Wege der Farben, Regenbogen, Konstanz
12) 1995 Aristoteles, Einstein & Co., Piper, München
13) 1995 Die aufschimmernde Nachtseite der Wissenschaft, Libelle, Lengwil
14) 1996 Einstein, Springer, Heidelberg-New York
15) 1997 Das Schöne und das Biest, Piper, München
16) 1998 Farbsysteme in Kunst und Wissenschaft, DuMont, Köln
17) 1998 Hello Dolly, Regenbogen, Konstanz
18) 1998 Byk Gulden – Forschergeist und Unternehmermut, Piper, München
19) 1999 Die Schichten der Farbe, Regenbogen, Konstanz
20) 1999 The Impact of Modern Genetics on Life Insurance, Kölnische Rück, Köln
21) 2000 Leonardo, Heisenberg und Co., Piper, München
22) 2000 An den Grenzen des Denkens, Herder, Freiburg
23) 2001 Die andere Bildung, Ullstein, München
24) 2001 Werner Heisenberg – Das selbstvergessene Genie, Piper, München
25) 2001 Images & Imagination, Editiones Roche, Basel
26) 2002 Das genetische Abenteuer, My-favourite-Book, Düsseldorf
27) 2002 Das Genom, Fischer, Frankfurt am Main
28) 2003 Am Anfang war die Doppelhelix, Ullstein, Berlin
29) 2003 Geschichte des Gens, Fischer, Frankfurt am Main
30) 2004 Einstein, Hawking, Singh und Co, Piper, München

31) 2004 Stille Kräfte, große Fülle – Die Geschichte der Süd-Chemie, Piper, München
32) 2004 Die Bildung des Menschen, Ullstein, Berlin (mehrfach übersetzt)
33) 2004 Was Professor Kuckuck noch nicht wusste (mit Hennig Genz), Rowohlt Reinbek
34) 2005 Einstein für die Westentasche, Piper München
35) 2005 Einstein trifft Picasso und geht mit ihm ins Kino, Piper, München
36) 2005 Brücken zum Kosmos, Libelle, Lengwil (CH)
37) 2006 Schrödingers Katze auf dem Mandelbrotbaum, Pantheon, München
38) 2007 Der Physiker – Eine Biografie von Max Planck, Siedler, München
39) 2007 Irren ist bequem – Wissenschaft quergedacht, Kosmos, Stuttgart
40) 2008 Einfach klug – Nymphenburger, München
41) 2008 Das große Buch der Evolution, Fackelträger, Köln
42) 2009 Der kleine Darwin, Pantheon, München
43) 2009 Die kosmische Hintertreppe, Nymphenburger, München
44) 2009 Die Charité, Siedler, München
45) 2010 Laser – eine deutsche Erfolgsgeschichte, Siedler, München
46) 2010 Die Hintertreppe zum Quantensprung, Herbig, München
47) 2010 Information – eine kurze Geschichte in 5 Kapiteln, Jacoby & Stuart, Berlin
48) 2011 Warum Spinat nur Popeye stark macht, Pantheon, München
49) 2011 Das große Buch der Elektrizität, Fackelträger, Köln
50) 2012 Niels Bohr – Der gute Mensch von Kopenhagen, Siedler, München
51) 2012 Genial – Ein Streifzug durch die Genetik, Herbig, München
52) 2012 Die andere Leichtigkeit des Seins – Eine wissenschaftliche Autobiografie, Komplett Media München
53) 2013 Gott und die anderen Großen – Wahrheit und Geheimnis in der Wissenschaft, Komplett Media München
54) 2013 Wie der Mensch seine Welt neu erschaffen hat, Springer-Spektrum Heidelberg
55) 2013 Wie kommt die Welt in den Kopf? – Die Macht der Sinne, Herbig München
56) 2014 Unzerstörbar – Die Geschichte der Energie, Springer Heidelberg
57) 2014 Die Verzauberung der Welt, Siedler, München 2014
58) 2014 Das große Buch vom Menschen, Droemer Knaur, München 2014
59) 2014 Werner Heisenberg – Wanderer zwischen zwei Welten, Springer, Heidelberg
60) 2015 Durch die Nacht – Geschichten aus der Gegenzeit, in Vorbereitung

61) 2016 Noch wichtiger als das Wissen ist die Phantasie, Penguin, München
62) 2017 Gott und der Urknall, Herder Freiburg
63) 2017 Treffen sich zwei Gene, Siedler, München
64) 2017 Das große Buch der Physik, Fackelträger, Köln
65) 2017 Hinter dem Horizont – Eine Geschichte der Weltbilder, Rowohlt, Berlin
66) 2017 Perfekte Menschen in perfekter Gesellschaft, Konstanzer Universitätsreden, Universitäts Konstanz
67) 2018 Große Ideen der Wissenschaft, Komplett Media München
68) 2018 Erster sein – Die Natur des Menschen und die Kultur des Sports, At-Verlag, Aarau (CH)
69) 2019 Verbotenes Wissen – Geschichte einer Unterdrückung, Rowohlt, Berlin
70) 2019 Davon glaube ich kein Wort – Anekdoten und Geschichten aus der Wissenschaft, Reclam, Stuttgart
71) 2020 Das wichtigste Wissen, C.H. Beck, München
72) 2020 Am achten Tag der Schöpfung – Ein Katechismus der modernen Naturwissenschaften (mit Gerd Ganteför), Graue Edition, Zug (CH)
73) 2020 Das Wunder in deiner Hand – Zwei Geschichten der Menschheit in einem Objekt, Springer, Heidelberg
74) 2021 Wahrheit im Widerspruch – 50 einfache Texte zu einer schwierigen Wissenschaft, Leuze, Bad Saulgau 2021
75) 2021 Vom Staunen in der Welt – Was Wissenschaft möglich macht und was nicht, Hirzel, Stuttgart (2021)
76) 2021 Die Idee des Humanen (mit Detlev Ganten), Hirzel Stuttgart
77) 2021 Das Licht, das Leben und die Liebe, opus magnum, Wiesbaden
78) 2022 Die Stunde der Physiker, C.H. Beck München 2022
79) 2022 Wider den Unverstand, Hirzel Stuttgart 2022
80) 2023 Warum funkeln die Sterne? – Die Wunder der Welt wissenschaftlich erklärt, C.H. Beck, München
81) 2023 Offenbare Geheimnisse – Wunder der Wissenschaft. 21 Texte für das 21. Jahrhundert, Opus Magnum, Wiesbaden